Belastungen der Oberflächengewässer aus der Landwirtschaft

- gemeinsame Lösungsansätze zum Gewässerschutz -
Wissenschaftliche Arbeitstagung

am 24. und 25. März 1993
in Bonn

Mitgliedsgesellschaften des Dachverbandes:

Gesellschaft für Agrargeschichte
Deutsche Bodenkundliche Gesellschaft
Gesellschaft für Bibliothekswesen und Dokumentation des Landbaues
Gesellschaft für Ernährungsphysiologie
Deutsche Gartenbauwissenschaftliche Gesellschaft
Verband Deutscher Landwirtschaftlicher Untersuchungs- und Forschungsanstalten
Gesellschaft für Pflanzenbauwissenschaften
Deutsche Gesellschaft für Pflanzenernährung
Deutsche Gesellschaft für Qualitätsforschung
Forschungsring des Deutschen Weinbaues
Deutsche Phytomedizinische Gesellschaft
Gesellschaft für Tierzuchtwissenschaft
Vereinigung für Angewandte Botanik
Gesellschaft für Wirtschafts- und Sozialwissenschaften des Landbaues
Gesellschaft für Kunststoffe in der Landwirtschaft
Deutsche Landeskulturgesellschaft
Deutscher Verband Forstlicher Forschungsanstalten
Gesellschaft für Ökologie
Max-Eyth-Gesellschaft für Agrartechnik
Deutscher Verband für Wasserwirtschaft und Kulturbau
Agrarsoziale Gesellschaft
Forschungsgesellschaft für Agrarpolitik und Agrarsoziologie
Gesellschaft für Ernährungsbiologie
Kuratorium für Technik und Bauwesen in der Landwirtschaft
Gesellschaft für Geschichte des Weines
Deutsche Gesellschaft für Agrarrecht
Gesellschaft für Informatik in der Land-, Forst- und Ernährungswirtschaft
Arbeitsgemeinschaft Tropische und Subtropische Agrarforschung

agrarspectrum
Schriftenreihe

Band 21

Belastungen der Oberflächengewässer aus der Landwirtschaft

- gemeinsame Lösungsansätze zum Gewässerschutz -

Herausgegeben vom Vorstand des Dachverbandes

Prof. Dr. C. Thoroe
Prof. Dr. H.-G. Frede
Prof. Dr. H.-J. Langholz
Prof. Dr. W. Schumacher
Prof. Dr. W. Werner

DLG-Verlag Frankfurt (Main)
BLV Verlagsgesellschaft München
Landwirtschaftsverlag Münster-Hiltrup
Österreichischer Agrarverlag Wien
BUGRA SUISSE Wabern-Bern

Die Deutschen Bibliothek - CIP-Einheitsaufnahme

Belastungen der Oberflächengewässer aus der Landwirtschaft:
gemeinsame Lösungsansätze zum Gewässerschutz ;
[wissenschaftliche Arbeitstagung am 24. und 25. März 1993 in Bonn] / hrsg. vom Vorstand des Dachverbandes DAF. [Red.: Hans-Peter Wodsak]. - Frankfurt (Main) : DLG-Verl. ; München : BLV-Verl.-Ges. ; Münster-Hiltrup : Landwirtschaftsverl. ; Wien : Österr. Agrarverl. ; Wabern-Bern : BUGRA SUISSE, 1993

(Agrarspectrum ; Bd. 21)
ISBN 3-7690-5020-7
NE: Wodsak, Hans-Peter [Red.]; Dachverband Wissenschaftlicher Gesellschaften der Agrar-, Forst-, Ernährungs-, Veterinär- und Umweltforschung; GT

Redaktion: Dipl.- Ing. agr. Hans-Peter Wodsak

Die Schriftenreihe agrarspectrum wird vom Vorstand des Dachverbandes herausgegeben.
Die Vervielfältigung und Übertragung einzelner Textabschnitte, Zeichnungen oder Bilder, auch für Zwecke der Unterrichtsgestaltung, gestattet das Urheberrecht nur, wenn sie mit dem Verlag vorher vereinbart wurden. Im Einzelfall muß über die Zahlung einer Gebühr für die Nutzung fremden geistigen Eigentums entschieden werden. Das gilt für die Vervielfältigung durch alle Verfahren einschließlich Speicherung und jede Übertragung auf Papier, Transparente, Filme, Bänder, Platten und andere Medien.

© 1993, Dachverband Wissenschaftlicher Gesellschaften der Agrar-, Forst-, Ernährungs-, Veterinär- und Umweltforschung e.V., Eschborner Landstr. 122, 60489 Frankfurt am Main
Gesamtherstellung: Offset Köhler KG, 35396 Gießen-Wieseck
Printed in Germany - ISBN 3-7690-5020-7

Vorwort

Die Notwendigkeit weitergehender Vermeidungsmaßnahmen für diffuse Einträge von Nährstoffen und Pflanzenschutzmitteln aus der Landwirtschaft wird heute allgemein anerkannt. Die möglichen Folgen derartiger Maßnahmen für Betriebsstruktur und Betriebsergebnisse in der Landwirtschaft sind hingegen weniger bekannt, zum Teil auch noch nicht hinreichend quantifiziert. Die Forderungen von Gesellschaft und Wasserwirtschaft nach einem verstärkten Gewässerschutz aus dem Verursacherbereich Landwirtschaft und die berechtigten Interessen der Landwirtschaft an der Existenzfähigkeit der Betriebe müssen abgewogen und aufeinander abgestimmt werden. Nur auf diesem Grundkonsens werden sich wirksame Vermeidungsstrategien auch kurzfristig umsetzen lassen.

Primäres Ziel einer erstmals gemeinsam von den wissenschaftlichen Gesellschaften und Verbänden des Agrar- und Wasserfachs

- Dachverband Wissenschaftlicher Gesellschaften der Agrar-, Forst-, Ernährungs-, Veterinär- und Umweltforschung e.V.
- Deutscher Verband für Wasserwirtschaft und Kulturbau e.V. (DVWK)
- Deutsche Gesellschaft für Limnologie e.V. (DGL)
- Fachgruppe Wasserchemie der Gesellschaft Deutscher Chemiker e.V. (FW)

am 24./25.März 1993 in Bonn ausgerichteten wissenschaftlichen Arbeitstagung zum Generalthema "Belastungen der Oberflächengewässer aus der Landwirtschaft - gemeinsame Lösungsansätze zum Gewässerschutz" war es daher, diesen notwendigen Grundkonsens zwischen Landwirtschaft, Landwirtschaftsbehörden, Wasserversorgungsunternehmen und Wasserbehörden weiter zu fördern. Hierzu war eine Bestandsaufnahme der aktuellen Belastungssituation und ihrer Ursachen, der bisherigen Vermeidungsprogramme und ihrer Effizienz sowie eine Identifizierung wesentlicher Hemmnisse bei der Umsetzung von Vermeidungsmaßnahmen erforderlich. Nur über diese Erweiterung und Vertiefung des interdisziplinären Sachdialogs auf Basis der jeweiligen Betrachtungsweisen und Rahmenbedingungen ist eine Förderung des gegenseitigen Problemverständnisses bei der Wasserwirtschaft, den Verursachern der Gewässerbelastung und den Vollzugsbehörden zu erreichen. Dieses Verständnis aber ist Voraussetzung dafür, daß die anspruchsvollen Ziele des Gewässerschutzes über kooperative Anstrengungen und Maßnahmen auch erreicht werden können.

Die Herren Bundesminister für Umwelt, Naturschutz und Reaktorsicherheit sowie für Ernährung, Landwirtschaft und Forsten haben mit ihrer gemeinsamen Schirmherrschaft die Bedeutung dieser Veranstaltung und zugleich die an sie gestellten Erwartungen unterstrichen. Mögen die hier vorgelegten Fachbeiträge und das auf deren Basis als Tagungsergebnis erarbeitete gemeinsame Positionspapier diesen Erwartungen und der Zielsetzung der veranstaltenden Gesellschaften und Verbände möglichst nahe kommen, d.h. den Gewässerschutz aus dem Verursacherbereich Landwirtschaft wesentlich beschleunigen.

Bonn, im August 1993

Wilfried Werner

Die diesem Band zugrundeliegende wissenschaftliche Arbeitstagung am 24. und 25. März 1993 in Bonn wurde in dankenswerter Weise mit Bundesmitteln, die dem Bundesminister für Umwelt, Naturschutz und Reaktorsicherheit zur Verfügung stehen, gefördert.

Die Herausgabe dieser Dokumentation wurde vom Minister für Landwirtschaft, Weinbau und Forsten des Landes Rheinland-Pfalz und den veranstaltenden Verbänden unterstützt.

INHALTSVERZEICHNIS

Begrüßung und Einführung 1
W. Werner

Grußwort des Bundesministers für Umwelt, Naturschutz
und Reaktorsicherheit 3
Ministerialdirektor Plaetrich

Grußwort des Bundesministers für Ernährung, Landwirtschaft
und Forsten 7
Ministerialdirektor Quadflieg

Themenkomplex 1: Bestandsaufnahme der aktuellen Situation

Problembereich Nährstoffe aus wasserwirtschaftlicher Sicht 11
A. Hamm

Problembereich Pflanzenschutzmittel aus wasserwirtschaftlicher Sicht 22
U. Irmer, R. Wolter und Carola Kussatz

Stoffbelastungen aus der Landwirtschaft 34
H.-G. Frede und M. Bach

Gewässerbelastung durch Pflanzenschutzmittel 47
K. Hurle, S. Lang und J. Kirchhoff

Zur wirtschaftlichen Situation der Landwirtschaft an der Schwelle
von EG-Agrarreform und verstärkten Umweltauflagen 66
J. Zeddies

Politische Vorgaben und rechtliche Instrumentarien zur
Problemlösung: eine Übersicht 71
E. Lübbe

Das Zulassungsverfahren für Pflanzenschutzmittel als
Instrumentarium zur Problemlösung 80
H.-G. Nolting

Bisherige Umsetzung gezielter Vermeidungsstrategien: Modelle und Ergebnisse

- **Ordnungspolitische Maßnahmen**

Die Schutzgebiets- und Ausgleichsverordnung - SchALVO, Baden-Württemberg 86
J. Mund

Die Umsetzung der SchALVO: Beteiligte, Organisation, Durchführung, Ergebnisse, Schlußfolgerungen 94
F. Timmermann

- **Kooperationsmodelle**
Kooperationsmodell Nordrhein-Westfalen 109
M. Wille

Kooperation von Land- und Wasserwirtschaft in den Einzugsgebieten der Stever und des Frischhofsbaches 113
F.-J. Brautlecht

Umsetzung von Strategien zur Vermeidung von Gewässerbelastungen am Beispiel des "Arbeitskreis Ackerbau und Wasser im linksrheinischen Kölner Norden e.V." 120
B. Fokken und A. Wolf

Themenkomplex 2: Beschleunigte Realisierung von Vermeidungsmaßnahmen

Erwartungen an die Landwirtschaft

- aus der Sicht der Trinkwassergewinnung aus Oberflächengewässern 140
U. Müller-Wegener

- aus der Sicht des Schutzes aquatischer Ökosysteme 147
G. Friedrich

Realisierung durch die Landwirtschaft

- Gewässerschutz durch Bodenschutz 150
  K. Auerswald

- Produktionstechnische Aspekte 161
  J. Rimpau

- Auswirkungen gezielter Gewässerschutzmaßnahmen und -auflagen
  auf das Betriebsergebnis 165
  L. Pahmeyer

Instrumentarien

- Sektorale Auswirkungen agrarpolitischer Maßnahmen auf das
  Belastungspotential 174
  K. Frohberg und P. Weingarten

- Bewertung umweltpolitischer Instrumente - dargestellt am Beispiel
  der Stickstoffproblematik 201
  M. Scheele, F. Isermeyer und G. Schmitt

- Rechtliche Aspekte von Entschädigungsleistungen an die Landwirtschaft .. 226
  J. Salzwedel

Akzeptanz von Vermeidungsmaßnahmen

- Voraussetzungen für eine verstärkte Akzeptanz von Vorsorgestrategien
  in der Landwirtschaft 233
  F. Dietrich

Gemeinsames Positionspapier der wissenschaftlichen Gesellschaften
und Verbände des Agrar- und des Wasserfaches zum verstärkten
Gewässerschutz im Verursacherbereich Landwirtschaft 241

Autoren

Auerswald, K., Dr.	Lehrstuhl für Bodenkunde, Technische Universität München, Hohenbachernstraße, 85354 Freising
Bach, M., Dr.	Justus-Liebig-Universität Gießen, Institut für Landeskultur, Senckenbergstraße 3, 35390 Gießen
Brautlecht, F.-J., Dipl.-Ing.	Staatliches Amt für Wasser und Abfallwirtschaft Münster, Nevinghoff 22, 48147 Münster
Dietrich, F., Landw.meister	Monzinger Str. 16, 55566 Sobernheim
Fokken, B., Dipl.-Ing.	Gas-, Elektrizitäts- und Wasserwerke Köln AG, Abt. Wasserwirtschaft, Parkgürtel 24, 50823 Köln
Frede, H.-G, Prof. Dr.	Justus-Liebig-Universität Gießen, Institut für Landeskultur, Senckenbergstraße 3, 35390 Gießen
Friedrich, G., Prof. Dr.	Landesamt für Wasser und Abfall Nordrhein-Westfalen, Postfach 10 34 42, 40025 Düsseldorf
Frohberg, K., Dr.	Institut für Agrarpolitik, Marktforschung und Wirtschaftssoziologie der Universität Bonn, Nußallee 21, 53115 Bonn
Hamm, A., Dr.	Bayerische Landesanstalt für Wasserforschung München, Versuchsanlage Wielenbach, Demollstraße 31, 82407 Wielenbach
Hurle, K., Prof. Dr.	Universität Hohenheim, Institut für Phytomedizin (360), Otto-Sander-Straße 5, 70599 Stuttgart
Irmer, U., Dr.	Umweltbundesamt, Bismarckplatz 1, 14193 Berlin

Isermeyer, F., Prof. Dr.	Bundesforschungsanstalt für Landwirtschaft Braunschweig-Völkenrode, Institut für Betriebswirtschaft, Bundesalle 50, 38116 Braunschweig
Kirchhoff, J., Dr.	Universität Hohenheim, Institut für Phytomedizin (360), Otto-Sander-Straße 5, 70599 Stuttgart
Kussatz, C., Dr.	Umweltbundesamt, Bismarckplatz 1, 14193 Berlin
Lang, S., Dipl.-Ing.agr.	Universität Hohenheim, Institut für Phytomedizin (360), Otto-Sander-Straße 5, 70599 Stuttgart
Lübbe, E., Dr.	Bundesministerium für Ernährung, Landwirtschaft und Forsten, Postfach 14 02 70, 53107 Bonn
Müller-Wegener, U., Prof. Dr.	Institut für Wasser-, Boden- und Lufthygiene des Bundesgesundheitsamtes, Corrensplatz 1, 14195 Berlin
Mund, J., Dipl.-Ing.	Ministerium für Umwelt Baden-Württemberg, Dienstgebäude Kernerplatz 9, 70182 Stuttgart
Nolting, H.-G., Dr.	Biologische Bundesanstalt für Land- und Forstwirtschaft, Fachgruppe Chemische Mittelprüfung, Messeweg 11/12, 38104 Braunschweig
Pahmeyer, L., Dr.	Landwirtschaftskammer Westfalen-Lippe, Abteilung Betriebsführung, Markt und Beratung, Schorlemerstraße 26, 48143 Münster
Rimpau, J., Dr.	Domäne Voldagsen, 37574 Einbeck
Salzwedel, J., Prof. Dr.	Institut für das Recht der Wasserwirtschaft an der Universität Bonn, Lennestraße 35, 53113 Bonn
Scheele, M., Dr.	Institut für Agrarökonomie der Universität Göttingen, Platz der Göttinger Sieben 5, 37073 Göttingen

Schmitt, G., Prof. Dr.	Institut für Agrarökonomie der Universität Göttingen, Platz der Göttinger Sieben 5, 37073 Göttingen
Timmermann, F., Prof. Dr.	Staatliche Landwirtschaftliche Untersuchungs- und Forschungsanstalt Augustenberg, Neßlerstr. 23, 76227 Karlsruhe
Weingarten, P., Dipl.-Ing.Agr.	Institut für Agrarpolitik, Marktforschung und Wirtschaftssoziologie der Universität Bonn, Nußallee 21, 53115 Bonn
Werner, W., Prof. Dr.	Agrikulturchemisches Institut der Rheinischen Friedrich-Wilhelms-Universität Bonn, Meckenheimer Allee 176, 53115 Bonn
Wille, M., Dr.	Ministerium für Umwelt, Raumordnung und Landwirtschaft des Landes Nordrhein-Westfalen, Schwannstr. 3, 40476 Düsseldorf
Wolf, A., Dipl.-Ing.agr.	Gas-, Elektrizitäts- und Wasserwerke Köln AG, Abt. Wasserwirtschaft, Parkgürtel 24, 50823 Köln
Wolter, R., Dr.	Umweltbundesamt, Bismarckplatz 1, 14193 Berlin
Zeddies, J., Prof. Dr.	Universität Hohenheim, Institut für Landwirtschaftliche Betriebslehre 410 B, Postfach 70 05 62, 70574 Stuttgart

Begrüßung und Einführung
W. Werner

Als vor nunmehr 18 Monaten bei der Präsentation der von der GdCH-Fachgruppe "Wasserchemie" gerade fertiggestellten "Wirkungsstudie Fließgewässer" im Hause des BMU mit dem seinerzeitigen parlamentarischen Staatssekretär Dr. Schmidbauer unter anderem auch über die Möglichkeiten diskutiert wurde, wie die Umsetzung von Gewässerschutzmaßnahmen im Verursacherbereich Landwirtschaft zu beschleunigen und effizienter zu gestalten sei, bestand recht schnell Übereinstimmung darin, daß gerade auch der Dialog zwischen den Fachleuten des Gewässerschutzes, der Wasserwirtschaft und der Landwirtschaft zu diesem Problemkreis weiter intensiviert werden müsse. Die dabei ausgesprochene Anregung zur Veranstaltung einer gemeinsamen wissenschaftlichen Arbeitstagung mit dem Ziel der Erarbeitung eines konsensfähigen Positionspapiers wurde seinerzeit von den zuständigen Referaten des BMU und des BML ebenso mit großen Interesse aufgegriffen, wie von den thematisch tangierten wissenschaftlichen Gesellschaften und Verbänden des Agrar- und Wasserfachs.

Heute darf ich Sie nun, meine sehr verehrten Damen und Herren, im Namen der veranstaltenden Gesellschaften zu dieser gemeinsamen Arbeitstagung ganz herzlich begrüßen. Ich freue mich, daß diese Tagung überhaupt zustandegekommen ist und daß sie dann noch eine so breite Resonanz gefunden hat, gerade auch bei den zuständigen Behörden in Bund und Ländern. Ich hoffe, daß die Erwartungen, die Sie alle an diese Veranstaltung stellen, zumindest teilweise erfüllt werden.

Mein ganz besonderer Gruß gilt den Herren Ministerialdirektoren Plaetrich vom BMU und Dr. Quadflieg vom BML, die uns die Grußworte der heute leider verhinderten Schirmherren unserer Veranstaltung, der Herren Minister Töpfer und Borchert überbringen und dabei sicher auch den Erwartungen ihrer Häuser an diese Veranstaltung Ausdruck geben werden. Den Herren Minister Töpfer und Borchert darf ich an dieser Stelle im Namen der veranstaltenden Gesellschaften noch einmal ganz herzlich für die Übernahme der Schirmherrschaft zu dieser Arbeitstagung Dank sagen.

Das Tagungsprogramm wurde ganz bewußt inhaltlich so konzipiert, daß zunächst eine eingehende Bestandsaufnahme der aktuellen Situation vorgenommen wird. Dabei geht es nicht nur um die konkrete Belastungssituation der Oberflächengewässer im

Verursacherbereich Landwirtschaft, sondern auch um die wirtschaftliche Situation der Landwirtschaft an der Schwelle der EG-Agrarreform, um den "status quo" politischer Vorgaben und rechtlicher Instrumentarien zum Gewässerschutz und schließlich um die Darstellung und Effizienzbewertung bereits angelaufener gezielter Vermeidungsstrategien. Darauf aufbauend geht es dann um die beschleunigte Realisierung von Vermeidungsmaßnahmen aus wasserwirtschaftlicher und landwirtschaftlicher Sicht, um Instrumentarien und Akzeptanzfragen. Den Abschluß wird schließlich die Diskussion eines Positionspapieres, eines thesenartigen Forderungs- und Maßnahmenkatalogs, bilden, hoffentlich mit einem möglichst breiten Konsens.

Ihnen allen, meine sehr verehrten Damen und Herren, wünsche ich zwei produktive Tage hier in unserem schönen Universitätsclub in Bonn, einen Zuwachs an Erkenntnissen und vor allem auch an Verständnis für die Wünsche, Forderungen und Probleme der jeweils "anderen Seite". Dieses Verständnis ist nun einmal die Voraussetzung dafür, daß die anspruchsvollen Ziele des Gewässerschutzes - gerade im hier angesprochenen Verursacherbereich - über kooperative Anstrengungen und Maßnahmen auch erreicht werden können.

Ich darf nun Ihnen, Herr Ministerialdirektor Plaetrich, das Wort für die Grußadresse von Herrn Minister Töpfer übergeben und zugleich Sie, Herr Ministerialdirektor Dr. Quadflieg bitten, anschließend in Vertretung von Herrn Minister Borchert zu uns zu sprechen.

Grußwort des Bundesministers für Umwelt, Naturschutz und Reaktorsicherheit
Ministerialdirektor Plaetrich

Sehr geehrter Herr Professor Werner,
sehr geehrte Vertreterinnen und Vertreter der veranstaltenden Fachverbände der Wasserwirtschaft und der Landwirtschaft, meine Damen und Herren,

zunächst darf ich mich sehr herzlich für Ihre Einladung bedanken und die Grüße von Herrn Umweltminister Töpfer überbringen. Er hätte heute gern selbst das einführende Grußwort zu dieser Arbeitstagung übernommen; er muß aber leider einen anderen Termin wahrnehmen.

Ich danke Ihnen, sehr geehrter Herr Professor Werner, daß Sie die wissenschaftliche Koordinierung dieser wichtigen Veranstaltung übernommen haben. Ebenso danke ich den veranstaltenden Fachverbänden für die fachliche Vorbereitung und organisatorische Abwicklung.

Der Bereich Gewässerschutz und die Landwirtschaft ist eines der zentralen Probleme, die derzeit nicht nur auf nationaler Ebene diskutiert werden. Anläßlich der Übergabe der "Studie über Wirkungen und Qualitätsziele von Nährstoffen in Fließgewässern" der Fachgruppe Wasserchemie in der Gesellschaft Deutscher Chemiker an den damaligen Parlamentarischen Staatssekretär Dr. Schmidbauer ist die Anregung entwickelt worden, den Dialog und damit die Kooperation zwischen den Fachleuten des Gewässerschutzes und der Landwirtschaft zu fördern. Daraufhin wurde diese Arbeitstagung unter der Schirmherrschaft des Bundesumweltministers und des Bundeslandwirtschaftministers geplant.

Ich begrüße es daher sehr, daß Sie als Fachvertreter von Wasserwirtschaft und Landwirtschaft hier zusammenkommen, um diese Kooperation untereinander fortzuentwickeln und vorhandene Interessengegensätze im Wege gemeinsamer, fachlich fundierter Empfehlungen für zukünftiges politisches Handeln abzubauen suchen.

Die Oberflächengewässer, deren Qualität in den letzten Jahren besonders stark in die Diskussion geraten ist, stehen in der öffentlichen Anspruchsliste an führender Selle der zu schützenden Ökosysteme. Industrie, Kommunen und Landwirtschaft sind an der Belastung von Oberflächengewässern durch direkte Einleitungen und diffuse Einträge beteiligt. Mit den hierdurch ausgelösten, vielfältigen Problemen muß sich daher neben der Industrie und den Kommunen gerade die Landwirtschaft stärker auseinandersetzen. Ziel ist, neben der Vermeidung von Beeinträchtigungen aquatischer Lebensgemeinschaften sowie der Trinkwasserversorgung aus Oberflächengewässern, der Schutz von Nord- und Ostsee, z.B. vor Eutrophierung durch Nährstoffe.

Im 10-Punkte-Katalog des BMU zum Schutz der Nord- und der Ostsee wurden 1988 deutliche Begrenzungen der Nährstoffeinträge durch Abwassereinleitungen und aus der Landwirtschaft gefordert.

Die Erklärung der Minister der 3. Internationalen Nordseeschutzkonferenz vom 07./08. März 1990 legt die Reduzierungsziele der Phosphor- und Stickstoffeinträge über die Zuflüsse und die Atmosphäre bis 1995 mit 50% fest, basierend auf den Werten von 1985. Aufbauend auf EG-Richtlinien und dem Wasserhaushaltsgesetz gibt es inzwischen in Deutschland eine große Anzahl nationalrechtlicher Regelungen zum Schutz der Oberflächengewässer. Inzwischen ist es gelungen, die Gewässerverschmutzung aus punktförmigen Quellen wirkungsvoll zu reduzieren.

Im Gesamtergebnis wird es allerdings Probleme geben: Während wir die geforderte Halbierung der Phosphoremissionen bis 1995 voraussichtlich erreichen werden, haben wir Sorgen bei der angestrebten Halbierung der Stickstoffemissionen; nach bisherigen Einschätzungen ist eine Reduzierung von Stickstoff bis 1995 nur in Höhe von 25% absehbar. Da Stickstoff zum überwiegenden Teil aus diffusen Quellen der Landwirtschaft in die Oberflächengewässer gelangt, besteht hier besonderer Handungsbedarf. Hinzu kommt noch, daß alle Maßnahmen in diesem Bereich nur mit erheblicher Zeitverzögerung wirksam werden. Es ist deshalb notwendig, Abhilfemaßnahmen möglichst rasch zu ergreifen. Dafür sind gesetzliche Rahmenbedingungen geschaffen bzw. in Vorbereitung.

Für die diffusen Einträge sollen die Gülleverordnungen der Länder, Gewässerrandstreifenprogramme und in Zukunft die Düngemittel-Anwendungsverordnung den gesetzlichen Rahmen für eine Reduzierung der stofflichen Einträge liefern. Die spezifischen Gegebenheiten und Einflußfaktoren bei diffusen Einträge bringen es jedoch mit sich, daß diese über das Ordungsrecht eingeleiteten Entlastungsmaßnahmen allein nicht die bis 1995 angestrebte Entlastung bringen können. Hier kann nur eine vom gegenseitigen Problemverständnis getragene Kooperation zwischen Landwirtschaft und Wasserwirtschaft wirksame Erfolge bringen. Dazu möchte ich auch hier im Kreise der

Fachleute mit Nachdruck aufrufen. Wissenschaftliche Vorleistungen und praktisches Handeln sind auch hier der Weg zum Erfolg.

Meine Damen und Herren, neben dem gesetzlichen Rahmen hat sich das Instrument der freiwilligen Selbstverpflichtung in der Wasserwirtschaft gut bewährt. In Nordrhein-Westfalen gibt es seit einigen Jahren Vereinbarungen zwischen Trinkwasserwerken und den in den Wasserschutzgebieten tätigen Landwirten. Es zeichnen sich erste Erfolge ab. Einzelheiten dazu werden auch Gegenstand dieser Arbeitstagung sein.

Das Instrument freiwilliger Selbstverpflichtungen sollte auch bei der Konfliktlösung zwischen Gewässerschutz und Landwirtschft insgesamt stärker genutzte werden.

Mit der Industrie konnten zum Schutz der Umwelt bereits zahlreiche freiwillige Vereinbarungen mit gutem Erfolg abgeschlossen werden. Beispiel ist die Verbandserklärung zum "Verzicht auf leichtflüchtige chlorierte Kohlenwasserstoffe (CKW) in Wasch- und Reinigungsmitteln für den Geltungsbereich der Bundesrepublik Deutschland".

Diese Entwicklung zeigt, daß gegenseitiges Verständnis im Sinne von "Kooperation statt Konfrontation" eine gute Möglichkeit darstellt, Zielsetzungen des Gewässerschutzes und der Landwirtschaft miteinander in Einklang zu bringen.

Die möglichen Auswirkungen entsprechender Maßnahmen auf Betriebsstrukturen und -ergebnisse in der Landwirtschaft scheinen jedoch noch nicht hinreichend bekannt zu sein. Deshalb müssen einerseits die berechtigten Interessen von Gesellschaft und Wasserwirtschaft nach einem verstärkten Gewässerschutz und andererseits die berechtigten Interessen der Landwirtschaft für die Existenzfähigkeit der Betriebe abgewogen und aufeinander abgestimmt werden. Nur auf diesem Grundkonsens werden sich auch kurzfristig Vermeidungsstrategien umsetzen lassen.

Neben den Nährstoffeinträgen stehen derzeit die Pflanzenschutzmittel als weiterer Belastungsschwerpunkt für die Oberflächengewässer im Vordergrund. Durch Abdrift, Abschwemmung und Auswaschung bzw. durch sorglosen Umgang können sie nicht unerhebliche lokale oder regionale Belastungen verursachen. Neben den aquatischen Lebensgemeinschaften ist insbesondere die Trinkwassergewinnung betroffen, da Pflanzenschutzmittel mit naturnahen Aufbereitungsverfahren nicht eliminiert werden können.

Der Eingriff in den Naturhaushalt aufgrund der flächenhaften Nutzung zum Teil bis an den Gewässerrand ist ebenfalls ein belastender Faktor. Die Uferbereiche stellen besonders sensible Zonen dar. Sie sind als Lebensräume für Pflanzen und Tiere innerhalb und außerhalb des Wassers von entscheidender Bedeutung. Sie prägen darüber hinaus das Bild der Landschaft.

Ich begrüße es, daß auch dieser Problembereich auf der Arbeitstagung ausführlich diskutiert wird, und hoffe, daß Wege zur Verringerung auch dieser Belastungsfaktoren aufgezeigt werden können.

Meine Damen und Herren,
im Dezember dieses Jahres werden sich die Umwelt- und Landwirtschaftsminister der Nordseeanliegerstaaten in Kopenhagen treffen. Auf diesem Treffen wird auch das Thema Gewässerschutz und Landwirtschaft eine wichtige Rolle spielen. Dabei sollen auch für andere internationale Organisationen wie die EG Impulse gesetzt werden.

Auch aus diesem Grunde erhoffe ich mir von der heutigen Veranstaltung neue Grundlagen für weitere politische und praktische Aktivitäten. In diesem Sinne wünsche ich der Arbeitstagung einen erfolgreichen Verlauf.

Grußwort des Bundesministers für Ernährung, Landwirtschaft und Forsten
Ministerialdirektor Dr. Quadflieg

Sehr geehrter Herr Professor Werner,
meine Damen und Herren!

Die Anregung zu der heute und morgen hier stattfindenden gemeinsamen wissenschaftlichen Arbeitstagung von Fachvertretern der Wasserwirtschaft und der Landwirtschaft wird von meinem Haus sehr begrüßt. Dies soll dadurch unterstrichen sein, daß mein Haus die Schirmherrschaft für diese Veranstaltung gern mit übernommen hat.

Herr Bundesminister Borchert hätte Sie heute selbst begrüßt, fände nicht zeitgleich in Bad Dürkheim eine Amtschef- und Agrarministerkonferenz statt, die seine Anwesenheit erfordert. Er hat mich gebeten, Ihnen seine Grüße und seine besten Wünsche für ein gutes Gelingen der Veranstaltung zu überbringen. Diese Bitte erfülle ich sehr gern.

Meine Damen und Herren!

Die Tagung behandelt ein wichtiges Thema, bei dem es insbesondere darauf ankommt, die Probleme in dem Bereich des Gewässerschutzes und dem der Landwirtschaft sachgerecht darzustellen, die berechtigten Interessen beider Seiten gegeneinander abzuwägen und praktikable Lösungsmöglichkeiten aufzuzeigen. Das ist sicher kein leichtes Unterfangen.

Die Forderung nach einem stärkeren Schutz der Oberflächengewässer vor Belastungen aus landwirtschaftlichen Quellen gewinnt in der Öffentlichkeit zunehmend an Bedeutung. Da es immer mehr gelingt, die Belastungen der Oberflächengewässer aus Punktquellen durch den Kläranlagenausbau wirksam zu vermindern, steigt der relative Anteil der Landwirtschaft an den Einträgen in die Oberflächengewässer. Die Landwirtschaft muß sich dieser Herausforderung stellen und ich meine: sie tut es auch.

Es erscheint mir deshalb wichtig, an dieser Stelle deutlich zu machen, daß die Landwirtschaft ihr Problem seit Jahren erkannt und Schritte eingeleitet hat, der geschilderten Entwicklung entgegenzusteuern.

Bereits im September 1987 haben die Agrarminister des Bundes und der Länder Grundsätze einer ordnungsgemäßen Landbewirtschaftung verabschiedet. Die Grundsätze sehen eine Landbewirtschaftung vor, die auf der einen Seite gesundheitlich unbedenkliche und qualitativ hochwertige sowie kostengünstige Produkte erzeugt und auf der anderen Seite die Bodenfruchtbarkeit sowie die Leistungsfähigkeit des Bodens als natürliche Ressourcen nachhaltig sichert.

Ich weiß, daß der Wasserwirtschaft diese Beschreibung nicht ausreicht. Schrittweise, so glaube ich aber, lassen sich gemeinsame Fortschritte erreichen.

Im Rahmen der Gemeinschaftsaufgabe "Verbesserung der Agrarstruktur und des Küstenschutzes" haben die Landwirtschaftsminister des Bundes und der Länder die verfassungsrechtlich zulässigen Fördermöglichkeiten genutzt, um Finanzmittel immer stärker im Interesse des Umweltschutzes einzusetzen. Das gilt vor allem für
- die Abwasserbeseitigung in den ländlichen Räumen,
- den naturnahen Gewässerausbau und
- die Anlage von Gewässerrandstreifen.

Trotz des erwähnten Wettbewerbs durch den Europäischen Binnenmarkt sind in der Zwischenzeit in das Pflanzenschutzrecht und das Düngemittelrecht Anwendungsvorschriften für - ich könnte auch sagen: gegen - den einzelnen Landwirt aufgenommen worden, die zumindest im europäischen Vergleich die Bundesrepublik Deutschland herausragen lassen. Hier liegt zugleich der Kern des agrarpolitischen Problems, weil immer wieder von den Bauern entgegengehalten wird, daß ihre Vorreiterrolle zu Wettbewerbsnachteilen führt.

Einmalig in Europa ist auch, daß die chemische Gewässerunterhaltung und die Anwendung von Pflanzenschutzmitteln in der Nähe von Gewässern bereits seit 1986 verboten sind.

Wie schon Herr Abteilungsleiter Plaetrich erwähnt hat, sind wir z.Zt. dabei, die Grundsätze der guten fachlichen Praxis der Düngung durch die Düngemittelanwendungsverordnung näher zu bestimmen. Für den Pflanzenschutzbereich ist Ähnliches geplant.

Ein besserer Schutz der Oberflächengewässer wird auch durch die sogenannten flankierenden Maßnahmen der EG-Agrarreform erreicht werden können. Sie sehen unter anderem

- die Förderung einer umweltfreundlichen Landbewirtschaftung durch Extensivierung der Produktion, d.h. durch verminderten Produktionsmitteleinsatz und

- eine stärkere Förderung der Aufforstung landwirtschaftlicher Flächen

vor.

Wir arbeiten z. Zt. daran, die entsprechenden EG-Verordnungen national umzusetzen. Durch die umfangreiche Flächenstillegung in den vergangenen Jahren und die Extensivierung haben die deutschen Landwirte gezeigt, daß sie bereit sind, Produktionsintensitäten zurückzuführen. Diesen Weg müssen aber alle Landwirte in Europa gleichrangig gehen, um Wettbewerbsverzerrungen zu vermeiden.

Das wachsende Umweltbewußtsein der Landwirte und der Erfolg der bisher ergriffenen Maßnahmen im Interesse einer umweltverträglicheren Produktion lassen sich auch aus folgendem ablesen:
Der Düngemittelverbrauch ist seit Jahren rückläufig; der Stickstoffverbrauch hat allein in den letzten 3 Jahren um 15 % abgenommen; beim Phosphatverbrauch haben wir wieder den Stand der frühen 50er Jahre. In demselben Zeitraum gingen auch die Ammoniakemissionen aus der Tierhaltung drastisch, und zwar um etwa 90 000 t oder 12 % der Gesamtemissionen der Landwirtschaft zurück. Dabei bildet der Rückgang der Tierbestände um 20 % die Hauptursache. Auch der Pflanzenschutzmittelverbrauch ist seit 1980 nicht mehr angestiegen. In den letzten Jahren zeichnet sich sogar ein verstärkter Trend zur Verminderung ab.

Schließlich sind in den letzten 5 Jahren etwa ein Drittel aller in Pflanzenschutzmitteln enthaltenen Wirkstoffe sowie die Hälfte aller zugelassenen Pflanzenschutzmittel nicht mehr verfügbar, zum Vorteil der Umwelt, teilweise aber auch zum Nachteil der Landwirtschaft, weil es zunehmend zu einseitigen Belastungen der deutschen

Landwirtschaft führt und neben der GAP-Reform, verbunden mit einer Verschlechterung der Einkommenssituation der Landwirtschaft, nachhaltig ihre Wettbewerbsfähigkeit vermindert. Deshalb sind kostenbelastende und einseitige Forderungen an die deutsche Landwirtschaft nicht mehr hinnehmbar und politisch nicht durchsetzbar.

Es muß ein Handlungsspielraum für die Landwirtschaft erhalten bleiben. Der Handlungsspielraum kann von Region zu Region unterschiedlich sein. Daher sind sachgerechte Entscheidungen vor Ort zu fällen, Entscheidungen, die einen Ausgleich der widerstreitenden Interessen herbeiführen. Kooperationen zwischen Landwirtschaft und Wasserwirtschaft sind deshalb ein geeignetes Instrument und als solches zu befürworten. Sie nützen allen Beteiligten und führen zu einer Minimierung des Aufwandes und der Kosten.

Ich gehe davon aus, daß die konventionelle Landwirtschaft ebenso wie der ökologische Landbau noch einen erheblichen Beitrag zur Lösung des Gewässerschutzproblems leisten können bei entsprechender Zusammenarbeit von Wasserwirtschaft und Landwirtschaft sowie von Forschung und Beratung und bei der praktischen Umsetzung der vorhandenen wissenschaftlichen Erkenntnisse in die breite Landwirtschaft.

In diesem Sinne wünsche ich der Arbeitstagung viel Erfolg.

Themenkomplex 1: Bestandsaufnahme der aktuellen Situation

Problembereich Nährstoffe aus wasserwirtschaftlicher Sicht
A. Hamm

Die Belastungen der Gewässer mit den Pflanzennährstoffen Phosphor (P) und Stickstoff (N) sind wesentliche Ursache der Eutrophierung, d.h. der übermäßigen Entwicklung von grünen Pflanzen, insbesondere Phytoplankton, in Oberflächengewässern. Diese führt zu Schädigungen in vielfacher Hinsicht; z.b. zu Schädigungen der aquatischen Lebensgemeinschaften durch Störungen des Sauerstoffhaushaltes, Beeinträchtigungen der Trinkwassergewinnung aus Oberflächengewässern, der Bade- und Erholungsnutzung an Gewässern und der Fischerei.

Die Bemühungen um die Verminderung der Nährstoffbelastung und der Eutrophierung der Gewässer verfolgen von Anfang an - d.h. seit etwa Beginn der 70-er Jahre - eine *Mehrfachstrategie* und zwar:

- Verminderung der Nährstoffeinträge von den Quellen her (z.B. phosphatfreie Waschmittel)
- Nährstoffelimination bei kommunalen/gewerbl./industriellen Abwassereinleitungen aus Kläranlagen
- Verminderung der Einträge aus diffusen Quellen
  (Landwirtschaftliche Flächennutzung und Viehhaltung)
- Verminderung der atmosphärischen Einträge

Es hat sich im Laufe der Zeit klar herausgestellt, daß alle Möglichkeiten genutzt werden müssen, um tatsächlich einen Erfolg bei der Eutrophierungsverminderung zu erzielen. Das hat im wesentlichen zwei Gründe:

- Eutrophierung ist *kein* lokales Problem
- die zuträglichen Nährstoffgehalte, bei denen gravierende Probleme ausbleiben, liegen z. T. nahe einer *natürlichen Grundbelastung*

Dabei ist über die grundsätzliche Notwendigkeit hinaus, *flächendeckend* die Nährstoffbelastung herabzusetzen, eine differenzierte und weiterführende Betrachtung der Eutrophierungssituation bei verschiedenen Gewässertypen notwendig. Die Situation an tiefen Seen und Trinkwassertalsperren mit dem generellen Ziel, oligotrophe

Verhältnisse zu schaffen, ist anders zu beurteilen, als beispielsweise die der freifließenden oder gestauten Flüsse, Ästuarien oder Küstenbereiche der Meere. Es ist, was die Nährstoffbelastung und Eutrophierung anbelangt, nicht möglich, mit einer einzigen Zielvorgabe sozusagen alles "über einen Kamm zu scheren" und die Vielgestaltigkeit der Natur dabei zu vergessen. Es würde aber zu weit gehen, hier darauf einzugehen.

Für die *Binnengewässer* hat man praktisch ausschließlich die Strategie der Verminderung der *P-Belastung* verfolgt, ausgehend von der Erkenntnis, daß Phosphat den Schlüsselfaktor für die Intensität der Algenentwicklung darstellt, da es am ehesten wachstumsbegrenzend wirkt. Stickstoffverbindungen sind in der Regel in den Binnengewässern in so hohen Konzentrationen vorhanden, daß sie - obwohl N, genauso wie im terrestrischen Bereich, auch beim Algenwachstum in sehr viel größeren Mengen als Makronährstoff benötigt wird als P - nicht wachstumsbegrenzend wirken. Es gibt aber auch im Binnengewässerbereich Situationen, wo N limitierend wirken kann, nämlich im:

- hocheutrophen Bereich mit *hohem P* - aber *geringem N-Gehalt* (z. B. bei N-Verlust durch Denitrifikation)
  (Dominanz von N-bindenden Blaualgen)
- ultraoligotrophen Bereich: sowohl N *als auch* P liegen in limitierend niedrigen Konzentrationen vor

Der ultraoligotrophe Bereich kommt bei unseren Binnengewässern wegen der auch natürlicherweise relativ hohen N-Austräge aus den Böden aber praktisch nicht vor und auch beim hocheutrophen Bereich hat man allein die Strategie der P-Begrenzung verfolgt, da N wesentlich schwieriger in den Griff zu bekommen ist; u.a. wegen der N-Bindung aus der Atmosphäre.

Demgemäß sind in Hinblick auf die Eutrophierungsverminderung an *Binnengewässern* bislang keine Forderungen bzgl. einer N-Minimierung erfolgt - und damit, da N zum großen Teil aus der Land(wirt)schaft stammt, auch keine Forderungen an die Landwirtschaft. Der entscheidende Problembereich im Binnenland, der die Landwirtschaft angeht, ist die Anreicherung von *Nitrat* im *Grundwasser* und der *Schutz des Trinkwassers*.

Mit dem Auftreten massiver Eutrophierungserscheinungen *im Meer* etwa Anfang der 80-er Jahre ist aber eine völlig neue Dimension der Eutrophierungsproblematik aufgetreten (GERLACH, 1990), die sich in folgenden Punkten zusammenfassen läßt:

- die betroffenen Gewässer sind ungleich größer als Binnengewässer
- das Wechselspiel der Algenwachstumsfaktoren ist sehr viel komplizierter als in Binnengewässern und die Rolle von N als limitierender Faktor ist zumindest teil- und zeitweise gegeben
- nicht die limitierende Funktion der Algenwachstumsfaktoren allein ist ausschlaggebend, sondern die Verhältnisse der Nährstoffe und Wachstumsfaktoren zueinander. Es gilt, nicht nur das Algenwachstum an sich zurückzudrängen, sondern auch *"unerwünschte"* Algen.

Die Forderung in Hinblick auf die Verminderung der Eutrophierung der Meere lautet daher nicht N *oder* P zu vermindern, sondern N *und* P und - da das Einzugsgebiet der Meere naturgemäß ganze Kontinente umfaßt - zwangsläufig *flächendeckend*.

Die *politischen* Konsequenzen, die gezogen wurden, sind allgemein bekannt. Sie sind hier beispielhaft in der Form der Empfehlungen der *Paris-Kommission* wiedergegeben:

PARCOM RECOMMENDATION 88/2
OF 17 JUNE 1988
ON THE REDUCTION IN INPUTS OF NUTRIENTS
TO THE PARIS CONVENTION AREA

THE PARIS COMMISSION
AGREES TO RECOMMEND THAT CONTRACTING PARTIES:

9. take effectiv national steps in order to reduce nutrient inputs to areas where these inputs are likely, directly or indirectly, to cause pollution
10. aim to achieve a substantial reduction (of the order of 50 %) in inputs of phosphorus and nitrogen into these areas between 1985 and 1995, or earlier if possible

Diese Empfehlung der 50-Prozent-Verminderung für N und P zwischen 1985 und 1995 gilt es umzusetzen. Auf dem Sektor *Abwasserreinigung* sind die gesetzlichen Regelungen getroffen worden:

Tabelle zum Anhang 1 der Rahmen-AbwasserVwV vom 27. Aug. 1991

	Chemischer Sauerstoffbedarf (CSB)	Biochemischer Sauerstoffbedarf in 5 Tagen (BSB_5)	Ammoniumstickstoff *) (NH_4-N)	Stickstoff gesamt *) als Summe von Ammonium-, Nitrit- u. Nitratstickstoff	Phosphor gesamt (P_{ges})
	Qualifizierte Stichprobe oder 2-Std.-Mischprobe				
	mg/l	mg/l	mg/l	mg/l	mg/l
Größenklasse 1 kleiner als 60 kg/d BSB_5 (roh)	150	40	-	-	-
Größenklasse 2 60 bis kleiner 300 kg/d BSB_5 (roh)	110	25	-	-	-
Größenklasse 3 300 bis kleiner 1200 kg/d BSB_5 (roh)	90	20	10	18 **)	-
Größenklasse 4 1200 bis kleiner 6000 kg/d BSB_5 (roh)	90	20	10	18 **)	2
Größenklasse 5 6000 kg/d BSB_5 (roh) und größer	75	15	10	18 **)	1

*) Diese Anforderung gilt bei einer Abwassertemperatur von 12 °C und größer im Ablauf des biologischen Reaktors der Abwasserbehandlungsanlage. An die Stelle von 12 °C kann auch die zeitliche Begrenzung vom 1. Mai bis 31. Oktober treten.

**) Im wasserrechtlichen Bescheid kann eine höhere Konzentration bis zu 25 mg/l zugelassen werden, wenn die Verminderung der Gesamtstickstofffracht mindestens 70 v.H. beträgt. Die Verminderung bezieht sich auf das Verhältnis der Stickstofffracht im Zulauf zu derjenigen im Ablauf in einem repräsentativen Zeitraum, der 24 Stunden nicht überschreiten soll. Für die Fracht im Zulauf ist die Summe aus organischem und anorganischem Stickstoff zugrunde zu legen.

Die EG hat in ihrer Richtlinie für kommunale Abwasseranlagen insbesondere bezüglich der Stickstoffelimination noch weiterreichende Anforderungen gestellt:

EG-Richtlinie 91/271/EWG: Kommunale Abwasseranlagen v. 21. Mai 1991

<u>Anforderungen an Einleitungen aus kommunalen Abwasserbehandlungsanlagen in empfindlichen Gebieten, in denen es zur Eutrophierung kommt.</u> (ab: 1.1.1991)

Anzuwenden ist der Konzentrationswert oder die prozentuale Verringerung

Parameter	Konzentration	Prozentuale Mindestverringerung (1)	Referenzmeß- verfahren
Phosphor insgesamt	2 mg/l P (10.000 - 100.000 EW) 1 mg/l P (mehr als 100.000 EW)	80	Molekulare Absorptions-Spektrophotometrie
Stickstoff insgesamt (2)	15 mg/l N (20.000 - 100.000 EW) 10 mg/l N (mehr als 100.000 EW) (3)	70 - 80	Molekulare Absorptions-Spektrophotometrie

(1) Verringerung bezogen auf die Belastung des Zulaufs.
(2) Stickstoff insgesamt bedeutet: die Summe von Kjeldahl-Stickstoff (organischer N + NH_3), Nitrat (NO_3)-Stickstoff und Nitrit (NO_2)-Stickstoff.
(3) Wahlweise darf der tägliche Durchschnitt 20 mg/l N nicht überschreiten. Die Anforderung gilt bei einer Abwassertemperatur von mindestens 12 °C beim Betrieb des biologischen Reaktors der Abwasserbehandlungsanlage. Anstatt der Temperatur kann auch eine begrenzte Betriebszeit vorgegeben werden, die den regionalen klimatischen Verhältnissen Rechnung trägt. Diese Alternative gilt, wenn nachgewiesen werden kann, daß Nummer 1 der Anlage 5 erfüllt ist.

Da ja schon sehr viel früher die Notwendigkeit der Eutrophierungsbekämpfung im Binnenland durch eine Verminderung der Phosphoreinträge bestand, sind in der Bundesrepublik Deutschland durch die Verwendung phosphatfreier Waschmittel und durch die weiterreichende Abwasserreinigung in Kläranlagen die P-Einträge in die Gewässer schon erheblich *zurückgegangen* (**Abb. 1**).

In der *Studie* über "*Wirkungen* und *Qualitätsziele* von *Nährstoffen* in *Fließgewässern*" wurde folgende Aufteilung der N- und P-Einträge aus den wesentlichen Herkunftsbereichen ermittelt (alte Länder der Bundesrepublik Deutschland 1987/89):

	Stickstoff		Phosphor	
	t/a	%	t/a	%
Natürliche Grundfracht	50.000	6,5	1.500	2,0
Landwirtschaft	352.000	45,8	30.000 (18.700) *	40,5 (29,8) *
nicht kanalisierte Abwässer (aufgerundet)	20.000	2,6	2.000	2,7
kommunale Kläranlagen	235.000	30,5	29.000	39,1
industr. Direkteinleiter	75.000	9,7	5.000	6,7
Regenwasserbehandlung	20.000	2,6	5.800	7,8
Sonstiges	18.000	2,3	800	1,2
Summe	770.000	100 %	74.100 (62.800) *	100 %

* Bei Abzug des Phosphors im Erosionsmaterial, das in den Oberläufen der Flüsse permanent zurückgehalten wird bzw. auf Überschwemmungsflächen ausgetragen wird.

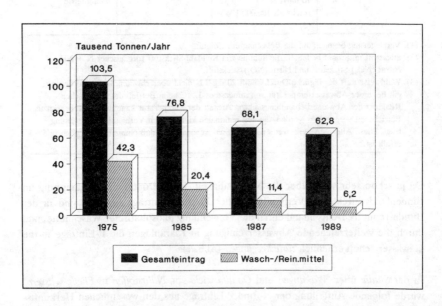

Abbildung 1

Daraus ergibt sich, daß bei N die Einträge, die verursachungsgemäß mit der landwirtschaftlichen Flächennutzung und Viehhaltung zusammenhängen (d.h. ca. 80% der sog. "diffusen" Quellen) den größten Anteil haben, wobei der Eintragsweg über das *Sicker-* und *Grundwasser* bzw. *Drainwasser* in die Oberflächengewässer weitaus dominiert. Hinsichtlich der P-Belastung aus der Landwirtschaft erfolgt der Eintrag überwiegend über Oberflächenabschwemmung und Erosion. Da vom Erosionsmaterial in den Oberläufen der Gewässer bereits ein erheblicher Teil z.B. in Überschwemmungsflächen liegen bleibt bzw. permanent sedimentiert, kommt es nicht als Eutrophierungspotential in Frage. Es verbleiben aber immerhin noch 18.700 t/a P bzw. rd. 30 % des P-Eintrages in die Oberflächengewässer aus der Landwirtschaft, die bis in die Unterläufe der Flüsse und letztendlich in das Meer transportiert werden.

Auch für die *neuen Bundesländer* liegt eine Abschätzung vor (Elbeeinzugsgebiet, Stand 1988/89. NOLTE U. WERNER, 1991). Sie kommt zu ähnlichen Ergebnissen bzgl. der N- und P-Austräge aus diffusen Quellen mit Ausnahme eines wesentlich höheren Anteils von Direkteinleitungen aus unsachgemäßer Lagerung von Wirtschaftsdüngern und Sickersäften. Eine Abschätzung der *gesamtdeutschen* Nährstoffeinträge nach LÜBBE (1992) zeigt Folgendes:

**Gesamtdeutsche Nährstoffeinträge aus diffusen Quellen
(nach LÜBBE/BML 1992 für NUTAG/PARCOM)**

	N (t/a)	P (t/a)
Atmosphäre	14.000	560
Landwirtschaft	410.000 - 440.000	22.000 - 34.000
nicht kanal. Abwässer	16.000 *	1.600 *
natürliche Grundfracht	52.000 - 83.000 (2,5 - 4 kg N/ha)	1.200 - 1.900 (0,05 - 0,08 kg P/ha)
Gesamt (diffuse Quellen)	492.000 - 553.000 (gerundet)	25.000 - 38.000 (gerundet)

* nur alte Bundesländer

Beim *Phosphor* ist abzusehen, daß das gefaßte Ziel der *50%-Verminderung* in die Küstengewässer bis 1995, verglichen mit dem Stand von 1985, wenn auch knapp, so aber doch im wesentlichen *erreicht* werden wird, wobei die getroffenen Maßnahmen zur P-Eliminierung aus Abwässern den größten Anteil an dieser sehr positiv zu bewertenden Entwicklung haben.

Prognose P-Einträge (alte Bundesländer)	t/a (aus HAMM, 1991)
Natürliche Grundfracht	1.500
Landwirtschaft	12.400
Nicht kanalisierte Abwässer	1.800
Kommunale Kläranlagen	10.800
Industrielle Direkteinleiter	5.000
Regenwasserbehandlung	3.600
Sonstiges	800
Summe	35.900

Phosphor Verminderung gegenüber 1985 (alte Bundesländer) (nach HAMM, 1991)			
1985:	76.800	t/a	= 53,2 %
1995:	35.900	t/a	

Die P-Konzentrationen und -frachten in den Flüssen sind seit den 80-er Jahren kontinuierlich und erheblich zurückgegangen (HAMM, 1989).

Nicht so jedoch beim *Stickstoff*. Auch bei der konsequenten Umsetzung der geltenden Rahmen-Abwasser-Verwaltungsvorschriften (1992) und der EG-Richtlinie für kommunale Kläranlagen (1991) ist die *Verminderung* der N-Belastung der Gewässer insgesamt mit *nur 15-25%* abzuschätzen. Beispielhaft ist die Prognose der IKSR (1992) für das deutsche Rheineinzugsgebiet aufgeführt:

Gesamtstickstoffbilanz für 1985 und 1995 für das deutsche Rheineinzugsgebiet (nach IKSR, Dez. 1992)

			t/a N
Kommunale Kläranlagen		1985 1995	156.000 125.000
		Red. 1985 - 1995	ca. 20 %
Industrie		1985 1995	50.000 25.000
		Red. 1985 - 1995	ca. 50 %
Diff. Eintr.	geogen	1985 1995	ca. 40.000 ca. 40.000
	anthropogen	1985 1995	ca. 137.000 ca. 117.000
		Red. 1985 - 1995	ca. 15 %
	Summe	1985 1995	343.000 267.000
		Red. 1985 - 1995	ca. 22 %

In Anbetracht der von vielen Fakoren abhängigen, stark schwankenden Stickstoffkonzentrationen und -frachten in den Flüssen wird dies nicht ausreichen, eine Trendwende bei den bislang stetig steigenden N-Belastungen der Flüsse herbeizuführen. Dies gilt allerdings nicht bzgl. der *Ammoniumbelastung* der Binnengewässer, da durch die Nitrifikation in den Kläranlagen die Belastung mit dem u.a. ökotoxikologisch bedeutenden Ammoniak/Ammonium schon erheblich zurückgegangen ist. Um eine tatsächliche Wende in der Gesamt-Stickstoffbelastung von Grund- und Oberflächengewässern bis hin zur Nord- und Ostsee zu erreichen, ist jetzt vorrangig die Verminderung der Belastungen aus der Landwirtschaft voranzubringen. Eine Beschleunigung dieser Bemühungen ist vor allem deshalb notwendig, da es viele Jahre dauern wird, bis eine Verminderung der N-Verluste über Sicker- und Grundwässer tatsächlich bis zu den Oberflächengewässern und den Küstengewässern durchschlägt.

Deshalb folgende Thesen:

These 1: Der entscheidende Durchbruch bei der Verminderung der *Stickstoffbelastung* der Gewässer ist nur durch Verminderung der Belastung aus der Landwirtschaft zu erreichen. Dies erfordert *flächendeckenden Gewässerschutz*. Diese Maßnahmen dienen *gleichzeitig* dem *Schutz* des *Grund- und Trinkwassers* vor zu hoher Nitratbelastung als auch dem *Schutz der Nord- und Ostsee* vor zu hohen Stickstoffeinträgen.

These 2: Diese Maßnahmen müssen rasch in Angriff genommen werden, da es *Jahre* bis *Jahrzehnte* dauert, bis Verminderungen der N-Einträge aus der Landwirtschaft über das Sickerwasser auf Grund-, Trink- und Oberflächengewässer einschl. der Meere durchschlagen.

These 3: Hinsichtlich der *Phosphorbelastung* wird das Ziel einer ca. 50 %-Verminderung bis 1995, verglichen mit 1985, vornehmlich durch *abwassertechnische Maßnahmen* und die *Beibehaltung P-freier Waschmittel* aller Voraussicht nach erreicht werden, es sind aber auch hier Maßnahmen zur Verminderung der Belastungen aus der Landwirtschaft erforderlich; insbesondere Verminderungen bei der Belastung aus Direkteinträgen, Oberflächenabschwemmungen und durch erosionsschützende Maßnahmen.

Literatur

Allg. Rahmen-Verwaltungsvorschrift über Mindestanforderungen an das Einleiten von Abwasser in Gewässer - Rahmen Abw.VwV v. 25. Nov. 1992, Anhang 1, Bundesanzeiger Jg. 44 Nr. 233b

EG-Richtlinie 91/271 /EWG - Kommunale Abwasseranlagen v. 21. Mai 1991

Int. Kommission zum Schutz des Rheins - IKSR (1992): Reduzierung von Gesamt-Stickstoff.

OSLO U. PARIS - COMMISION: Nutrients in the Convention Area July 1992, The Secretary, London

GERLACH, S.A. (1990): Nitrogen, Phosphorus, Plankton and Oxygen Deficiency in the German Bight and in Kiel Bay. Inst. f. Meereskunde, Universität Kiel, Sonderheft 7.

HAMM, A. (Hrsg.) (1990): Kompendium - Auswirkungen der Phosphathöchstmengen-Verordnung für Waschmittel auf Kläranlagen und in Gewässern. Academia Verlag Richarz GmbH, St. Augustin.

HAMM, A. (Hrsg.) (1991): Studie über Wirkungen und Qualitätsziele von Nährstoffen in Fließgewässern. Academia Verlag Richarz GmbH, St. Augustin.

HAMM, A. (1991): Phosphatfreie und phosphathaltige Waschmittel - Konsequenzen für die Phosphoreinträge in die Gewässer - Tenside Surf. Det. 28, 6, 476-481.

LÜBBE, E. (1992): Mitt. an PARCOM / NUTAG.

NOLTE, CH. UND W. WERNER (1991): Stickstoff- und Phosphateintrag über diffuse Quellen in Fließgewässer des Elbeeinzugsgebietes im Bereich der ehemaligen DDR. Schriftenreihe Agrarspektrum, Dachverb. Agrarforschung Bd. 19 (1991).

Problembereich Pflanzenschutzmittel aus wasserwirtschaftlicher Sicht
U. Irmer, R. Wolter und Carola Kussatz

1 Einleitung

Pflanzenschutzmittel (PSM) werden gezielt in die Umwelt ausgebracht, um unerwünschte Organismen abzutöten und damit die landwirtschaftlichen Erträge zu sichern. Da die eingesetzten Stoffe jedoch nicht am Wirkort verbleiben, sind Interessenskonflikte mit der Wasserwirtschaft vorprogrammiert, deren Aufgabe es u.a. ist, den Eintrag gefährlicher Stoffe in das Kompartiment Wasser zu vermeiden und zu minimieren.

2 Überblick über die PSM-Problematik im Wasserbereich

Für wasserwirtschaftliche Belange problematisch sind grundsätzlich die Pflanzenschutzmittel, die in das Grundwasser, in oberirdische Binnengewässer (Flüsse, Seen) und in die Meeresumwelt gelangen. Bei den Belastungsquellen handelt es sich um diffuse Einträge, insbesondere aus der Landwirtschaft, sowie um punktförmige Einträge über industrielle Direkteinleiter und kommunale Kläranlagen (hier insbesondere Indirekteinleiter). Die Belastungspfade aus diffusen Quellen sind Abschwemmungen, Auswaschung in das Grundwasser sowie Verdunstung mit nachfolgender nasser und trockener Deposition. Wasserwirtschaftliche Probleme mit Pflanzenschutzmitteln treten auf, wenn Wirkungen auf den Naturhaushalt zu erwarten und Nutzungseinschränkungen der Ressource "Wasser" gegeben sind. Zu den wesentlichen Schutzgütern zählen die Trinkwasserversorgung, die aquatischen Lebensgemeinschaften und die Fischerei.

3 Gesetzliche Regelungen und Vereinbarungen

PSM-spezifische Regelungen mit unmittelbarer und mittelbarer Auswirkung auf die Schutzgüter "Aquatische Lebensgemeinschaften", "Trinkwasserversorgung" und "Fischerei" ergeben sich insbesondere aus dem Pflanzenschutzgesetz (PflSchG)[1], dem

---

[1] Gesetz zum Schutz der Kulturpflanzen (Pflanzenschutzgesetz - PflSchG) vom 15. September 1986, BGBl. I (1986), 1505 ff.

Wasserhaushaltsgesetz (WHG)[2], dem Lebensmittelrecht und Vereinbarungen internationaler Flußgebiets- und Meeresschutzkommissionen.

Gemäß PflSchG werden Pflanzenschutzmittel nur dann zugelassen, wenn sie bei bestimmungsgemäßer und sachgerechter Anwendung unter anderem keine schädlichen Auswirkungen auf das Grundwasser sowie keine sonstigen nicht vertretbaren Auswirkungen, z.B. auf den Naturhaushalt haben (§ 15 PflSchG). Entsprechende Regelungen gelten auch für die Anwendung von Pflanzenschutzmitteln (§ 6 PflSchG). In der Pflanzenschutz-Anwendungsverordnung[3] werden darüber hinaus in Ausfüllung von § 7 PflSchG Festlegungen getroffen, welche Pflanzenschutzmittel einem vollständigen Anwendungsverbot (42 Stoffe), einem eingeschränkten Anwendungsverbot (9 Stoffe) und Anwendungsbeschränkungen (73 Stoffe) unterworfen sind.

Emissionsbezogene Regelungen für Pflanzenschutzmittel ergeben sich ferner aus dem WHG. Das WHG schafft z.B. die Voraussetzung, zur Sicherstellung der Wasserversorgung Wasserschutzgebiete festzustellen (§ 19 WHG). So dürfen generell keine Pflanzenschutzmittel in der Zone I der Wasserschutzgebiete (Fassungszone) verwendet werden. In den Schutzzonen II und III ist gemäß Pflanzenschutz-Anwendungsverordnung die Anwendung von 68 Wirkstoffen, d.h. rund 30 % aller zugelassenen Pflanzenschutzmittel verboten (Stand November 1992). Auch Direkteinträge pflanzenschutzmittelhaltiger Abwässer in Oberflächengewässer werden über das WHG geregelt: § 7 a WHG sieht als Anforderung zur Begrenzung von Emissionen gefährlicher Stoffe generell den Stand der Technik vor. Zur wirksamen Kontrolle von Abwässern, die gefährliche Stoffe enthalten, nennt die Rahmen-Abwasser-Verwaltungsvorschrift[4] vier verschiedene biologische Testverfahren (Bakterien-, Algen-, Daphnien- und Fischtest). In den branchenspezifischen Anhängen dieser Verwaltungsvorschrift werden derzeit obere Grenzen für die Giftigkeit des einzuleitenden Abwassers festgelegt. In Ergänzung zum derzeit für Emissionen pflanzenschutzmittelhaltiger

---

[2] Bekanntmachung der Neufassung des Gesetzes zur Ordnung des Wasserhaushalts (Wasserhaushaltsgesetz - WHG) vom 23. September 1986, BGBl. I (1986), 1529 ff.

[3] Verordnung über Anwendungsverbote für Pflanzenschutzmittel (Pflanzenschutz-Anwendungsverordnung) vom 27. Juli 1988, BGBl. I (1988), 1196 ff., in Verbindung mit der Verordnung zur Bereinigung pflanzenschutzrechtlicher Vorschriften vom 10. November 1992, BGBl. I (1992), 1887 ff.

[4] Bekanntmachung der Neufassung der Allgemeinen Rahmen-Verwaltungsvorschrift über Mindestanforderungen an das Einleiten von Abwasser in Gewässer (Rahmen-AbwasserVwV) vom 25. November 1992, Bundesanzeiger 44, Nr. 233b (11. Dezember 1992).

Abwässer gültigen Anhang 22 (Mischabwasser) ist die Erarbeitung eines speziellen Anhangs für Pflanzenschutzmittel vorgesehen.

Immissionsbezogene Regelungen zum Schutzgut "Fischerei" finden sich in Ausfüllung von § 9 (4) des Lebensmittel- und Bedarfsgegenständegesetzes[5] in der Pflanzenschutzmittel-Höchstmengenverordnung[6]: In der Verordnung werden Höchstmengen für Rückstände an Pflanzenschutzmittelwirkstoffen in Lebensmitteln festgesetzt, die so bemessen sind, daß es bei lebenslanger Aufnahme durch den Menschen nicht zu nachteiligen gesundheitlichen Auswirkungen kommt. Weitere immissionsbezogene Regelungen beziehen sich auf das Schutzgut "Trinkwasserversorgung": In der EG-Oberfächengewässerrichtlinie[7] wurden als Anforderung an die Qualität des Rohwassers bei einfacher physikalischer Aufbereitung und Entkeimung 1 µg/l Gesamt-Pestizide (Parathion, HCH, Dieldrin) als Summen-Höchstwert festgelegt. Für das Trinkwasser selbst gelten in Übereinstimmung mit der EG-Trinkwasserrichtlinie[8] die Grenzwerte der Trinkwasserverordnung[9] in Höhe von 0,1 µg/l Einzel-PSM und 0,5 µg/l Gesamt-PSM (Summe aller Pflanzenschutzmittelwirkstoffe).

Neben den gesetzlichen Regelungen haben die Vereinbarungen internationaler Flußgebiets- und Meeresschutzkommissionen ebenfalls weitreichende Auswirkungen auf die Behandlung der PSM-Problematik in Deutschland. So hat die 3. Nordseeschutz-Konferenz (3. INK) im März 1990 eine Liste mit 37 prioritären Stoffen/Stoffgruppen

---

[5] Gesetz über den Verkehr mit Lebensmitteln, Tabakerzeugnissen, kosmetischen Mitteln und sonstigen Bedarfsgegenständen (Lebensmittel- und Bedarfsgegenständegesetz) vom 15. August 1974, BGBl. I (1974), 1945 ff., geändert durch die Fassung vom 19. Dezember 1986, BGBl. I (1986), 2610 ff.

[6] Pflanzenschutzmittel-Höchstmengenverordnung vom 16. Oktober 1989, BGBl. I (1989), 1861 ff., ber. BGBl. I (1990), 1514, zuletzt geändert durch die 6. Verordnung vom 1. September 1992, BGBl. I (1992), 1605 ff.; seitdem auch neue Benennung: Verordnung über Höchstmengen an Pflanzenschutz- und sonstigen Schädlingsbekämpfungsmitteln, Düngemitteln und sonstigen Mitteln in oder auf Lebensmitteln und Tabakerzeugnissen (Rückstandshöchstmengenverordnung - RHmV).

[7] Richtlinie des Rates 75/440/EWG vom 16. Juni 1975 über die Qualitätsanforderungen an Oberflächenwasser für die Trinkwassergewinnung in den Mitgliedstaaten (ABl. L 194, 25.7.75, 34 ff.).

[8] Richtlinie des Rates 80/778/EWG vom 15. Juli 1980 über die Qualität von Wasser für den menschlichen Gebrauch (ABl. L 229, 30.8.80, 11 ff.).

[9] Verordnung über Trinkwasser und über Wasser für Lebensmittelbetriebe (Trinkwasserverordnung - TrinkwV) vom 22. Mai 1986, BGBl. I (1986), 760 ff., in der Fassung der Bekanntmachung vom 5.12.1990 (BGBl. I (1990), 2612 ff.).

verabschiedet, die 17 Pflanzenschutzmittelwirkstoffe beinhaltet[10]. Eine entsprechende Liste prioritärer Stoffe zum Aktionsprogramm Rhein der Internationalen Kommission zum Schutze des Rheins gegen Verunreinigung (IKSR) nennt 65 Stoffe/Stoffgruppen mit 18 PSM-Wirkstoffen[11]. Im Rahmen beider Vereinbarungen wurde eine Eintragsreduzierung der aufgeführten PSM-Verbindungen im Zeitraum 1985 - 1995 um 50 % beschlossen.

4 Schutzgüter und Zielvorgaben für Pflanzenschutzmittel

Die Darstellung der gesetzlichen Regelungen zeigt, daß immissionsbezogene Qualitätskriterien für Pflanzenschutzmittel zum Schutz des Oberflächenwassers weitgehend fehlen. Durch den Bund/Länder-Arbeitskreis "Gefährliche Stoffe - Qualitätsziele für oberirdische Gewässer" (BLAK QZ) wurde daher in den zurückliegenden Jahren unter Beteiligung interessierter Kreise eine Konzeption zur Ableitung von "Zielvorgaben" für gefährliche Stoffe entwickelt (DINKLOH 1989, MARKARD 1992, SCHERER 1992). Bei den Zielvorgaben handelt es sich um Konzentrationsangaben für gefährliche Stoffe im Kompartiment Wasser, die nach Möglichkeit nicht überschritten werden sollten (Orientierungswerte). Nach dem Konzept des BLAK QZ können künftig bei der Bewirtschaftung der Gewässer derartige Zielvorgaben auch für Pflanzenschutzmittelwirkstoffe definiert werden.

Zur Beurteilung der Pflanzenschutzmittelproblematik in Oberflächengewässern sind die Schutzgüter Trinkwasserversorgung, aquatische Lebensgemeinschaften und Fischerei von wesentlicher Bedeutung. Die Grundlagen der Ableitung von Zielvorgaben zum Schutz von aquatischen Lebensgemeinschaften liefern dabei ökotoxikologische Untersuchungen an Vertretern von vier zentralen Trophiestufen der Gewässerbiozönose (Bakterien, Grünalgen, Kleinkrebse, Fische). Für die Ableitung der Zielvorgaben werden Daten aus allgemein anerkannten Testverfahren verwendet, deren Ergebnisse eine Aussage über diejenige Konzentration zulassen, die bei längerfristiger Exposition ohne beobachtbare Wirkung bleibt (No Observed Effect Concentration, NOEC). Um der Unsicherheit der Übertragung von einzelnen Laborergebnissen an wenigen

---

[10] Erklärung der Minister der 3. Internationalen Nordseeschutz-Konferenz, Den Haag, 8. März 1990, Anlage 1 A.

[11] Internationale Kommission zum Schutze des Rheins: Aktualisierung von Zielvorgaben, PLEN 11/92, Metz, 9. Juli 1992.

Organismenarten auf reale Gewässerverhältnisse Rechnung zu tragen, wird das niedrigste Testergebnis für die empfindlichste Art in der Regel mit einem Ausgleichsfaktor in Höhe von 0,1 multipliziert (MARKARD 1992). Die auf diese Weise definierte Zielvorgabe wird anhand von Zustandsdaten (90-Perzentile) auf Einhaltung überprüft. Bei Überschreitung der Zielvorgabe im Gewässer sollten die Ursachen der Belastung recherchiert und Maßnahmenvorschläge zur Verminderung der Gewässerbelastung unterbreitet werden (IRMER 1992).

Zum Schutz der Trinkwasserversorgung ist vorgesehen, die Höchstwerte der Trinkwasserverordnung in Höhe von 0,1 µg/l Einzel-PSM als Anforderung an die Qualität des Oberflächenwassers zu übernehmen. Die Ableitung von Zielvorgaben für das Schutzgut Fischerei erfolgt ebenfalls auf der Grundlage vorhandener Richt- und Grenzwerte (z.B. Pflanzenschutzmittel-Höchstmengenverordnung).

Im Rahmen von Arbeiten der IKSR wurden international bereits Zielvorgaben für 18 Pflanzenschutzmittel-Wirkstoffe verabschiedet[11]. Ein Vergleich mit den vorläufigen Zielvorgaben gemäß BLAK QZ-Konzeption ergibt eine gute Übereinstimmung der Werte (**Tabelle 1**).

5 Auswahl relevanter Pflanzenschutzmittel

Angesichts einer Zahl von 215 zugelassenen Pflanzenschutzmittelwirkstoffen (Stand August 1992) stellt sich aus Sicht des Gewässerschutzes das Problem der Prioritätensetzung, d.h. der Auswahl derjenigen Stoffe, die sowohl hinsichtlich ihrer Toxizität als auch ihres Expositionspotentials für Gewässer von Bedeutung sind oder sein können. Es geht letztendlich darum, die bestehenden Listen prioritärer Stoffe zu aktualisieren, z.B. mit dem Ziel für eine endliche Anzahl von PSM-Wirkstoffen Zielvorgaben festzulegen und zu überprüfen. Die nachfolgend beschriebene Vorgehensweise fokussiert auf tatsächlich gewässerrelevante Problemstoffe und kann dazu beitragen, den Überwachungsaufwand erheblich zu vermindern.

Bei der Zulassung von Pflanzenschutzmitteln wird bereits mittels Standard-Szenarien das anwendungsbedingte Risiko einer Gewässerkontamination ermittelt sowie die Ökotoxizität der Stoffe anhand der niedrigsten ermittelten NOEC-Werte beurteilt. Je nach Schädlichkeit und Wahrscheinlichkeit gewässerrelevanter Auswirkungen mündet die zusammenfassende Bewertung ggf. in Auflagen (z.B. Abstandsregelungen), bußgeld-

Tab. 1: Zielvorgaben für 18 Pflanzenschutzmittelwirkstoffe in µg/l; Vergleich der verabschiedeten Zielvorgaben der IKSR[11] mit den vorläufigen Zielvorgaben gemäß BLAK QZ-Konzeption. Es bedeuten: T = Schutzgut "Trinkwasserversorgung", A = Schutzgut "Aquatische Lebensgemeinschaften", F = Schutzgut "Fischerei"; Kennzeichnung *kursiv* bedeutet: ZV-Überprüfung derzeit nicht möglich; weitere Erläuterungen siehe Text.

STOFF	IKSR (T, A, F) µg/l	BLAK QZ (A) µg/l	Bestimmungs- grenze µg/l
Atrazin	0,1 (T)	0,2	0,05
Azinphos-ethyl	0,1 (T, A)	0,1	0,1
Bentazon	0,1 (T)	10	0,05
Pentachlorphenol	0,1 (T)	0,2	0,001
Simazin	0,06 (A)	0,06	0,05
Malathion	*0,02 (A)*	*0,02*	*0,1*
Parathion-methyl	*0,01 (A)*	*0,01*	*0,1*
Fenthion	*0,007 (A)*	*0,007*	*0,1*
Lindan	0,002 (A)	0,002	0,001
Trifluralin	*0,002 (A)*	*0,002*	*0,05*
Azinphos-methyl	*0,001 (A)*	*0,001*	*0,1*
DDT	0,001 (F)	0,003	0,001
Drine (je)	*0,001 (F)*	*0,002*	*0,01*
Endosulfan	*0,001 (A)*	*0,001*	*0,01*
Fenitrothion	*0,001 (A)*	*0,001*	*0,1*
Hexachlorbenzol	0,001 (F)	0,01	0,001
Dichlorvos	*0,0007 (A)*	*0,0007*	*0,1*
Parathion-ethyl	0,0002 (A)	0,0002	0,05

bewährte Anwendungsbeschränkungen oder in eine Nichtzulassung der Wirkstoffe. Für etwa 175 der zugelassenen Wirkstoffe wurden derartige Auflagen und Anwendungsbeschränkungen erteilt.

Eine Einengung dieser mit Auflagen und Anwendungsbeschränkungen versehenen Wirkstoffe erfolgt, indem die Produktionsmenge, Anwendungsmenge und der analytische Nachweis im Gewässer als Kriterien zur Bewertung der Expositionsrelevanz einbezogen werden. Auf der Basis der genannten Kriterien lassen sich aus der Liste der zugelassenen Pflanzenschutzmittel 59 Wirkstoffe mit erhöhtem gewässerschädigendem Potential extrahieren.

Durch eine einzugsgebietsbezogene Betrachtung kann eine weitere Einengung auf prioritäre Pflanzenschutzmittelwirkstoffe erfolgen. Für den Rhein handelt es sich z.B. um die folgenden Wirkstoffe: Atrazin, Chloridazon, Chlortoluron, Diuron, Isoproturon, Metazachlor, Simazin, Terbuthylazin. Sechs der genannten acht Wirkstoffe sind derzeit noch nicht in der IKSR-Liste prioritärer Stoffe berücksichtigt, die allerdings andere, heute nicht mehr oder weniger relevante Wirkstoffe beinhaltet (z.B. Aldrin, Dieldrin, Endrin, Isodrin).

6 Gewässerbelastung mit Pflanzenschutzmitteln

Pflanzenschutzmittel-Funde im Wasser werden dem Umweltbundesamt von den Bundesländern und Wasserversorgungsunternehmen regelmäßig übermittelt. Bis zum Dezember 1991 lagen die Ergebnisse von rund 130.000 Einzelmessungen vor, die im Zeitraum 1986 - 1991 durchgeführt worden sind. Pflanzenschutzmittelwirkstoffe und ihre Abbauprodukte konnten bei ca. 14.800 Messungen (11,6 %) nachgewiesen werden. Die Funde stammen zu etwa jeweils einem Drittel aus Trinkwasser, aus Grund- und Quellwasser sowie aus Oberflächenwasser incl. Uferfiltrat und angereichertem Grundwasser. In etwa 4.700 Fällen (3,7 %) überstieg die PSM-Konzentration den Grenzwert der TrinkwV von 0,1 μg/l.
Etwa 96 % der Einzelfunde beziehen sich auf 18 der insgesamt 151 untersuchten Wirkstoffe. Besonders hervorzuheben sind die Triazine mit einem Anteil von 80 % an der Gesamtzahl der Funde. 1991 hat sich der Anteil der Propazin-, Terbutylazin- und Ametryn-Funde im Vergleich zum Vorjahr deutlich erhöht. Insgesamt kann festgestellt werden, daß insbesondere die Herbizide zum Teil erhebliche wasserwirtschaftliche Probleme bereiten (**Tabelle 2**).

Tab. 2: Übersicht über die am häufigsten nachgewiesenen Pflanzenschutzmittelwirkstoffe in Wässern unterschiedlicher Herkunft (Quelle: Daten der Bundesländer und Wasserversorgungsunternehmen, 1986 - 1991); weitere Erläuterungen siehe Text.

Wirkstoffe/ Metabolite	Anzahl d. Untersuchungen	n.n	< 0,1 µg/l	> 0,1 µg/l	% aller (Funde)	davon Funde im GW
Ametryn	982	709	266	7	1,8 (273)	13
Atrazin	11442	6806	2975	1661	30,2 (4636)	1504
Bentazon	964	820	73	71	0,9 (144)	79
Bromacil	1580	1226	46	308	2,3 (354)	325
Chlortoluron	1624	1264	190	170	2,4 (360)	34
Desethylatrazin	9395	5848	2396	1151	23,1 (3547)	1100
Desisopropyl-atrazin	3541	3428	87	31	0,8 (118)	54
Dichlorprop	906	822	62	22	0,5 (84)	19
1,2-Dichlorpropan	305	15	150	140	1,9 (290)	290
Diuron	1563	1434	72	57	0,8 (129)	34
Lindan und Isomere	5465	4939	494	32	3,4 (526)	207
Isoproturon	2636	2331	143	162	2,0 (305)	32
Mecoprop	1037	894	99	44	0,9 (143)	36
Metazachlor	5523	5383	117	23	0,9 (140)	54
Metolachlor	4374	4193	134	47	1,2 (181)	72
Propazin	6781	6473	230	78	2,0 (308)	258
Simazin	9645	7711	1612	322	12,6 (1934)	777
Terbuthylazin	7680	7104	543	33	3,8 (576)	188

Weitere Gewässerzustandsdaten über gefährliche Stoffe werden dem Umweltbundesamt über den LAWA-Arbeitskreis "Qualitative Hydrologie der Fließgewässer" (LAWA-AK "QHF") übermittelt, um u.a. die Konzeption des BLAK QZ an ausgewählten Flußgebieten zu erproben. Die Prüfung auf Einhaltung bzw. Überschreitung der vorläufig abgeleiteten Zielvorgaben erfolgt ferner anhand veröffentlichter Daten aus Zahlentafeln nationaler Meßprogramme sowie anhand von Messungen des Engler-Bunte-Instituts an nationalen und internationalen Rhein-Meßstationen, die im Auftrag der Länder und des Bundes durchgeführt wurden. Ein Vergleich der IKSR-Zielvorgaben (ZV) mit den vorliegenden Gewässerzustandsdaten (90-Perzentilwerte in 1990) ergibt für einige beispielhaft ausgewählte Flußgebiete folgendes Bild[12]:

Die Zielvorgabe für Atrazin in Höhe von 0,1 µg/l wird derzeit am Rhein ab Worms stromabwärts bis Lobith überschritten. Erhöhte Atrazin-Werte wurden u.a. auch für Main und Elbe ermittelt. Eine vergleichbare Situation ergibt sich für Simazin (ZV = 0,06 µg/l): Überschreitungen der Zielvorgabe treten z.B. auf am Rhein ab Bad Honnef stromabwärts, an der Elbe und am Main.

Wie für Atrazin und Simazin wurden auch für Lindan (ZV = 0,002 µg/l) Überschreitungen der Zielvorgabe an mehr als 50 % der untersuchten Meßstellen festgestellt. Überschreitungen treten z.B. auf am Rhein, an der Mosel, an der Elbe und an der Treene.

An der Mosel finden sich ebenfalls erhöhte Pentachlorphenol-Konzentrationen (ZV = 0,1 µg/l), die z.B. die PCP-Belastung der Elbe (< 0,1 µg/l) überschreiten. Demgegenüber unterschreiten die ermittelten Azinphos-ethyl- und Bentazon-Konzentrationen die Zielvorgaben in Höhe von 0,1 µg/l an allen untersuchten Meßstellen.

Bei 10 der in der IKSR-Liste aufgeführten 18 Pflanzenschutzmittelwirkstoffen liegen die Bestimmungsgrenzen derzeit über den Zielvorgaben (Verbesserung der Analytik erforderlich); es handelt sich um Malathion (ZV = 0,02 µg/l), Parathion-methyl (ZV = 0,01 µg/l), Fenthion (ZV = 0,007 µg/l), Trifluralin (ZV = 0,002 µg/l), Azinphos-

---

[12] Eine Aussage über regionale Belastungsschwerpunkte ist nicht möglich, da nur für vergleichsweise wenige Meßstellen (10-40), überwiegend an Rhein und Elbe, Jahreskennwerte vorliegen. Insbesondere für kleinere Gewässer liegen kaum Daten vor.

methyl (ZV = 0,001 µg/l), Drine (ZV = 0,001 µg/l), Endosulfan (ZV = 0,001 µg/l), Fenitrothion (ZV = 0,001 µg/l), Dichlorvos (ZV = 0,0007 µg/l) und Parathion-ethyl (ZV = 0,0002 µg/l). Für Parathion-methyl konnten dennoch erhebliche Überschreitungen der Zielvorgabe festgestellt werden (z.B. Elbe bei Schnackenburg 0,44 µg/l).

Andere Wirkstoffe, für die noch keine Zielvorgaben formuliert wurden, treten z.T. in hohen Konzentrationen auf: Hierzu zählen *iso*-Chloridazon (Rhein), Chlortoluron (Lippe), Dimethoat (Elbe) und Diuron (Lippe, Wupper).

7 Schlußfolgerungen und Maßnahmenvorschläge

Der Zielvorgabenansatz des BLAK QZ und der IKSR ist geeignet, die wasserwirtschaftlichen Anforderungen an die Qualität von Oberflächengewässern differenziert nach Schutzgütern zu formulieren. Die flächendeckende Einhaltung der Zielvorgaben wäre ein Indiz dafür, daß Pflanzenschutzmittel im Einzugsgebiet nach - aus wasserwirtschaftlicher Sicht - guter fachlicher Praxis angewandt worden sind.

Der dargestellte Vergleich von Zustandsdaten und formulierten Zielvorgaben zeigt jedoch, daß im Hinblick auf eine Reihe von Pflanzenschutzmitteln in den nächsten Jahren verstärkte Anstrengungen unternommen werden müssen, um Verringerungen der Gewässerbelastung zu erreichen. Bei festgestellter Überschreitung der Zielvorgaben wären zukünftig nach entsprechender Ursachenforschung konkrete Maßnahmen zu ergreifen. Hierzu zählen weitergehende Anforderungen an die Abwasserreinigung sowie an die landwirtschaftliche und nicht landwirtschaftliche Anwendung von Pflanzenschutzmitteln, z.B. Vermeidungskonzepte, Anwendungsbeschränkungen sowie in letzter Instanz Anwendungsverbote und die Versagung der Zulassung.

Der Eintrag von Pflanzenschutzmitteln in das Grundwasser, in oberirdische Binnengewässer und in die Meeresumwelt ist generell zu vermeiden. Aus Sicht des Umweltbundesamtes wären folgende Maßnahmenvorschläge geeignet, den Eintrag von Pflanzenschutzmitteln aus dem landwirtschaftlichen Bereich in die Gewässer zu verringern:

(1) Die Landbewirtschaftung nach guter fachlicher Praxis ist im Hinblick auf den Einsatz von Pflanzenschutzmitteln u.a. so zu gestalten, daß die Zielvorgaben für Pflanzenschutzmittelwirkstoffe in oberirdischen Binnengewässern zum Schutz der Trinkwasserversorgung, der aquatischen Lebensgemeinschaften und der Fischerei ggf. schrittweise eingehalten werden.
In diesem Sinne ist insbesondere die unsachgemäße Anwendung von Pflanzenschutzmitteln zu vermeiden, z.B. sind Abstandsregelungen strikt einzuhalten. Ferner ist sicherzustellen, daß PSM-Rest- und -Reinigungsbrühen ordnungsgemäß entsorgt und nicht über Abwasserleitungen in die Gewässer abgegeben werden. Zukünftig sollten drainierte Flächen gegenüber den Wasserbehörden generell ausgewiesen und ggf. mit Anwendungsbeschränkungen für PSM belegt werden können. Anzustreben ist ferner die Weiterentwicklung von Applikationsverfahren, um die Abtrift beim PSM-Einsatz zu minimieren.

(2) Die insbesondere für den Nachweis der ökotoxikologischen Unbedenklichkeit erforderlichen Bestimmungsgrenzen der Wirkstoffe sollten den Zielvorgaben der IKSR und des BLAK QZ entsprechen. Die entsprechenden analytischen Verfahren sollten durch die Hersteller der Pflanzenschutzmittel beigebracht werden.

(3) Verfahren des integrierten Landbaus sind möglichst flächendeckend anzuwenden. Die Anwendungsmengen sind zu minimieren und für gewässerrelevante Wirkstoffe ggf. bis auf Null zu senken, insbesondere wenn umweltschonendere Verfahren bekannt sind, die einen ähnlich guten Pflanzenschutz erlauben (z.B. Nutzung der Allelopathie oder mechanische Wild(Un)krautbekämpfung beim Mais).

(4) Der ökologische Landbau belastet aufgrund weitgehend geschlossener Stoffkreisläufe und einer günstigeren Energiebilanz im Vergleich mit konventionellen Betrieben die Umwelt weitaus weniger und ist u.a. auch aufgrund des generellen Verzichts von naturfremden PSM-Wirkstoffen insbesondere in sensiblen Gebieten zu fördern.

8 Literatur

DINKLOH, L. (1989): Qualitätsziele zum Schutz oberirdischer Gewässer vor ge fährlichen Stoffen. Bundesgesundheitsblatt *9/89*, 398-403.

IRMER, U. (1992): Bund/Länder-Arbeitskreis "Qualitätsziele": Überblick über die Belastung bundesdeutscher Fließgewässer mit gefährlichen Stoffen. In: UTECH BERLIN Umwelttechnologieforum 1992, Seminar 04: Güteanforderungen an Oberflächengewässer, 17. Februar 1992, 75-83.

MARKARD, C. (1992): Gefährliche Stoffe - Qualitätsziele zum Schutz oberirdischer Gewässer (BLAK QZ). Schriftenreihe des Vereins für Wasser-, Boden- und Lufthygiene *89* (im Druck).

SCHERER, B. (1992): Biological approach to the development of water quality objectives. In: P.J. Newman, M.A. Piavaux & R.A. Sweeting (eds.): River water quality, ecological assessment and control. Office for official publications of the European Communities, Brussels - Luxembourg 1992, 21-33.

Stoffbelastungen aus der Landwirtschaft
H.-G. Frede und M. Bach

1 Einführung

Stoffliche Belastungen von Fließgewässern aus der Landwirtschaft werden im wesentlichen durch Einträge von gelöstem und partikulär gebundenem Phosphat, durch Stickstoff, insbesondere in den Formen Ammonium, Nitrit bzw. Nitrat, sowie durch Pflanzenschutzmittel verursacht.

Der Begriff "Belastung" beinhaltet bereits eine Wertung. Es ist daher zunächst zu klären, ob die drei genannten Stoffgruppen tatsächlich kritische Größen für die Ökologie der Gewässer darstellen. Ob Stoffeinträge als Belastungen zu bewerten sind, ist nicht zuletzt eine Frage der Zielgröße: Unter dem Aspekt der transportierten Mengen, also der Frachten und der durch sie hervorgerufenen Stoffanreicherungen in küstennahen Meeren sind sicher alle genannten Parameter als Belastungsgrößen zu bewerten. Stehen dagegen Stoffkonzentrationen in Fließgewässern zur Bewertung an, so ist zu differenzieren: N-Einleitungen sind häufig nicht als Belastungen zu bewerten. Den P-Einleitungen und den Einträgen von Pflanzenschutzmitteln werden dagegen schon in geringen Konzentrationen Wirkungen zugeschrieben, die für verschiedene Glieder der Lebensgemeinschaften in Gewässern Belastungen darstellen (HAMM, 1989).

Größenordnungen von Belastungen und deren Eintragspfade sollen in den folgenden Ausführungen behandelt werden. Auf Möglichkeiten zur Reduzierung einzelner Belastungsgrößen soll zwar verwiesen werden, ihre ausführliche Behandlung stellt aber nicht den Schwerpunkt dar.

2 Gesamtbelastungen

WERNER ET AL. haben 1990 die Stickstoff- und Phosphateinträge in die Oberflächengewässer der Bundesrepublik Deutschland in den alten Grenzen abgeschätzt. Danach betragen die Stickstoffeinträge in die Fließgewässer aus diffusen Quellen jährlich 440.000 t und die Phosporeinträge 34.000 t. Die größten Quellen stellen beim Stickstoff der Eintrag über das Grundwasser in Form des Nitrats und mit deutlichem Abstand der Eintrag über das Dränwasser dar. Beim Phospor erfolgt der mengenmäßig bedeutendste Eintrag durch Bodenabtrag, gefolgt vom Eintrag durch Dränwässer.

Neben den erheblichen Einträgen aus diffusen Quellen ist allerdings darauf hinzuweisen, daß beim Stickstoff 43 % und beim Phosphor 54 % der Gesamtfrachten aus punktförmigen Quellen entstammen. Mit diesem Hinweis sollen nicht Schuldzuweisungen anderen Belastern zugeschoben werden, sondern es soll die Bedeutung beider Belastungskomponenten hervorgehoben werden. Spätestens bei Sanierungsmaßnahmen von Fließgewässern sind beide Ursachen gleichrangig zu bewerten, wenn eine Reduzierung der Belastungen angestrebt werden soll - nicht zuletzt unter ökonomischen Gesichtspunkten.

3 Belastungsgrößen

3.1 Belastungsgröße Stickstoff

Für die erheblichen Belastungen durch Stickstoff, der im wesentlichen in Form des Nitrats über das Grundwasser den Fließgewässern zugeleitet wird, sind drei Ursachen zu unterscheiden: mengen-, pflanzen- und verteilungsspezifische.

Mengenspezifische Ursachen

Die von BACH (1993) erstellten Stickstoffbilanzen für die Bundesrepublik in den alten und neuen Grenzen weisen für die westlichen Bundesländer im Mittel einen Überschuß von 107 kg N/ha LF und Jahr aus. Der Überschuß in den neuen Bundesländern ist mit 101 kg N/ha nicht wesentlich geringer. Die Werte unterscheiden sich nur insofern, daß die regionalen Minima und Maxima der Überschüsse in den alten Bundesländern ausgeprägter sind und daß hier deutlich größere Belastungsschwerpunkte (Weser-Ems--Gebiet) auftreten als in den neuen Bundesländern (**Tabelle 1**).

Es stellt sich die Frage, ob die aufgezeigten N-Überschüsse bewirtschaftungsbedingt unvermeidbar sind oder ob es nicht Möglichkeiten gibt, den N-Überschuß ohne Ertragseinbußen bzw. erhöhte Kosten zu verringern. Zur Klärung dieser Frage wurden von BACH ET AL. (1992) für die westlichen Länder Stickstoffbilanzen bei optimierter

Tab. 1: N-Überschüsse in den Bilanzen für die alten und neuen Bundesländer (BACH, 1993)

	Mineral. Düngung	Organ. Düngung	Gesamt- Zufuhr[1]	Entzug	Über- schuß
	------------------------ kg N/(ha LF * a) ------------------------					
Alte Bundesländer	145	74	250	144	107
Neue Bundesländer	129	61	233	132	101

[1] einschließlich N-Zufuhr mit Niederschlag und symbiontischer N-Fixierung

N-Düngung mit folgendem Ansatz berechnet: Ausgehend von der Ist-Düngung wurde aus Düngungs-/Ertragsfunktionen das Düngungsoptimum errechnet, mit dem ein Ertragsniveau von 99 % des derzeitigen Maximalertrages erzielt wird. Diese N-Düngungsmengen wurden als optimierte Düngung angenommen.

Es zeigt sich (**Tab. 2**), daß allein durch diese Maßnahme der Saldo in den Stickstoffbilanzen um ca. 50 kg N/ha auf 48 kg N/ha und Jahr im Mittel der Flächen reduziert werden kann, wobei diese Verminderung bei Grünland wesentlich höher ausfällt als bei Getreide und Raps.

Pflanzenspezifische Probleme

Wie aus **Tabelle 2** hervorgeht, ist selbst unter optimierten Düngungsmaßnahmen für verschiedene Kulturen kein einheitlich niedriger N-Saldo zu erzielen. Die Ursache dafür ist in den unterschiedlichen N-harvest-Indices zwischen verschiedenen Pflanzenarten zu suchen, d.h. der Anteil verwerteter Produkte im Verhältnis zu den Produktionsrückständen ist unterschiedlich groß, wie BECKER (1991) zeigen konnte (**Tabelle 3**).

Während eine Reihe von Kulturen mehr als 90 % des von den Pflanzen aufgenommenen Stickstoffs mit der Ernte von der Fläche exportieren, gibt es andererseits Kulturarten, die wesentlich höhere N-Mengen mit den Produktionsrückstände auf der Fläche belassen. Zu diesen gehören insbesondere Raps, Zuckerrüben (ohne Blatternte) und Kartoffeln. Es wird bei dieser Darstellung deutlich, daß der häufig kritisierte Körnermais eigentlich eine unproblematische Kultur darstellt, solange die Maisflächen

Tab. 2: N-Bilanzen für die westlichen Bundesländer bei optimierter Düngung (n. BACH et al., 1992)

Kulturarten	- Z u f u h r -			Entzug	Saldo
	org.	min.	gesamt[1]		
	kg N/(ha * a)				
Getreide, Raps	88	55	171	99	**73**
Hackfrüchte	113	66	208	141	**68**
Silo-, Körnermais	112	67	208	153	**55**
Mittel Ackerland	95	58	181	112	**70**
Grünland, Grasanbau	72	153	255	216	**30**
Mittel der LF[2]	89	92	209	153	**48**

[1] einschl. durchschnittl. 29 kg N-Zufuhr/ha LF im Niederschlag [2] einschl. Garten- und Rebland

Tab. 3: Anteil verwerteter Produkte (BECKER, 1991)

Produktionsverfahren	verwertete Produkte (N-Entzug) in % N	Produktionsrückstände in % N
Wiese	> 90	< 10
Silo-, Grünmais	> 90	< 10
Feldgras	> 90	< 10
Futterzwischenfrüchte	> 90	< 10
Z.-Rüben mit Blatternte	> 90	< 10
Getreide mit Strohbergung	> 90	< 10
Getreide ohne Strohbergung	75-85	15-25
Körnermais	70-80	20-30
Körnerraps	45-55	45-55
Z.-Rüben ohne Blatternte	35-45	55-65
Kartoffeln	30-40	60-70
Brache, stillgelegte Fläche	0	100

nicht als Deponie für überschüssige Stickstoffmengen aus der Viehhaltung mißbraucht werden. Erwähnenswert sind noch Brachen und stillgelegte Flächen, die naturgemäß keinen N-Entzug aufweisen. Diese Nutzungsform verdient angesichts der flächenmäßigen Bedeutung, die Stillegungsprogramme inzwischen eingenommen haben, und in Anbetracht des hohen N-Überversorgungszustandes unserer Böden besondere Beachtung. Besondere Sorgen bereiten z.Zt. die auslaufenden 5-jährigen Flächenstillegungen. Bei der Wiederinkulturnahme sind diese Flächen einem Grünlandumbruch mit den bekannten Folgeproblemen, nämlich hohen, nicht steuerbaren N-Freisetzungsraten, gleichzustellen.

Verteilungsspezifische Probleme

Verteilungsprobleme treten insbesondere immer dann auf, wenn organische Düngung in die Düngungsplanung einzubeziehen ist. Eigene Untersuchungen in verschiedenen Wasserschutzgebieten haben ergeben, daß N-Überschüsse im wesentlichen durch die Höhe der organischen Düngung bestimmt werden. Das Beispiel in **Abbildung 1** zeigt, daß in einem Wasserschutzgebiet die Bilanzüberschüsse zu 90 % aus der organischen Düngung resultieren. Dieses heißt auch, daß die Stickstoffmengen in der organischen Düngung nur zu 10 % in die Düngungsplanung einbezogen werden.

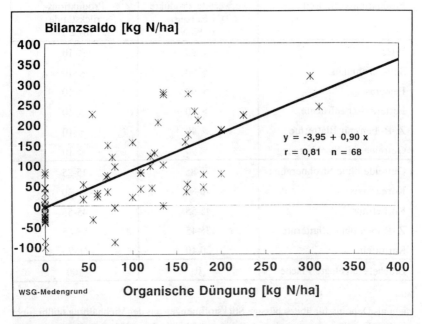

Abb. 1: N-Salden in einem Wasserschutzgebiet in Abhängigkeit von der Höhe der organischen Düngung

Wie schon von vielen Autoren festgestellt, so konnten auch wir nachweisen, daß die Nichtbeachtung des Nährstoffwertes in den organischen Düngern zum konzentrierten Ausbringen auf wenigen Flächen einzelner Betriebe führt. Für das in **Abbildung 1** dargestellte Wasserschutzgebiet wurden die Dungeinheiten zum einen auf die Landwirtschaftsfläche insgesamt und zum anderen auf die tatsächlich mit organischer Düngung beschickte landwirtschaftliche Fläche bezogen (**Abb. 2**). Bei diesem Vergleich zeigt sich, daß bei einem mittleren Viehbesatz von ca. 1,3 DE/ha im Mittel von 11 Betrieben die tatsächliche Ausbringung auf einzelnen Flächen über 5 DE/ha liegt.

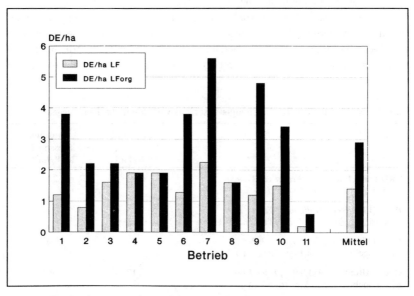

Abb. 2: **Flächenkonzentrationen der organischen Düngung, bezogen auf die gesamte LF und auf die tatsächlich begüllte LF**

Insbesondere auf flachgründigen Böden mit geringem Wasserspeichervermögen führt solche ungleichmäßige Verteilung dazu, daß nachfolgende Kulturen diese Nährstoffe nicht mehr verwerten können und sie zwangsläufig ins Grundwasser eingetragen werden. In diesem Zusammenhang muß auch darauf hingewiesen werden, daß die im Entwurf vorliegende Düngemittelanwendungsverordnung hier keine Abhilfe schaffen wird, solange Aufzeichnungen über die zugeführten Nährstoffe nur für den Gesamtbetrieb und nicht für die einzelne Fläche geführt werden müssen.

Insgesamt kann für die Stickstoffbelastungen der Gewässer gesagt werden, daß die Belastungsursachen weitgehend bekannt sind. Für eine generelle Verminderung der Nitrateinträge sind die Reduzierungsstrategien, die bislang für Wasserschutzgebiete entwickelt wurden (GÄTH U. WOHLRAB, 1992), flächendeckend anzuwenden unter Berücksichtigung des Nutzungs- und des standörtlichen Verlagerungsrisikos.

3.2 Belastungsgröße Phosphor

Das Ausmaß der Gesamtbelastung, die hauptsächlich durch die Erosion verursacht wird, ist einleitend aufgezeigt worden. Eine differenzierte Betrachtung für unterschiedlich strukturierte Einzugsgebiete (**Tab.** 4) zeigt erstens, daß die geschätzten Einträge je ha LF in den alten Bundesländern insgesamt mit 2,9 kg P/ha höher sind als in den neuen, und daß zweitens in kleineren Einzugsgebieten die Belastung sehr

Tab. 4: N- und P-Einträge in Fließgewässer aus verschiedenen Einzugsgebieten

	Stickstoff kg N/ha LF	Phosphor (gesamt-P) kg P/ha LF
BRD (ABL,1987/88)[1], *Werner et al. 1990* Einzugsgebiet = 248.700 km² (48 % LF)	37	2.9[*]
DDR (1988/89)[1], *Nolte und Werner 1991* Elbe-Einzugsgebiet = 79.700 km² (67 % LF)	25	1.9[*]
Lahn (1986/89)[2], *Bach et al. 1992* Einzugsgebiet = 3584 km² (32 % LF)	23	0.6[**]
Obere Altmühl (1983/89)[2], *Peter 1991* Einzugsgebiet = 523 km² (69 % LF)	17	0.4
Einzugsgebiet des Halterner Stausee[2] N (1980/89): *Gäth et al. 1992*; P (1991): *Frede et al. 1992* Stever (531 km², ca. 72 % LF) Mühlenbach (276 km², ca. 72 % LF)	47 23	0.2 0.0

Einträge aus diffusen Quellen ermittelt aus:

[1] Differenzierte Abschätzung der Einträge (bzw. Eintragspfade), die nicht aus zentralen Abwasserbehandlungsanlagen stammen

[2] Diffuse Fracht = gemessene Gesamtfracht (aus Konzentrations- und Abflußmessungen) abzüglich Fracht aus punktuellen Einleitungen (Kläranlagenabläufe, Regenentlastungen sowie nicht angeschlossene Einwohner)

[*] bezogen auf 18 km² Einzugsgebietsgröße
[**] nur ortho-Phosphat-Fracht (gesamt-P nicht gemessen)

unterschiedlich hoch ausfallen kann. Dabei ist zu erwähnen, daß in einigen Regionen, wie z.B. einem Teileinzugsgebiet des Haltener Stausees, auch praktisch keine P-Einträge aus diffusen Quellen auftreten.

Einzugsgebiete bzw. Flächen mit erhöhter Erosionsgefährdung sind bekannt und ausgewiesen (AUERSWALD, 1986). Was fehlt, ist wiederum die Umsetzung des vorhandenen Wissens in gezielte Schutzmaßnahmen. Wenn der Ackerbau nicht gänzlich eingestellt werden soll, dann ist bei einer Erosionsgefährdung der wirksamste Schutz in der Einführung von Bodenbearbeitungssystemen mit reduzierter Eingriffsintensität zu sehen, wobei festzustellen ist, daß diese Bodenbearbeitungssysteme sowohl ökologische als auch ökonomische Vorteile bieten. Von daher ist auch zu erwarten, daß sie bei entsprechender Beratung Akzeptanz in der Praxis finden werden (TEBRÜGGE u. EICHHORN, 1992).

3.3 Belastungsgröße Pflanzenschutzmittel

Die Ursachen für Gewässerbelastungen durch Pflanzenschutzmittel sind verschieden. Als Hauptursachen sind der Eintrag über Erosion, der Direkteintrag und Eintrag über Auswaschung zu nennen. Ergebnisse von Pflanzenschutzmittelmessungen in verschiedenen Gewässern im Lahneinzugsgebiet und vergleichbaren Regionen deuten darauf hin, daß Direkteinträge und Eintrag über Erosion eine größere Bedeutung für die Gewässerbelastung haben als der Pfad über die Auswaschung (**Tab. 5**).

Da im Lahneinzugsgebiet auch in Phasen der Niedrigwasserführung bzw. in Perioden ohne erosive Niederschläge PSM im Gewässer gefunden werden, ist davon auszugehen, daß die Direktbefrachtung über Spülen von Spritzgeräten im Gewässer, das Überstreichen des Gewässers beim Spritzen und die Direkteinleitung aus dem landwirtschaftlichen Betriebsbereich einen nicht unerheblichen Belastungsanteil ausmachen.

Reduzierungsmaßnahmen sind zuerst an diesen Belastungspfaden zu orientieren. Zur Vermeidung von Direkteinträgen sind keine weiteren gesetzlichen Vorgaben notwendig. Einzelmaßnahmen sind dagegen:

- Abhalten des Anwenders vom Gewässer durch landwirtschaftlich nicht genutzte Gewässerrandstreifen (Distanzfunktion !)

- Reinigen von Spritzgeräten auf gesonderten Plätzen mit Auffangvorrichtungen für die Reinigungswässer

- Entsorgung der Reinigungswässer z.B. in Güllebehältern

In Bezug auf Erosion sind die gleichen Schutzmaßnahmen wie beim Phosphor vorzusehen.

Tab. 5: Pflanzenschutzmittel in der Lahn und Nebengewässern

Gewässer	LAHN	LUMDA	OHM	DILL	GESAMT-GEBIET
Pegel/Meßstelle	Coelbe	Lollar	Coelbe	Asslar	Leun
	Häufigkeit der Nachweise [1]				
Atrazin	35 %	65 %	47 %	12 %	35 %
Simazin	23 %	35 %	23 %	35 %	23 %
Terbuthylazin	12 %	18 %	29 %	0 %	12 %
	Maximale Konzentration (μg/l)				
Atrazin	0.20	1.13	1.03	0.19	0.24
Simazin	0.69	0.87	0.41	0.21	0.18
Terbuthylazin	0.07	0.23	2.98	---	0.18

[1] 17 Probenahmetermine März bis Juni 1992

4 Bedeutung von Uferstreifen

Uferstreifen haben im Zusammenhang mit Gewässerbelastungen durch Pflanzenbehandlungsmittel und durch Phosphor die wesentliche Aufgabe, den Anwender vom Gewässer fernzuhalten. Sie erfüllen also eine wichtige Funktion als Distanzstreifen. Nach unveröffentlichten Untersuchungen des Instituts für Landeskultur ist davon auszugehen, daß eine Minderung von erosiven Stoffeinträgen aus der angrenzenden Fläche durch Uferstreifen nur in begrenztem Maße verwirklicht werden kann. **Tabelle 6** zeigt, daß durchschnittlich eine Abflußverminderung des in den Uferstreifen eintretenden Wassers in der Größenordnung von 67 % erreicht werden kann, diese Werte aber in weiten Grenzen schwanken.

Tab. 6: Verminderung des Oberflächenabflusses in Uferstreifen in Prozent der zugeflossenen Wassermenge

	Frühjahr		Sommer	
	1. Lauf	2. Lauf	1. Lauf	2. Lauf
Abflußverminderung (n = 10)	61	58	77	71
Minimum	25	7	37	35
Maximum	96	85	99	94

Tab. 7: Rückhalt und Konzentrationsminderung gelöster Nährstoffe im Uferstreifen in Prozent der eingeleiteten Frachten bzw. Konzentrationen

	Nitrat		Ammonium		o-Phosphat	
	Frühjahr	Sommer	Frühjahr	Sommer	Frühjahr	Sommer
Rückhalt (n = 10)	66	76	77	88	75	86
Minimum	41	30	43	44	45	39
Maximum	97	99	99	99	99	99
Konzentrationsverminderung	13,2	(+4)	41,0	46,3	37,2	37,1

Der Rückhalt gelöster Nährstoffe in Uferstreifen ist mit 66 - 88 % der eingeleiteten Frachten insgesamt relativ hoch, was jedoch hauptsächlich durch die Abflußverminderung zu erklären ist **(Tab. 7)**.

Diese Werte vermitteln ein positives Bild über das Leistungsvermögen von Uferstreifen, das es zu relativieren gilt: Es ist zu hinterfragen, ob und wo derartige Uferstreifen in den betrachteten Landschaften überhaupt vorkommen. Hierzu wird derzeit eine detaillierte Kartierung der Uferausprägung und der Abflußwege des Oberflächenabflusses unter besonderer Berücksichtigung der Art des Abflußübertritts durchgeführt (die Auswertungsarbeiten sind noch nicht abgeschlossen). Aus den umfangreichen Voruntersuchungen zur Auffindung geeigneter Standorte für die Messungen und den ersten Kartierergebnissen kann jedoch geschlossen werden, daß ein flächiger Übertritt des Oberflächenabflusses in den Uferstreifen, so wie er in unserem Versuchsaufbau simuliert wurde, sehr selten stattfindet. Häufig wird dagegen ein punktförmiger Übertritt in kleinen und kleinsten Geländemulden beobachtet, der eine flächige Filterwirkung ausschließt. Somit ist auch an den wenigen Gewässerabschnitten, die einen "idealen" Uferstreifenaufbau zeigen, die Gefahr des punktuellen Durchbruchs gegeben. Wird nach vorsichtiger Schätzung davon ausgegangen, daß nach Anlage von durchgehenden Uferstreifen 30 % der Gewässerstrecke einen flächenhaften Übertritt des Wassers von der angrenzenden Fläche durch den Uferstreifen ins Gewässer ermöglichen, dann würde daraus ein Filtereffekt resultieren, der in der Größenordnung von ca. 25 % der eingeleiteten Substanzen läge. Diese sehr optimistischen Annahmen gilt es jedoch noch zu untermauern.

5 Schlußfolgerungen

In Bezug auf die Stoffbelastungen von Oberflächengewässern aus der Landwirtschaft lassen sich die folgenden Schlußfolgerungen ziehen:

1. Belastungen von Oberflächengewässern können grundsätzlich von kommunalen, industriellen und landwirtschaftlichen Einleitern ausgehen.

2. Gewässerbelastungen aus der Landwirtschaft durch N, P und Pflanzenbehandlungsmittel treten räumlich und zeitlich differenziert auf.

3. Das Ausmaß der jeweiligen Belastungen ist unterschiedlich hoch. Mengenmäßig werden die Einträge vom Nitrat bestimmt. Kritische Konzentrationen und Frachten treten beim Phosphor und möglicherweise bei Pflanzenbehandlungsmitteln auf.

4. Die Belastungsursachen sind unterschiedlich: Die Ursachen der N-Einträge sind mengen-, pflanzen- und verteilungsspezifisch. Phosphor entstammt der Erosion. Pflanzenbehandlungsmittel werden über die Erosion, direkt oder über das Grundwasser eingetragen.

5. Verminderungsstrategien sind generell bekannt. Sie sind auf diese unterschiedlichen Ursachen abzustimmen.

6 Literatur

AUERSWALD, K. UND F. SCHMIDT (1986): Atlas der Erosionsgefährdung in Bayern. Karten zum flächenhaften Bodenabtrag durch Regen. GLA Fachberichte H.1, Bayer. Geol. Landesamt

BACH, M., M. RODE U. H.G. FREDE (1992): Abschätzung der kurzfristig möglichen Verminderung der Stickstoff-Düngung in der Landwirtschaft im Bundesgebiet (westl. Bundesländer). Landwirtschaftl. Forschung, Kongressband, Göttingen, VDLUFA-- Schriftenreihe **35**, 159-162

BACH, M. (1993): Regional differenzierte Stickstoffbilanzen für die alten und neuen Bundesländer. In: WENDLAND, F., H. ALBERT, M. BACH u. R. SCHMIDT (Hrsg.): Atlas zum Nitratstrom in der Bundesrepublik Deutschland. Springer, Berlin, Heidelberg, ca. 145 S. (im Druck)

BECKER, K.W. (1991): Nitratsteuerung in Wasserschutzgebieten. Mitteilungen Dt. Bodenkundl. Gesellsch., **66,II**, 907-910

FREDE, H.G., M. BACH U. S. GRUNEWALD (1992): Phosphat-Einträge in Stever und Mühlenbach - Abschätzung der Anteile aus diffusen und punktuellen Quellen. Eigenverlag Institut für Landeskultur, Gießen, 62 S.

GÄTH, S., J. FABIS UND H.G. FREDE (1992): Erfassung langjähriger Stickstoff- und Phosphor-Frachten im Wassereinzugsgebiet der Stever und des Haltener Mühlenbachs. Wasserwirtschaft **82/1**, 18-26

GÄTH, S. UND B. WOHLRAB (1992): Strategien zur Reduzierung standort- und nutzungsbedingter Belastungen des Grundwassers mit Nitrat. Mitteilungen Dt. Bodenkundl. Gesellsch., 42 S. Sonderheft

GRAMATTE, M. U. H.G. FREDE (1991): Zur Problematik der Abschätzung diffuser und punktueller Nährstoffeinträge in die obere Altmühl und den Altmühlsee, Mitteilungen Dt. Bodenkundl. Gesellsch. **66 II**, 633-636

HAMM, A. (Hrsg.), (1989): Auswirkungen der Phosphat-Höchstmengenverordnung für Waschmittel auf Kläranlagen und in Gewässern. Academia Verlag Richarz, 402 S.

NOLTE, C. U. W. WERNER (1991): Stickstoff- und Phosphateintrag über diffuse Quellen in Fließgewässer des Elbeeinzugsgebietes im Bereich der ehemaligen DDR. Schriftenreihe Agrarsprectrum **19**, Verlagsunion Agrar, Frankfurt, 118 S.

TEBRÜGGE, F. UND H. EICHHORN (1992): Die ökologischen und ökonomischen Aspekte von Bodenbearbeitungssystemen. in: Wechselwirkungen von Bodenbearbeitungssystemen auf das Ökosystem Boden. S. 7-20, Wiss. Fachverlag Fleck, Niederkleen

WERNER, W. U. H.-W. OLFS (1990): Stickstoff- und Phosphorbelastung der Fließgewässer aus der Land(wirt)schaft und die Möglichkeiten zu ihrer Verringerung. In: Wasser Berlin '89, Schmidt Verlag Berlin, 489-501

Gewässerbelastung durch Pflanzenschutzmittel
K. Hurle, S. Lang und J. Kirchhoff

1   Einleitung

Über das Vorkommen von Pflanzenschutzmitteln in Oberflächengewässern wurde schon in den 60er und 70er Jahren, insbesondere aus den USA, berichtet. Dabei handelte es sich hauptsächlich um Verbindungen aus der Gruppe der chlorierten Kohlenwasserstoffe, die schon damals im μg/l-Bereich analytisch nachweisbar waren. Das Vorkommen dieser Stoffgruppe in Gewässern wurde vor allem wegen ihrer hohen Persistenz und ihrer Anreicherung in der aquatischen Biozönose als problematisch erkannt. Ursache für die Kontamination waren die punktuelle Einleitung belasteter Abwässer durch die Pflanzenschutzmittel-Industrie und der diffuse Eintrag aus behandelten landwirtschaftlichen Flächen. Nach dem weitgehenden Ersatz der chlorierten Kohlenwasserstoffe durch weniger persistente Verbindungen gab es längere Zeit kaum Berichte über Vorkommen von Pflanzenschutzmitteln in Oberflächengewässern. Das mochte den Eindruck erwecken, daß es mit den neuen Verbindungen zu keiner Kontamination käme. Der Grund dafür lag aber vielmehr in der mangelnden Empfindlichkeit der Analysenverfahren für die neuen Stoffgruppen, zum Teil aber wohl auch darin, daß nicht gezielt nach ihnen gesucht wurde. Nach Inkrafttreten des EG-Trinkwassergrenzwertes wurden jedoch die Nachweisverfahren für Pflanzenschutzmittel wesentlich verbessert, und so wurde es möglich, das Vorkommen von Pflanzenschutzmitteln in Oberflächengewässern bis in den ppt-Bereich zu verfolgen. Inzwischen herrscht auf diesem Gebiet rege Aktivität.

Wenn man sich mit dieser Thematik beschäftigt, sind drei Fragen von besonderem Interesse:
a) In welchem Maße sind Oberflächengewässer mit Pflanzenschutzmitteln kontaminiert?
b) Wie gelangen Pflanzenschutzmittel in Oberflächengewässer?
c) Wie kann die Kontamination vermieden oder zumindest verringert werden?

Im folgenden wird versucht, auf die Fragen a) und b) einzugehen. Dies wird getan unter Einbeziehung eigener Untersuchungen und unter Berücksichtigung der Landwirtschaft als Kontaminationsquelle. Die Frage c) wird hier nicht behandelt.

2 Ausmaß der Kontamination

Neuere Untersuchungen zeigen, daß in intensiv landwirtschaftlich genutzten Regionen Oberflächengewässer in aller Regel mit Pflanzenschutzmitteln kontaminiert sind (Übersichten siehe LEONARD 1988 und HURLE 1992). Häufig beschränken sich die Befunde jedoch auf "Momentaufnahmen" an einem gegebenen Streckenabschnitt und liefern somit keine Information über das saisonale Auftreten von Pflanzenschutzmittelrückständen, der Belastung an verschiedenen Abschnitten des Gewässers und mögliche Beziehungen zwischen Einsatz der Pflanzenschutzmittel im Einzugsgebiet und ihrem Auftreten im Gewässer.

Wir führten hierzu im Jahre 1991 von Mai bis Dezember Untersuchungen an der Rems durch. Die Rems ist ein 80 km langer Fluß in Baden-Württemberg. Das Einzugsgebiet (580 km^2) gliedert sich in folgende Nutzungen: im Oberlauf hauptsächlich Wald und Grünland, im mittleren Abschnitt Ackerbau und im unteren vorwiegend Obst- und Weinbau. In **Tab.** 1 sind die untersuchten Wirkstoffe und die geschätzten Einsatzmengen im Einzugsgebiet dargestellt. Die Probenahmen erfolgten an zehn Standorten entlang des Gewässers von der Quelle bis kurz vor der Mündung in meist ein- bis zweiwöchigem Abstand (**Abb.** 1); für Einzelheiten siehe LANG UND HURLE 1993.

Insgesamt wurden im Wasser der Rems sieben Pflanzenschutzmittel-Wirkstoffe und zwei Metabolite nachgewiesen. Dabei handelte es sich ausschließlich um herbizide Verbindungen aus der Wirkstoffgruppe der s-Triazine und der Phenoxyalkansäuren. Wirkstoffe von Fungiziden und Insektiziden waren zu keiner Zeit nachweisbar. Von den insgesamt 200 untersuchten Proben enthielten 173 (ca. 86 %) Rückstände von Pflanzenschutzmitteln. Die rückstandsfreien Proben stammten im wesentlichen von der Quelle. Die wichtigste Triazin-Verbindung war Atrazin, und von den Phenoxyalkansäuren wurden Mecoprop und Dichlorprop am häufigsten gefunden. Die Wirkstoff-Konzentrationen waren meist sehr gering (**Tab.** 2). In den 173 kontaminierten Proben lagen die Konzentrationen (Summe der gefundenen Wirkstoffe) 43mal < 0,1, 98mal im Bereich 0,1 - 0,5 und 32mal > 0,5 μg/l; der höchste Wert mit 1,8 μg/l wurde am 24. Mai im Unterlauf der Rems gemessen.

Die Wirkstoffkonzentrationen im Gewässer wiesen deutliche jahreszeitliche Schwankungen auf. Die höchsten Werte wurden meist im Mai und Juni festgestellt und stimmten damit zeitlich recht gut mit dem Einsatz der Verbindungen in der Landwirtschaft überein. Die Wirkstoff-Frachten stiegen vom Oberlauf zum Unterlauf der Rems, also mit zunehmendem Einzugsgebiet, an. Im Untersuchungszeitraum wurden insgesamt 27 kg Pflanzenschutzmittel- Wirkstoff durch die Rems aus dem Einzugsgebiet exportiert. Die Phenoxyalkansäuren hatten dabei einen Anteil von 20 kg.

Das entspricht etwa 0,15 % ihrer eingesetzten Menge. Die Triazine waren mit 7 kg, entsprechend 0,60 % ihrer applizierten Menge, deutlich überrepräsentiert.

Tab. 1: Untersuchte Pflanzenschutzmittelwirkstoffe und ihre in der Landwirtschaft eingesetzten Mengen (kg, geschätzt) im Einzugsgebiet der Rems im Jahre 1991

Herbizide		Fungizide		Insektizide	
Alachlor	180	Bitertanol	400	Chlorpyrifos	500
Atrazin	0-210[1]	Dichlofluanid	510	Etrimfos	40
Atrazin	3.000[2]	Fenpropimorph	1.090	Parathion	230
Chloridazon	200	Prochloraz	850	Phosalon	310
Metazachlor	1.220	Propiconazol	225	Primicarb	170
Pendimetalin	4.615	Triadimenol	435		
Phenoxyalkansäuren[3]	12.935	Vinclozolin	150		
Simazin	660-680				
Terbuthylazin	330-350				
Triallat	510				
Trifluralin	1.150				

[1] Noch vor dem Anwendungsverbot (April 1991) eingesetzte Menge; [2] Geschätzte Menge in den Jahren vor dem Anwendungsverbot; [3] Summe aus Mecoprop, Dichlorprop, MCPA und 2,4-D

Das Ausmaß der Kontamination der Rems mit Pflanzenschutzmittel-Wirkstoffen war im Vergleich mit anderen Untersuchungen gering (vgl. z. B. KREUGER UND BRINK 1988), was wohl auf den trockenen Sommer des Jahres 1991 zurückzuführen ist. Auffällig ist, daß andere herbizide Wirkstoffe und Wirkstoffe aus der Gruppe der Fungizide und Insektizide während des gesamten Untersuchungszeitraums nicht nachgewiesen werden konnten. Der Austrag von Herbiziden dürfte besonders durch ihren relativ frühen Anwendungszeitpunkt begünstigt sein (geringer Deckungsgrad durch die Kultur), während Fungizide und Insektizide wesentlich später eingesetzt werden, wodurch erheblich weniger Wirkstoff auf den Boden gelangt.

Atrazin war trotz des seit April 1991 bestehenden Anwendungsverbots in mehr als 75 % der Wasserproben nachweisbar. Es deutet sich an, daß Rückstände im Boden, die aus früheren Atrazin-Anwendungen (hauptsächlich im Mais) herrühren, noch zur Kontamination im Untersuchungsjahr beigetragen haben. Ähnliches dürfte auch für

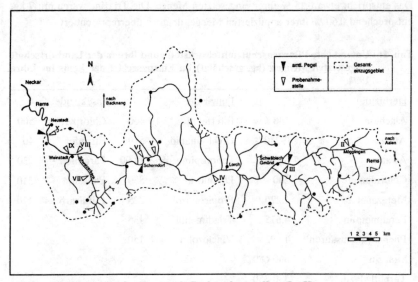

Abb. 1: Einzugsgebiet der Rems mit Probenahmestellen (I - X)

Tab. 2: Anzahl positiver Befunde und mittlere Konzentrationen (μg/l) im Wasser der Rems in der Zeit von Mai bis September 1991

Wirkstoff	Anzahl	Konzentration
Triazine		
Atrazin	153	0,06
Desethylatrazin	8	n.b. (< 0,05)
Desethylterbuthylazin	11	0,07
Simazin	35	0,04
Terbuthylazin	73	0,04
Phenoxyalkansäuren		
2,4-D	16	n.b. (< 0,18)
Dichlorprop	89	0,16
MCPA	3	0,19
Mecoprop	130	0,17

n.b. = nicht bestimmbar

Simazin zutreffen, das im Obst- und Weinbau des untersuchten Gebiets heute nur noch vereinzelt eingesetzt wird. Es ist aber auch nicht auszuschließen, daß neben der Landwirtschaft noch andere Verursacher für die Kontamination der Rems in Betracht kommen. So führt beispielsweise eine Trasse der Deutschen Bundesbahn an manchen Stellen sehr nahe an die Rems. Frühere Atrazin- und Simazin-Anwendungen auf Gleisanlagen oder anderen Verkehrsflächen, besonders im kommunalen Bereich, könnten die Kontamination der Rems mit diesen Herbiziden also mit verursacht haben. Unabhängig von der Herkunft der nachgewiesenen Pflanzenschutzmittel muß davon ausgegangen werden, daß bei bestimmten Verbindungen mit "Altlasteffekten" zu rechnen ist.

3 Wege des Eintrags

Pflanzenschutzmittel können auf verschiedene Weise in Oberflächengewässer gelangen. Im folgenden werden die Wege des Eintrags kurz dargestellt, die mit der Anwendung von Pflanzenschutzmitteln in der Landwirtschaft in Zusammenhang stehen. Auf Einträge, die bei der Produktion und bei Unglücksfällen während des Transports von Pflanzenschutzmitteln sowie bei unsachgemäßer Beseitigung von Pflanzenschutzmitteln- und Spritzbrüheresten stattfinden können und vorwiegend zu punktuellen Gewässerbelastungen führen, wird nicht eingegangen.

3.1 Behandlung von Gewässern

Die direkte Behandlung von Be- und Entwässerungsgräben, Fischteichen etc. zur Bekämpfung von unerwünschtem Pflanzenwuchs ist seit einer Reihe von Jahren in der Bundesrepublik Deutschland nicht mehr erlaubt. Durch Unachtsamkeit können jedoch kleinere Gräben, die zeitweise auch trockenfallen, bei der Ausbringung mitbehandelt werden, was so zur Kontamination ihrer Vorfluter mit Pflanzenschutzmitteln beitragen kann. Bei der Applikation mit Flugzeugen (in Deutschland von untergeordneter Bedeutung) ist eine Mitbehandlung von sehr kleinen Gewässern (z. B. Gräben) nicht vermeidbar. Zwar ist das Ausmaß der unbeabsichtigten Mitbehandlung von Gewässern schwer abschätzbar; insgesamt gesehen dürfte sie aber nur einen geringen Anteil an der Kontamination haben.

3.2 Abtrift

Bei der Applikation von Pflanzenschutzmitteln gelangt ein Teil der fein verstäubten Spritzbrühe nicht auf die Zielfläche, sondern lagert sich in der näheren Umgebung ab oder bleibt als Aerosol längere Zeit in der Atmosphäre und kann dann über weitere Strecken verfrachtet werden. Bei Feldkulturen ist die Abdrift geringer (kleiner Abstand zwischen Düse und Zielfläche) als in Raumkulturen (Obst, Wein, Hopfen) und bei Applikation mit dem Flugzeug. Insgesamt dürfte die Kontamination von Oberflächengewässern durch die Abdrift nur eine untergeordnete Rolle spielen, wenn bei der Applikation die maximal zulässige Windgeschwindigkeit (3 m/sec) beachtet wird und der durch die Zulassung des Pflanzenschutzmittels festgelegte Mindestabstand zum Gewässer eingehalten wird.

3.3 Atmosphärische Deposition

Daß Pflanzenschutzmittel in der Atmosphäre und damit auch im Niederschlag vorkommen, ist bereits seit Mitte der 60er Jahre für verschiedene Chlorkohlenwasserstoff-Insektizide bekannt (ABBOTT ET AL. 1966). Pflanzenschutzmittel, die in der Atmosphäre stabil sind, können, wie im Falle von DDT und anderen persistenten Chlorkohlenwasserstoffen, über den Luftpfad weit verbreitet werden. In neuerer Zeit wurden auch weniger stabile Verbindungen in der Luft und im Niederschlag nachgewiesen (RICHARDS ET AL. 1987, OBERWALDER ET AL. 1991). Die Kontamination der Atmosphäre erfolgt durch die Abdrift, durch das Verdampfen von Pflanzenschutzmitteln von der behandelten Boden- und Pflanzenoberfläche sowie durch Verwehen kontaminierter Bodenpartikel. Je nach Stabilität der Verbindungen in der Atmosphäre werden sie mehr oder weniger weit verfrachtet und können zu Belastungen entfernter Regionen führen. So zeigen neuere Untersuchungen, daß beispielsweise Atrazin mehrere hundert km in der Atmosphäre verfrachtet werden kann (OBERWALDER UND HURLE 1993).

Für verschiedene Verbindungen konnte gezeigt werden, daß von Blattoberflächen bereits nach ein bis zwei Tagen beträchtliche Anteile (> 50 % der applizierten Menge) verdampfen können, während bei anderen die Verluste durch Verdampfen deutlich geringer sind (BOEHNCKE ET AL. 1989, KUBIAK ET AL. 1993). Hier bedarf es noch umfangreicher Untersuchungen, um zu einer besseren Einschätzung der Verflüchtigung aus Pflanzenbeständen zu gelangen. Die Verdunstungsverluste von Bodenoberflächen sind in der Regel deutlich geringer als die von Pflanzen. Wenig untersucht ist bislang die Verfrachtung kontaminierter Bodenpartikel durch Winderosion. Sie darf in winderosionsgefährdeten Gebieten für Verbindungen, die durch Sorption lange an der Bodenoberfläche verbleiben, nicht unterschätzt werden.

Diese kurzen Ausführungen machen deutlich, daß das Vorkommen von Pflanzenschutzmitteln in der Atmosphäre und damit auch im Niederschlag ein generelles Phänomen ist. Regenwasser-Untersuchungen zeigen, daß für die meisten Pflanzenschutzmittel eine typische saisonale Verteilung vorliegt und sich ihr Auftreten im wesentlichen auf die Zeit der Anwendung beschränkt (SIEBERS ET AL. 1991, GATH ET AL. 1992, OBERWALDER ET AL. 1991, 1992). Es bestehen deutliche Parallelen zum Auftreten von Pflanzenschutzmitteln in Oberflächengewässern.

Die Untersuchungen von OBERWALDER ET AL. (1992) sowie von GATH ET AL. (1992, 1993) zeigen, daß die Kontamination des Niederschlags regional, entsprechend der Intensität des Pflanzenschutzmittel-Einsatzes, unterschiedlich ist, aber auch, daß in Gebieten ohne Pflanzenschutzmittel-Einsatz der Regen Pflanzenschutzmittel enthalten kann. Häufig gefunden wurden die Herbizide Atrazin, Dichlorprop und Mecoprop mit Maximalkonzentrationen von 1 - 2 μg/l.

Die Belastung von Oberflächengewässern durch kontaminierten Niederschlag kann allgemein als sehr gering eingeschätzt werden. So fanden OBERWALDER ET AL. 1992 die höchsten Wirkstoffeinträge (Summe von 10 Verbindungen) im Bereich von 1 g/ha und Jahr; SIEBERS ET AL. (1991) und SCHARF UND BÄCHMANN (1993) fanden für Lindan 0,8 bzw. 0,4 g/ha und Jahr. Diese Befunde machen deutlich, daß Niederschläge nur unwesentlich zur Belastung von Oberflächengewässern mit Pflanzenschutzmitteln beitragen.

3.4 Drainagen

Zwar wird in aller Regel der größte Teil eines Pflanzenschutzmittels in der obersten Bodenschicht rasch abgebaut oder sorbiert. Trotzdem gelangen Spuren in tiefere Bodenschichten. Durch Drainagen können diese dann aus dem Feld exportiert und in den Vorfluter eingetragen werden. Die Höhe des Austrags wird wesentlich bestimmt durch die Sorbierbarkeit des Wirkstoffs im Boden und die Sorptionskapazität des Bodens, die Abbaugeschwindigkeit des Wirkstoffs im Boden, die Niederschlagsmenge und -verteilung, die Wasserdurchlässigkeit des Bodens und den Wasserentzug durch den Pflanzenbestand.

Die folgenden Beispiele sollen ein Bild über die Größenordnung des Beitrags von Drainagen zur Kontamination von Oberflächengewässern vermitteln.

SCHIAVON UND JAQUIN (1973) fanden bei praxisüblicher Dosierung von Atrazin, abhängig von der Bodenart, einen Austrag von 0,8 bis 1,9 % der ausgebrachten Menge innerhalb von neun Monaten.

MUIR UND BAKER (1976) fanden im Drainwasser für Atrazin Konzentrationen von 0,06 bis 10,8, für Cyanazin < 0,01 bis 1,1 und für Metribuzin < 0,01 bis 1,7 μg/l. Der Austrag betrug für diese Verbindungen innerhalb eines Jahres ca. 0,15 % der applizierten Menge.

KREUGER UND BRINK (1988) berichten für MCPA und Dichlorprop von Austrägen zwischen 0,06 und 0,9 % der ausgebrachten Menge.

Terbuthylazin trat bereits zwei Wochen nach erstmaliger Anwendung im Drainwasser auf (HURLE ET AL. 1987). Es war über das ganze Jahr mit 0,13 bis 28 μg/l nachweisbar. In einem Acker, der zehn Jahre lang mit Mais bestellt und mit Atrazin behandelt worden war, war das Drainwasser auch drei Jahre nach der letzten Anwendung noch immer mit 0,04 bis 0,17 μg/l kontaminiert. Die Atrazin-Konzentration nahm in diesen drei Jahren nur wenig ab.

In einer weiteren Untersuchung fanden HURLE UND LANG (1992) im Drainwasser Atrazin im Bereich von < 0,05 bis 3,1, Dichlorprop, Mecoprop und MCPA von < 0,05 bis 0,08, Isoproturon von 0,05 bis 0,21 und Metamitron von 0,25 bis 1,38 μg/l. Der in der Untersuchungsperiode (März bis September 1990) über die Drainagen ausgetragene Anteil betrug für keine der Verbindungen mehr als 0,05 % der applizierten Menge.

In der Regel treten die höchsten Rückstände im Drainwasser in den ersten Wochen nach der Applikation auf. Entscheidenden Einfluß hat dabei die Niederschlagsmenge und -verteilung. Im allgemeinen ist der Beitrag von Drainagen zur Kontamination von Oberflächengewässern gering. In Regionen aber mit einem hohen Anteil drainierter Felder führen die Drainagen zwangsläufig zu einer stärkeren Belastung.

3.5 Oberflächenabfluß

Im hängigen Gelände wird dem Oberflächenabfluß (runoff) die entscheidende Rolle bei der Kontamination von Gewässern beigemessen. Unter runoff wird sowohl oberflächlich abfließendes Wasser als auch mit diesem transportiertes, erodiertes Bodenmaterial verstanden. Diese Art von Austrag findet immer dann statt, wenn die Niederschlagsrate größer ist als die Infiltrationsrate. Besonders anfällig für runoff sind solche Kulturen, die über längere Zeit keine ausreichende Bodenbedeckung aufweisen.

Aus vielen Untersuchungen (Übersichten bei WAUCHOPE 1978, HURLE UND JOHANNES 1979, LEONARD 1988, HURLE 1992) geht hervor, daß das Ausmaß des Austrags im wesentlichen von folgenden Parametern beeinflußt wird: Regenmenge und Regenintensität, Bodenart, Bodenfeuchte und Oberflächenbeschaffenheit des Bodens, Hangneigung, Aufwandmenge, Art der Applikation, chemisch-physikalische Eigenschaften, Persistenz und Sorption der Pflanzenschutzmittel sowie acker- und pflanzenbauliche Parameter wie Art der Bodenbearbeitung und des Pflanzenbewuchses.

Die Untersuchungen zeigen weiterhin folgende Zusammenhänge:
- Im hängigen Gelände werden Pflanzenschutzmittel in praktisch allen Fällen durch Oberflächenabfluß ausgetragen.
- Austauschvorgänge zwischen Oberflächenabfluß und Boden finden im wesentlichen nur im obersten Zentimeter des Bodens statt.
- Der größte Austrag erfolgt mit dem ersten stärkeren Niederschlag; spätere Niederschläge sind von untergeordneter Bedeutung.
- Je kürzer der Abstand zwischen der Anwendung und dem Niederschlagsereignis, desto höher der Austrag.
- Durch abfließendes Wasser wird in der Regel eine größere Menge der Pflanzenschutzmittel ausgetragen als durch abgeschwemmten Boden.
- Die ausgetragene Menge ist etwa proportional der Aufwandmenge und der in den obersten Zentimetern des Bodens vorhandenen Wirkstoffmenge.
- Durch Abschwemmung von Pflanzenoberflächen sind insbesondere solche Substanzen betroffen, die eine hohe Wasserlöslichkeit besitzen.

Die meisten Untersuchungen zum Oberflächenabfluß befassen sich mit Herbiziden. Herbizide sind besonders deshalb austragsgefährdet, weil sie früh in der Vegetationsperiode angewendet werden, d. h. zu einer Zeit, in der der Boden noch wenig bedeckt und außerdem meist wassergesättigt ist, so daß gute Bedingungen für einen Austrag vorliegen. Später eingesetzte Pflanzenschutzmittel unterliegen in aller Regel einem geringeren Austrag.

Die durch Oberflächenabfluß ausgetragene Wirkstoffmenge kann sehr stark variieren. LEONARD (1988) rechnet unter natürlichen Verhältnissen mit einem Austrag von 1 - 2 %. Das entspräche bei einem in vielen Kulturen üblichen Aufwand von 2 - 3 kg Wirkstoff/ha und Jahr 20 - 60 g, die in hängigem Gelände aus 1 ha Ackerland ausgetragen und in angrenzende Gewässer gelangen können. Zu berücksichtigen ist jedoch, daß die in der Regel vorhandenen Raine und Böschungen den Eintrag ins Gewässer vermindern.

Im folgenden soll am Beispiel von Ergebnissen aus eigenen Untersuchungen das oben Gesagte veranschaulicht werden. Ziel der Untersuchungen war festzustellen, wie weit die Herbizide Terbuthylazin und Pendimethalin in einem Maisfeld (12 % Gefälle, Boden: schluffiger Lehm) durch Oberflächenabfluß transportiert werden. Die Herbizide wurden in den auflaufenden Mais am 15. Mai 1992 mit 4 l/ha Gardoprim 500 flüssig (490 g/l Terbuthylazin) + 8 l/ha Stomp SC (400 g/l Pendimethalin) appliziert. Um die Transportstrecke feststellen zu können, wurden in den unbehandelten Teil des Feldes im Abstand von 1 - 32 m von der behandelten Fläche runoff-Wannen eingelassen (**Abb. 2**). Nach jedem runoff-Ereignis wurde der Wanneninhalt, getrennt nach Wasser und Sediment, analysiert (Einzelheiten bei HAAS 1993).

Bei den 33 Niederschlagsereignissen während des Untersuchungszeitraums kam es 12mal zu meßbarem Oberflächenabfluß. Am 4. und 19. Juni, am 24. Juli und am 2. September kam es zu Starkregenereignissen (**Tab. 3**). Insgesamt fielen während des Untersuchungszeitraums 382,5 mm Niederschlag.

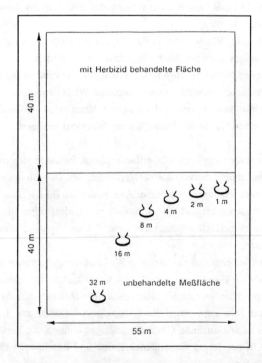

Abb. 2: Anlage der Versuchsfläche mit runoff-Wannen

Tab 3: Niederschläge während des Untersuchungszeitraums (Mai - September 1992);
* Ergebnisse mit Oberflächenabfluß

Datum	Regen (mm)	Datum	Regen (mm)	Datum	Regen (mm)
11.05.	1,5	26.06.	2,0	17.08.	3,0
13.05.	1,0	29.06.	9,0	21.08.	2,0
22.05.	2,0	Σ Juni:	149,5	24.08.*	21,0
27.05.	1,0			31.08.	3,5
Σ Mai:	5,5	06.07.*	25,0	Σ August:	78,5
		08.07.	2,0		
01.06.	1,5	14.07.*	23,0	02.09.*	28,0
04.06.*	43,0	21.07.	3,0	04.09.	5,5
06.06.*	17,0	24.07.*	37,0	07.09.	2,0
09.06.*	22,0	Σ Juli:	90,0	14.09.	5,0
15.06	2,0			16.09.	6,5
19.06*	29,0	03.08.*	31,0	21.09.	9,5
22.06.	4,0	12.08.*	16,0	23.09.	2,5
23.06.*	20,0	14.08.	2,0	Σ Sept.:	59,0

Bereits nach dem ersten Regen mit Oberflächenabfluß, ca. vier Wochen nach der Applikation, konnten Terbuthylazin und sein Metabolit Desethylterbuthylazin 32 m von der behandelten Fläche entfernt im runoff-Wasser nachgewiesen werden (**Abb. 3 und 4**), während Pendimethalin zu keinem Zeitpunkt im runoff-Wasser auftrat. Im runoff-**Sediment** waren Terbuthylazin und Pendimethalin nach dem ersten Ereignis in 16 m Entfernung nachweisbar (**Abb. 5 und 6**). Im Verlauf der Untersuchungen wurden alle Verbindungen bis zu der am weitesten entfernten Wanne verlagert. Damit wird eindrücklich demonstriert, daß es durch Oberflächenabfluß sehr leicht zur Kontamination von Gewässern kommen kann.

Bemerkenswert ist, daß während der Untersuchungen in keinem Fall, auch nicht bei Starkregen, Erosionsvorgänge (Rillenbildung etc.) zu beobachten waren. Der Anteil von Sediment am Gesamt-runoff bewegte sich zwischen 0,3 und 12,9 g/l, entsprechend 0,01 und 0,6 %. Die Ergebnisse machen deutlich, wie stark die Art des Austrags (*via* Wasser bzw. Sediment) durch die Eigenschaften des Pflanzenschutzmittels beeinflußt

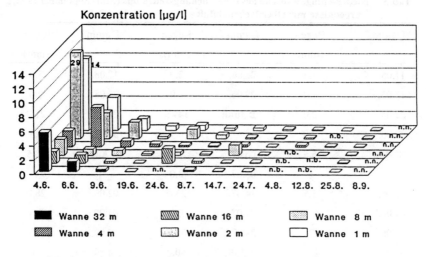

n.n.: nicht nachweisbar (NG = 0,02 µg/l)
n.b.: nicht bestimmbar (<0,03 µg/l)

Abb. 3: Konzentration von Terbuthylazin im runoff-Wasser

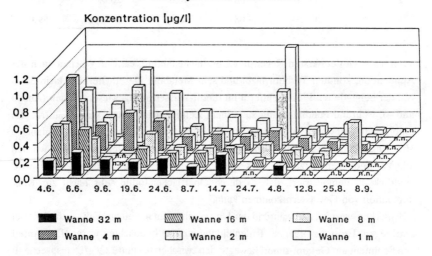

n.n.: nicht nachweisbar (NG = 0,05 µg/l)
n.b.: nicht bestimmbar (<0,08 µg/l)

Abb. 4: Konzentration von Desethylterbuthylazin im runoff-Wasser

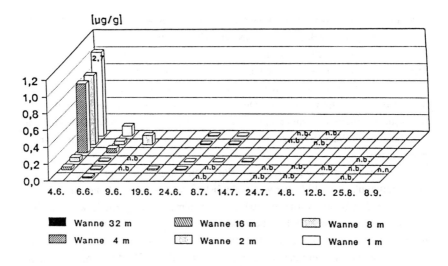

n.n.: nicht nachweisbar (NG = 1,2 µg/g)
n.b.: nicht bestimmbar (<1,9 µg/g)

Abb. 5: Konzentration von Terbuthylazin im runoff-Sediment

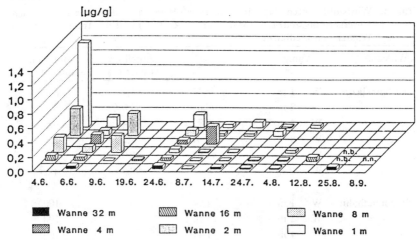

n.n.: nicht nachweisbar (NG = 4,3 µg/g)
n.b.: nicht bestimmbar (<6,5 µg/g)

Abb. 6: Konzentration von Pendimethalin im runoff-Sediment

wird (Löslichkeit in Wasser: Terbuthylazin: 8,5 mg/l bei 20 °C, Pendimethalin: 0,3 mg/l bei 20 °C; Sorption an Boden: Terbuthylazin schwach, Pendimethalin stark). Für den Transport von Pendimethalin, der nur in der Sedimentfraktion beobachtbar war, spielen offensichtlich die mit dem abfließenden Wasser transportierten Feinstbodenteilchen die entscheidende Rolle, während für den Transport von Terbuthylazin das abfließende Wasser die größte Bedeutung hat. Die Ergebnisse bestätigen die Beobachtung, daß das erste runoff-Ereignis zum größten Austrag führt. Im untersuchten Fall waren von den beiden Herbiziden nach vier Monaten keine Rückstände mehr im runoff nachweisbar.

Vergleicht man die ausgetragenen Wirkstoffmengen, so zeigt sich, daß von Pendimethalin nur ca. 10 % der von Terbuthylazin verfrachteten Menge ausgetragen wurde. Pendimethalin wurde zu 100 % im Sediment transportiert, während bei Terbuthylazin mehr als 90 % über die Wasserphase ausgetragen wurde. Betrachtet man die Wirkstoffsummen für die einzelnen Wannen, so zeigt sich erwartungsgemäß, daß mit zunehmender Entfernung von der behandelten Fläche die Frachten abnehmen (Tab. 4).

Tab. 4: **Wirkstofffrachten (μg) in den runoff-Wannen, aufsummiert über den Untersuchungszeitraum (Mai - September 1992) und ihr Anteil im runoff-Wasser und -Sediment**

Wirkstoff	Wanne		Σ	Anteil im Wasser (%)	Anteil im Sediment (%)
Terbuthylazin	W	1 m	58,43	91,4	8,6
	W	2 m	98,64	94,0	6,0
	W	4 m	27,77	99,4	0,6
	W	8 m	13,81	97,3	2,7
	W	16 m	11,69	96,0	4,0
	W	32 m	8,97	98,4	1,6
Pendimethalin	W	1 m	4,94	-	100
	W	2 m	5,16	-	100
	W	4 m	1,41	-	100
	W	8 m	2,26	-	100
	W	16 m	2,28	-	100
	W	32 m	1,84	-	100

3.6 Zwischenabfluß

Es ist zu vermuten, daß auch der sog. Zwischenabfluß (interflow) beim Austrag von Pflanzenschutzmitteln aus behandelten Flächen eine Rolle spielt. Durch ihn dürfte ein oberflächennaher unterirdischer Transport über weitere Entfernungen zum Gewässer stattfinden. Bisher gibt es aber darüber noch kaum Untersuchungen.

4 Schlußfolgerungen

Die bisherigen Untersuchungen zum Vorkommen von Pflanzenschutzmitteln in Gewässern zeigen, daß es beim Einsatz von Pflanzenschutzmitteln in der Landwirtschaft zwangsläufig zu einer Kontamination von Gewässern kommt. Auch wenn sich die Belastung auf einem sehr niedrigen Konzentrationsniveau bewegt und deshalb Auswirkungen auf die aquatische Biozönose wenig wahrscheinlich sind, ist ihr Vorkommen in Gewässern prinzipiell unerwünscht. Nicht nur vor dem Hintergrund möglicher Grenzwerte für Pflanzenschutzmittel in Oberflächengewässern muß die Landwirtschaft bemüht sein, diese unbeabsichtigte Kontamination so gering wie möglich zu halten. Zwar wird eine Null-Kontamination unter Freilandbedingungen kaum zu erreichen sein. Es müssen jedoch alle Möglichkeiten ausgeschöpft werden, die zu einer Verminderung des Eintrags führen. Hierzu ist es zunächst nötig, daß die Kenntnisse über die Prozesse, die zur Kontamination führen, wesentlich verbessert werden.

5 Zusammenfassung

Oberflächengewässer in ackerbaulich und mit Sonderkulturen genutzten Regionen sind in der Regel mit Pflanzenschutzmitteln kontaminiert. Die Konzentrationen bewegen sich meist im $\mu g/l$-Bereich. Die höchsten Konzentrationen treten zur Zeit der Anwendung im Frühjahr auf. Am häufigsten werden Herbizide gefunden, andere Pflanzenschutzmittel-Gruppen spielen eine untergeordnete Rolle. Als Hauptursache wird der Oberflächenabfluß (runoff) gesehen. Andere Eintragswege wie unbeabsichtigte Behandlung kleiner Gewässer, Abdrift bei der Anwendung und Eintrag über die Atmosphäre und Drainagen spielen vermutlich eine untergeordnete Rolle; Drainagen können aber regional von großer Bedeutung sein. Über die Rolle des Zwischenabflusses (interflow) liegen noch keine Untersuchungen vor. Der Austrag aus behandelten hängigen Flächen wird unter "normalen" Bedingungen auf ca. 1 - 2 % der eingesetzten Wirkstoffmenge geschätzt. Am Beispiel eines Feldversuchs (Mais, 12 % Hangneigung) mit den Herbiziden Terbuthylazin und Pendimethalin wird gezeigt, daß beim Oberflächenabfluß das erste Niederschlagsereignis, das zu runoff führt, den größten Austrag hervorruft, wobei die Wirkstoffe mindestens bis zu 32 m aus der behandelten Fläche transportiert werden. Die chemisch-physikalischen Eigenschaften der Wirkstoffe entscheiden darüber, ob der Abtransport vornehmlich über Wasser oder Sediment vonstatten geht. Für die Entwicklung effizienter Strategien zur Minimierung der Gewässerbelastung ist eine bessere Kenntnis der zum Austrag von Pflanzenschutzmitteln führenden Prozesse notwendig.

Summary

Contamination of surface waters by pesticides
Pesticide contamination of surface waters is quite common in agricultural regions. The highest contamination occurs during spring, when most of the pesticides are applied. Herbicides play a dominant role, while fungicides and insecticides are rarely found. The main pathway probably is runoff. Others, as unintended treatment of ditches etc., drift during application and atmospheric deposition are of minor importance. In some regions drainages are important. The possible role of interflow is uncertain. Under "normal" conditions the export from treated fields is estimated for 1 - 2 % of the amount of pesticide applied. In a field experiment (12 % slope) with maize and terbuthylazine and pendimethalin it has been demonstrated that the first rain event causing runoff had the strongest effect on pesticide export, and residues were detected 32 m from the treated area. Pendimethalin which is stronlgy adsorbed onto soil was only found in the runoff sediment and terbuthylazine mainly in runoff water. In order to develop appropriate strategies, the need of more information on the processes leading to surface water pollution by pesticides is emphasized.

6 Literatur

ABBOTT, D.C., R.B. HARRISON, J.O'G. TATTON, J. THOMSON (1966): Organochlorine pesticides in the atmosphere.- Nature 211, 259-261.

BOEHNCKE, A., J. SIEBERS, H.G. NOLTING (1989): Verbleib von Pflanzenschutzmitteln in der Umwelt.- UBA-Forschungsbericht 126 05 008/02.

GATH, B., W. JAESCHKE, I. RICKER, E. ZIETZ (1992): Depositionsmonitoring von Pflanzenschutzmitteln auf dem Kleinen Feldberg. Erste Ergebnisse.- Nachrichtenbl. Deut. Pflanzenschutzd. 44, 57-66.

GATH, B., JAESCHKE, W., R. KUBIAK, I. RICKER, F. SCHMIDER, E. ZIETZ (1993): Depositionsmonitoring von Pflanzenschutzmitteln: Teil 2 Süddeutscher Raum.- Nachrichtenbl. Deut. Pflanzenschutzd. 45, 134-143.

HAAS, M. (1993): Untersuchungen zum Austrag von Herbiziden aus landwirtschaftlichen Nutzflächen durch runoff.- Diplomarbeit Universität Hohenheim, 81 Seiten.

HURLE, K. (1992): Eintrag von Pflanzenschutzmitteln in Oberflächengewässer durch ihre Anwendung in der Landwirtschaft. In: Beurteilung von Pflanzenschutzmitteln in aquatischen Ökosystemen.- DFG, Deutsche Forschungsgemeinschaft, VCH Weinheim, 35-50.

HURLE, K., H. JOHANNES (1979): Eintrag von Pflanzenschutzmitteln in Gewässer.- Schriftenreihe des Deutschen Verbandes für Wasserwirtschaft und Kulturbau (DVWK), Heft 40, 118-144.

HURLE, K., S. LANG (1992): Pflanzenschutzmittel im Dränwasser.- DVWK-Nachrichten 119, 4-5.

HURLE, K., H. GIESSL, J. KIRCHHOFF (1987): Über das Vorkommen einiger ausgewählter Pflanzenschutzmittel im Grundwasser.- Schriftenreihe Verein WaBoLu 68, 169-190.

KREUGER, J.K., N. BRINK (1988): Losses of pesticides from agriculture. In: Proceedings Series: Pesticides: Food and Environmental Implications.- Int. Atomic Energy Agency, Wien, 191-112.

KUBIAK, R., T. MAURER, K.W. EICHHORN (1993): Testing the volatility of ^{14}C-labelled pesticides from plant and soil surfaces under controlled conditions.- Proceedings 8th Symposium "Quantitative approaches in weed and herbicide research and their practical application", Braunschweig, 551-558.

LANG, S., K. HURLE (1993): Vorkommen von Herbiziden in einem Fließgewässer.- Proceedings 8th Symposium "Quantitative approaches in weed and herbicide research and their practical application", Braunschweig, 559-566.

LEONARD, R.A. (1988): Herbicides in surface waters. In: R. GROVER (ed.): Environmental Chemistry of Herbicides.- Vol. 1. CRC Press. Boca Raton/Fla., 45-87.

MUIR, D.C., B.E. BAKER (1976): Detection of triazine herbicides and their degradation products in tile-drain water from fields under intensive corn (maize) productions.- J. Agric. Food Chem. 24, 122-125.

OBERWALDER, C., K. HURLE (1993): Pflanzenschutzmittel im Niederschlag - Zusammenhang zwischen Einsatz und Deposition.- Proceedings 8th Symposium "Quantitative approaches in weed and herbicide research and their practical application", Braunschweig, 391-398.

OBERWALDER, C., J. KIRCHHOFF, K. HURLE (1992): Vorkommen von Pflanzenschutzmitteln im Niederschlag Baden-Württembergs.- Z. PflKrankh. PflSchutz, Sonderh. XIII, 363-376.

OBERWALDER, C., H. GIESSL, L. IRION, J. KIRCHHOFF, K. HURLE (1991): Pflanzenschutzmittel im Niederschlagswasser.- Nachrichtenbl. Deut. Pflanzenschutzd. 43, 185-191.

RICHARDS, R.P., J.W. KRAMER, D.B. BAKER, K.A. KRIEGER (1987): Pesticides in rainwater in the north-eastern United States.- Nature 327, 129-131.

SCHARF, J., K. BÄCHMANN (1993): Verteilung von Pflanzenschutzmitteln in der Atmosphäre. Nah- und Ferntransportmessungen.- Nachrichtenbl. Deut. Pflanzenschutzd. 45, 82-87.

SCHIAVON, M., F. JAQUIN (1973): Etude de la presence d'atrazine dans les eaux de drainage.- Compte Rendu de la 7e Conference di Columa, Versailles, 13-14 Decembre, 35-43.

SIEBERS, J., D. GOTTSCHILD, H.-G. NOLTING (1991): Untersuchungen ausgewählter Pflanzenschutzmittel und polyaromatischer Kohlenwasserstoffe in Niederschlägen Südost-Niedersachsens - Erste Ergebnisse aus den Jahren 1990/91.- Nachrichtenbl. Deut. Pflanzenschutzd. 43, 191-200.

WAUCHOPE, R.D. (1978): The pesticide content of surface water draining from agricultural fields - A review.- J. Environ. Qual. 7, 459-472.

Zur wirtschaftlichen Situation der Landwirtschaft an der Schwelle von EG-Agrarreform und verstärkten Umweltauflagen
J. Zeddies

1. Die Landwirtschaft der alten Bundesländer der Bundesrepublik Deutschland präsentiert sich derzeit in einem vergleichsweise guten Zustand. Die Statistik weist die Einkommen der Landwirtschaft zwar deutlich unter denjenigen vergleichbarer Berufsgruppen aus, die unter den bisherigen wirtschaftlichen Rahmenbedingungen als existenzgesichert geltenden landwirtschaftlichen Betriebe (etwa 60 %) haben allerdings in den letzten 40 Jahren einen Kapitalstock akkumuliert, der bei Bewertung aller Aktiva der Betriebe, inklusive Boden und Quoten, weder in den europäischen Nachbarländern noch in außereuropäischen Gebieten auch nur annähernd erreicht wird.

2. Mit Bick auf die Zukunft und die erwartbaren Änderungen der wirtschaftlichen Rahmenbedingungen in der EG-Agrarreform, sieht sich die deutsche Landwirtschaft allerdings vor gravierenden Entwicklungsproblemen. Allein seit 1970 ist etwa die Hälfte der landwirtschaftlichen Betriebe aufgegeben worden. Die Verbleibenden standen unter so scharfem Anpassungsdruck, daß sie gezwungen waren, die Landschaft stets an der Grenze der Belastbarkeit zum Zwecke der Gewinnmaximierung zu nutzen.

3. Das Vertrauen der Landwirte in die Agrarpolitik, insbesondere die Zuversicht in die Sicherstellung unternehmerischer Rahmenbedingungen, die dem tüchtigen Jungbauern Chancen für eine ganze Generation gewährleisten, ist gegenwärtig besonders gering. Die Überalterung der Betriebsinhaber und die auf etwa 3000 landwirtschaftliche Ausbildungsverträge reduzierte Rekrutierung des Berufsstandes deuten einen bisher nicht dagewesenen Strukturwandel an. Dabei wird sich die Landwirtschaft auch in den alten Bundesländern zwangsläufig zu neuen Strukturen und zu einem kapitalorientierten Gewerbe entwickeln.

4. In der schärfer werdenden Konkurrenz um die Marktanteile wird die ostdeutsche Landwirtschaft die Produktion an Marktfrüchten und Veredlungsprodukten im Volumen zweifelos deutlich reduzieren, aber auf den wettbewerbsfähigen Standorten und in umstrukturierten Betrieben angesichts der betriebs- und bestandsgrößenbedingten Kostenvorteile vor allem die wirtschaftlich attraktive Vertragsproduktion an sich binden. Im europäischen Binnenmarkt wird die deutsche Landwirtschaft vorübergehend

noch unter der ungünstigen Ausgangsstruktur, den dadurch bedingten hohen Festkosten und sonstigen Faktorkosten (Quoten und Pachten) bei gleichzeitig hohem Lohnniveau und Einkommensansprüchen Wettbewerbsschwächen ausgesetzt sein, die sich bei zunehmender Verbesserung der Agrarstruktur, angesichts der vergleichsweise niedrigen Selbstversorgungsgrade und infolgedessen besseren Produktpreisen, kaufkräftiger Nachfrage und zunehmender technischer Effizienz der Produktion längerfristig für die verbleibenden Betriebe als Vorteile erweisen werden.

5. Im internationale Wettbewerb, insbesondere mit überseeischen Produktionsstandorten, wird sich die Konkurrenzsituation angesichts hervorragender natürlicher Produktionsbedingungen in Zentraleuropa und einer zügigen Weiterentwicklung technische Fortschritte im Bereich weiterer Leistung- und Ertragssteigerungen sowie Einsparungen ertragssteigernder Hilfsmittel weiter verbessern, so daß davon auszugehen ist, daß der bisherige Kostenvorsprung der flächenreichen überseeischen Produktionsstandorte weiter abgebaut wird. Demgegenüber bleibt ein erheblicher Kostenvorteil der osteuropäischen Agrarproduzenten bestehen. Dort muß mit steigender Produktivität bei anhaltend niedrigen Lohnkosten gerechnet werden. Ohne die Beibehaltung eines wirksamen Außenschutzes würde der überwiegende Teil der Agrarproduktion nach Mittel- und Osteuropa abwandern.

6. Wenn sich die landwirtschaftlichen Betriebe der Bundesrepublik Deutschland nicht an die im Rahmen der EG-Agrarreform gefaßten Preis- und Prämienregelungen anpassen, verlieren sie im Durchschnitt etwa 10 % ihres bisherigen Gewinns; spezialisierte Ackerbaubetriebe sogar etwa 40 %.

7. Gewinnminderungen können verringert oder vermieden werden durch Senkung der Festkosten, Aufstockung der Ackerfläche, überbetriebliche Zusammenarbeit, Anpassung der speziellen Poduktionsintensität (Dünger- und Pflanzenschutzaufwand) und durch Erschließung außerbetrieblicher Einkommensquellen.

8. Resistente Getreidesorten, "integrierte Pflanzenbausysteme", vielseitigere Fruchtfolgen und die Teilnahme an den im Rahmen "flankierender Maßnahmen" angekündigten subventionierten Extensivierungsprogrammen gewinnen insbesondere auf benachteiligten Standorten an Bedeutung.

9. Mittel- und langfristig müssen die richtigen strategischen Betriebsanpassungen getroffen werden. Die Getreidepreissenkung zwingt die Ackerbaubetriebe, neue Wege

zu neuen Strukturen zu finden. Als Alternative bliebe nur die Betriebsaufgabe. Nur in Ausnahmefällen ist die Reintegration, d.h. der Neuaufbau von Viehhaltungszweien wirtschaftlich sinnvoll.

10. Mit Blick auf die Umweltziele führt die EG-Agrarreform durch die Produktpreissenkungen überwiegend zum sparsameren Einsatz ertragssteigernder Hilfsmittel und insofern zu positiven Umwelteffekten. Andererseits sind die erwartbaren Umweltwirkungen der rotierenden Flächenstillegung und die vom verstärkten Einkommensdruck auf die Ackerbaubetriebe ausgehenden Wirkungen in Richtung eines Verzichts auf freiwillige umweltschonende Maßnahmen, wie Verwendung von Pflanzenschutzmitteln mit W-Auflage, Breitreifen, freiwillige Begrünung und Mulchsaat, Einhaltung termingerechter Arbeitserledigung u.a. eher als ungünstig einzuschätzen.

11. Mangels ökonomisch und ökologisch ausgewogener Zielvorgaben und der bestehenden Schwierigkeiten der Nutzenschätzung, läßt sich die Frage nach den Kosten umweltverbessernder Maßnahmen nur relativ grob und methodisch unbefriedigend abschätzen. Der Produktionswert der Landwirtschaft (alte Bundesländer) beträgt 60 Mrd. DM (1991). Dies entspricht einem Anteil am privaten Verbrauch der Bevölkerung von ca. 4,6 %. Unterstellt man eine totale Umstellung der Produktion auf "ökologischen Landbau" und eine Preissteigerung durch entsprechenden Außenschutz um 100 % bei pflanzlichen und 20 % bei tierischen Produkten, stiege der Produktionswert der Landwirtschaft auf 86 Mrd. DM (um 43%) und der Anteil der Ausgaben für Nahrungsmittelrohstoffe am privaten Verbrauch von 4,6 % auf 6,6 %. Weitere Kosten für Maßnahmen der Landschaftsrenaturierung u.a. kämen hinzu.

12. Umweltpolitische, zielbezogene Einzelmaßnahmen führen in einem optimal aufeinander abgestimmten Maßnahmenbündel prinzipiell zu einer günstigeren Kosten-Nutzen-Relation. Die Erfolgschancen werden allerdings als gering angesehen, weil die Zielsetzung in Teilbereichen umstritten sind und die Wirkungen der Einzelmaßnahmen sich teilweise konterkarieren, kaum exakt quantifizierbar (Substitutionen, Überwälzung u.a.) und die Kontrolle und Verwaltung schwierig sind. Bei Beschreitung dieses Weges wäre eine Erhöhung des Preises für mineralischen Stickstoff (bis auf ca. 2,50 DM/kg Reinstickstoff) sowie die Durchsetzung einer Dungausbringungsgrenze auf etwa 1,5 DE/ha mit einer Kostensteigerung von ca. 2,6 Mrd. DM, das entspricht 4,3% des Produkionswertes der Landwirtschaft, verbunden. Negative Umweltwirkungen des Pflanzenschutzmitteleinsatzes werden durch die bestehende Zulassungspraxis, die Produktpreissenkung der EG-Agrarreform und eine Verteuerung des Stickstoffpreises

weitgehend neutralisiert. Eine darüber hinausgehende weitgehende Verdrängung von Pflanzenschutzmitteln mit W-Auflage würde eine weitere Kostensteigerung von ca. 0,1 Mrd. DM, das entspricht 0,15 % des Produktionswertes der Landwirtschaft, hervorrufen. Erosionsmindernde Bewirtschaftungsauflagen wären von Ausnahmen abgesehen, weitgehend kostenneutral einzuführen. Demgegenüber würde eine Renaturierierung "ausgeräumter Landschaften" zum einen einen relativ hohen Kapitalbedarf (ca. 2000 DM/ha) und zum anderen laufende Kosten von ca. 200 DM/ha und Jahr in "Sanierungsgebieten" verursachen. Bezogen auf einen grob geschätzten Flächenanteil solcher Landschaften von 25 % der Ackerfläche, ergäbe sich daraus eine Kostensteigerung von 0,36 Mrd. DM/Jahr, das entspricht ca. 0,6 % des Produktionswertes der Landwirtschaft.

13. Schließlich wäre die zur Zeit vorrangig zur Marktentlastung eingeführte rotierende Flächentillegung abzuschaffen. Ein wesentlicher Teil dieses Flächenpotentials könnte aufgeforstet und/oder nach "Aushagerung" dauerhaft zu naturschutzdienlichen Zwecken in Brache gebracht werden. Alternativ dazu könnten verbleibende überschüssige Flächenpotentiale einen Beitrag zur Entlastung der fossilen Energiequellen und zur Minderung der CO_2-Emission leisten. Die betriebswirtschaftlich bewertete Kostensteigerung beliefe sich durchschnittlich auf 1500 DM je ha/Jahr bzw. bei ca. 3 Mio. ha LF auf 4,5 Mrd. DM, das entspricht 7,5% des Produktionswertes der Landwirtschaft. Demgegenüber wären der (wenn auch geringe) Beitrag zur Entlastung der CO_2-Emission, die Vorteile einer Aufrechterhaltung weitgehend flächendeckender Landbewirtschaftung und des möglichen Verzichts auf Intervention und programmgesteuerte Landbewirtschftung als positive Effekte in Betracht zu ziehen. Insgesamt würde die Durchsetzung einer stärker umweltorientierten, einzelzielbezogenen Agrarpolitik zu einer Kostensteigerung von 7-8 Mrd. DM/Jahr, das entspricht ca. 13 % des Produktionswertes, führen.

14. Eine volkswirtschaftliche Bewertung der Kosten und Nutzen würde per Saldo zu einem Nutzenzuwachs führen. Dabei entstünden aus einer Stickstoffbesteuerung und Gülleausbringungsauflagen nur geringe Allokationsverluste in der Produktion, denen Kosteneinsparungen bei der Trinkwasseraufbereitung gegenüberstehen würden. Analog gilt das auch für eine Verdrängung von Pflanzenschutzmitteln mit W-Auflage. Auch aus der Flächenumwidmung zu ökologischen Zwecken entstünden kaum volkswirtschaftliche Kosten, weil die Erträge dieser Flächen bei einer Produktbewertung mit Weltmarktpreisen die variablen Kosten kaum überstiegen. Demgegenüber dürfte die Produktion nachwachsender Rohstoffe auch bei Flächennutzungskosten von Null, je

nach Bewertung der klimarelevanten Nutzenbeiträge, volkswirtschaftliche Kosten verursachen.

15. Die Umstellung der Landbewirtschaftung und Landschaftsgestaltung ist bei gesamtwirtschaftlicher Bewertung und langfristig orientierter Zielsetzung daher nicht eine Frage der Kosten, sondern eine Frage der Entschädigung der Erwerbsverluste und eine Frage der Auswirkungen im internationalen Wettbewerb bzw. eine Frage der Abschirmung der inländischen Produktion.

16. Die bisher beschlossenen Elemente der Agrarreform werden nur Übergangscharakter haben, da die Marktentlastung bei Getreide und Rindfleisch nicht ausreichen wird, wesentliche GATT-Forderungen nur teilweise erfüllt werden, die rotierende Flächenstillegung ökologisch unvertretbar erscheint und die hohen Einkommenstransferzahlungen mit ordnungspolitischen Grundprinzipien nicht vereinbar sind. Das Selbstverständnis unternehmerischer Landwirte scheint durch die Umstellung der Rahmenbedingungen auf "nicht leistungsgebundene Einkommenstransfers und Antragslandwirtschaft" schwer erschüttert. Demgegenüber lassen sich die Ziele einer kostengünstigen Nahrungsmittelproduktion bei zunehmend liberalisiertem internationalen Wettbewerb sowie die Aufgaben der Landschaftspflege und die Bewältigung der Umweltanforderungen nur mit unternehmerisch geführten Betrieben effizient erfüllen.

Politische Vorgaben und rechtliche Instrumentarien zur Problemlösung: eine Übersicht
E. Lübbe

Zur Verminderung der Belastung der Oberflächengewässer aus landwirtschaftlichen Quellen gibt es inzwischen eine Reihe von nationalen und internationalen politischen Vorgaben sowie eine supranationale und nationale Gesetzgebung, die zu beachten sind. **Abb.1** gibt hierzu eine Übersicht in Stichworten.

In **Tab. 1** ist die Koalitionsvereinbarung der Bundesregierung von 1991 - wiederum in Stichworten - zusammengestellt. Die **Tab. 2-8** beinhalten die wichtigsten internationalen Beschlüsse. **Tab. 9** enthält wichtige nationale Beschlüsse und Forderungen. EG-rechtliche Regelungen sind in **Tab. 10 und 11** abgedruckt, die um die **Tab. 12 und 13** im nationalen Bereich ergänzt werden.

Am Ende werden aus dem vorgestellten Sachverhalt Schlußfolgerungen abgeleitet, die in **Tab. 14** in Form von 10 Handlungsanweisungen dargestellt werden.

Politische Vorgaben	Rechtliche Instrumentarien
im Umwelt- und Agrarbereich	
- Koalitionsvereinbarung	- EG-Recht
- Internationale Konventionen, Beschlüsse und Empfehlungen (UNCED, OSPARCOM, HELCOM, 3. INK, IKSR, IKSE, OECD, ECE und EG)	- Nationale Rechtsetzung
- Nationale Beschlüsse und Forderungen (Auswahl)	- Ergänzungen (geplant)

Abbildung 1

Tab. 1: Koalitionsvereinbarung der Bundesregierung von 1991

1. Thema Umweltpolitik

Solidarität der deutschen und weltweiten Umweltpartnerschaft:

- Umsetzung internationaler Aktionsprogramme für europäische Ökosysteme
  . Aktionsprogramm für die Nordsee (3. INK)
  . Aktionsprogramm für die Ostsee (Ronneby)
  . Sanierung grenzüberschreitender Gewässer

- Novellierung des Bundesnaturschutzgesetzes
  . Neue Definition der Eingriffsregelung
  . Honorierung ökologischer Leistungen der Landwirtschaft

- Vorlage Bodenschutzgesetz
  Enge Verzahnung mit BNatSchG, BImSchG, WHG

2. Thema Agrarpolitik

Verstärkung der Produktionsrückführung durch alle EG-MS:

- Flächenstillegung
- Extensivierung
- Umwidmung

Tab. 2: UNCED-Beschlüsse 1992

a) *Grundforderungen*

Welthandel und Umweltschutz in Einklang bringen (GATT-Verhandlungen sehen Umweltschutzaspekte nicht vor)

b) *Kap. 14, Agenda 21 - Landwirtschaft*

- Intensivierung der Landwirtschaft bei Ausschluß marginaler Böden und sensibler Ökosysteme
- Minimierung ökologischer und ökonomischer Risiken
- Förderung des integrierten Landbaus (Pflanzenernährung und PSM-Anwendung)
- Intern. Verhaltenskodex über Inverkehrbringen und Anwendung von PSM

Kap.18, Agenda 21 - Gewässerschutz

- Vorsorge- und Verursacherprinzip
- Emissionsstandards und Zielvorgaben für Gewässer
- Verhinderung von Nähr-/Schadstoffeinleitungen in Gewässer durch umweltverträgliche landwirtschaftliche Praktiken

Tab. 3: OSPARCOM-Übereinkommen zum Schutz der Meeresumwelt des Nordostatlantiks (1992)

Grundsatz: "Sustainable Development"

- Vorsorgeprinzip

- Verursacherprinzip

- Definition der Umsetzung der "Besten-Umweltpraxis" für diffuse Quellen der Gewässerverschmutzung

Verpflichtung:

- Verringerung toxischer, persistenter und bioakkumulierender Stoffe bis zum Jahr 2000 auf ein unschädliches Maß

- Verminderung der Nährstoffeinträge von 1985 - 1995 um 50 % in eutrophierungsgefährdeten Gebieten mit Aktionsprogrammen

- Aktionsprogramme für 36 PSM-Wirkstoffe

- Empfehlungen für Nährstoffe:
  40 Maßnahmen in 4 Kategorien, z.B.
  . NH_3-Belastung aus Tierhaltung
  . Nitrat- und Phosphatauswaschung aus landwirtschaftlichen Flächen
  . Behandlung der Hofabwässer

Tab. 4: HELSINKI-Übereinkommen zum Schutz der Ostsee (1992)

Ministererklärung von 1988:

Verminderung der Nährstoff- und Schadstoffbelastung von 1985 - 1995 in der Größenordnung von 50 %

8 Empfehlungen von 1992 für den landwirtschaftlichen Bereich u.a.

- Beste Umweltpraxis (etwas andere Definition)

- 50 % der LF Grünland je Betrieb

- Umgang mit PSM im Ostsee-Einzugsgebiet

- sonst wie OSPAR-Übereinkommen

Tab. 5: 3. Internationale Nordseeschutz-Konferenz 1990

- Nährstoffreduzierung um 50 % von 1985 - 1995

- "Akzeptable" Bilanzüberschüsse erreichen mittels Vorschriften zum Umgang mit Düngemitteln einschließlich Gülle

  . Düngepläne oder Aufzeichnungen
  . Ausweitung der Güllelagerkapazitäten
  . Extensivierung fördern
  . alternative Ackerbau-, Tierhaltungsverfahren

- Verminderung der Einträge über Flüsse um 50 % von 22 PSM, davon 13 in D relevant

- Maßnahmenkatalog (14 M.) zur Verminderung der PSM-Einträge entspr. Anforderungen des PflSchG und integrierten Pflanzenschutzes

Tab. 6: IKSR zum Schutze des Rheins (1976)

Aktionsprogramm Rhein (1987)

Bis zum Jahr 2000 soll erreicht werden:

- Rhein als Salmonidengewässer
- Trinkwassergewinnung mit naturnahen Verfahren
- Entlastung der Sedimente
- Verbesserung des ökologischen Zustandes der Nordsee (1991)

Verabschiedung von Zielvorgaben für den Rhein (1991)

Im Bereich Landwirtschaft 10 PSM-Wirkstoffe relevant
Zielvorgaben im Nanogrammbereich

Reduzierung der Nährstoff- und Schadstoffeinträge um 50 % von 1985 - 1995

Verabschiedung eines Maßnahmenkataloges (1992) für die Bereiche

- Beratung und Information (10 M.)
- Gesetzgebung
- Technische Maßnahmen (34 M.)
- Agrarpolitik
- Entwicklung und Forschung (13 M.)

10 Empfehlungen zur Reduzierung von Gesamtstickstoff für Herkunftsbereich ländlicher Raum

Tab. 7: Wirtschaftskommission der Vereinten Nationen für Europa (ECE)

Empfehlungen von 12/1992:

- Bessere Koordinierung bzw. Integration der Agrarpolitik in Umweltpolitik und Raumplanung
- Umsetzung der guten fachlichen Praxis in die Landwirtschaft
- Prüfung wirtschaftlicher Instrumente
- Aufstellung von Richtlinien über die Vermeidung und Überwachung der Gewässerverschmutzung durch Düngemittel und Pflanzenschutzmittel

Tab. 8: EG-Aktivitäten

Grünbuch der KOM (1988)

- Angemessene Vorschriften und Kontrollen für die Landwirtschaft
- Verursacherprinzip ohne Ausgleich

Europäisches Parlament

- Schaffung agrarpolitischer Rahmenbedingungen für eine umweltverträgliche Landwirtschaft

5. Aktionsprogramm für den Umweltschutz (1992)

- Förderung einer umweltverträglichen Entwicklung in allen Politikbereichen

Reform der EG-Agrarpolitik
Konzeption:

- Einschränkung staatlicher Preis- und Abnahmegarantien
- Honorierung der Minderproduktion
- Gewährung produktionsneutraler, direkter Einkommensbeihilfen

mit flankierenden Maßnahmen (Extensivierung der Produktion und Aufforstung)

Tab. 9: Nationale Beschlüsse/Forderungen

LAWA 2000 (1991)

Forderungen der Wasserwirtschaft für eine fortschrittliche Gewässerschutzpolitik:

- Erhebliche Minderung der Stoffeinträge aus landwirtschaftlich genutzten Flächen erforderlich
- Agrarpolitische Rahmenbedingungen müssen Gewässerschutz Rechnung tragen
- Vermeidung der Verwendung wassergefährdender Stoffe

Greenpeace (1992)

Flächendeckend ökologischer Anbau

UMK (1992)

Annahme der BLAK QZ-Konzeption für verschiedene Schutzgüter außer Trinkwasserversorgung
Zielvorgaben für gefährliche Stoffe in oberirdischen Binnengewässern betreffen auch PSM

BML (1993)

Landwirtschaftliche Produktion in Einklang mit Umwelt und Natur

Tab. 10: EG-Recht im Agrarbereich

1. Bereich Düngung

- Düngemittelverkehr	11 Richtlinien
- Düngemittelanwendung	Nitratrichtlinie
	(91/676/EWG)

2. Bereich Pflanzenschutz

- Anwendungsverbote	79/117/EWG
- Zulassung und Anwendung	91/414/EWG
- Bewertung für Positivliste	VO (EWG)
(1. Stufe, 90 Wirkstoffe)	3600/92
- Einheitliche Grundsätze	Internes Arbeitspapier
für die Bewertung	der KOM liegt vor
(Anhang VI 91/414/EWG)	

3. Flankierende Maßnahmen

- Förderung einer umweltfreundlichen Landbewirtschaftung durch Extensivierung der Produktion	VO (EWG)2078/92
- Beihilferegelungen für Aufforstungsmaßnahmen	VO (EWG)2080/92

Tab. 11: EG-Richtlinien im Wasserbereich (Auswahl)

75440/EWG	Richtlinie des Rates über die Qualitätsanforderungen an Oberflächengewässer für die Trinkwassergewinnung
76/464/EWG	Richtlinie des Rates betreffend die Verschmutzung infolge der Ableitung bestimmter gefährlicher Stoffe in die Gewässer der Gemeinschaft
80/778/EWG	Richtlinie des Rates über die Qualität von Wasser für den menschlichen Gebrauch
84/491/EWG	Richtlinie des Rates betreffend Grenzwerte und Qualitätsziele für Ableitungen von HCH
91/676/EWG	Richtlinie des Rates zum Schutz der Gewässer vor Verunreinigungen durch Nitrat aus landwirtschaftlichen Quellen
E	Gewässerökologie-Richtlinie

Tab. 12: Nationale Rechtsetzung im Agrarbereich

1. Landwirtschaftsgesetz (1955)

- Teilnahme an fortschreitender Entwicklung der deutschen Volkswirtschaft

- Ausgleich naturbedingter wirtschaftlicher Nachteile gegenüber anderen Wirtschaftsbereichen

2. Bereich Düngung

- Zulassung und Anwendung	Düngemittelgesetz (1989)
- Regeln der guten fachlichen Praxis bei der Düngung	Düngemittelanwendungs-VO (E)
- Gülleausbringung	Gülle-VO in: NW (1984) SH, HB (1989) NS (1990) HH (1991)

Fortsetzung Tab. 12:

3. Bereich Pflanzenschutz

- Zulassung und Anwendung	Pflanzenschutzgesetz (1986)
- Sachkunde	Pflanzenschutz-Sachkunde-VO (1987)
- Anwendungsverbote, eingeschränkte Anwendungsverbote, Anwendungsbeschränkungen	Pflanzenschutz-Anwendungsverordnung (1991)
- Pflichtprüfung für Pflanzenschutzgeräte	Pflanzenschutzmittelverordnung (1992)
- Regeln der guten fachlichen Praxis im Pflanzenschutz	geplant durch RVO

4. Flankierende Maßnahmen

Förderung einer markt- und standortangepaßten Landbewirtschaftung durch

- Extensive Produktionsverfahren
    * Ackerbau
    * Dauerkulturen
    * Grünlandnutzung

- Ökologische Anbauverfahren

- Umwandlung von Ackerflächen in extensiv genutztes Grünland

im Rahmen der Gemeinschaftsaufgabe "Verbesserung der Agrarstruktur und des Küstenschutzes" (geplant)

Tab. 13: Nationale Rechtsetzung im Wasserbereich

Wasserhaushaltsgesetz (1986)
Landeswassergesetze

- *Grundsatz* (§ 1a WHG)
  . Vermeidung jeder Beeinträchtigung durch Bewirtschaftung
  . Sorgfaltspflicht zur Verhütung nachteiliger Wassereigenschaften

- *Reinhaltung* (§ 26, Abs. 2 WHG)
  Besorgnisgrundsatz:
  Keine nachteilige Veränderung der Wassereigenschaften durch Stoffablagerung an Oberflächengewässern

- *Anlagen zum Umgang mit wassergefährdenden Stoffen* (§ 19g WHG)
  Bestmöglicher Schutz vor Verunreinigung durch Gülle- und Jauchebehälter

- *Gewässerbenutzungen* (§ 3 WHG)
  Genehmigungspflicht für bestimmte landwirtschaftliche Bodennutzungen nach § 3 Abs. 2 Nr. 2 WHG

Tab. 14: 10 Wichtige Handlungsansätze

1. Bessere Koordinierung der Umwelt-/Agrarpolitik

2. "Beste Umweltpraxis" umsetzen bei
   - Bodenbewirtschaftung
   - Düngung
   - Pflanzenschutz

3. Extensivierung der Produktion verstärken

4. Flächenbindung an Tierhaltung und Wirtschaftsdüngeranwendung detaillierter regeln

5. Nutzungsbeschränkungen in Sondergebieten durchsetzen (WSG, Gewässerrandstreifen usw.)

6. Ökologische Leistungen honorieren

7. Wirtschaftliche Instrumente prüfen (Stickstoff-/PSM-Steuer)

8. Ausbildungsinhalte verbessern

9. Zielvorgaben für gefährliche Stoffe erproben

10. Wissenschaftliche Erkenntnisse beschleunigt in die Praxis umsetzen

Das Zulassungsverfahren für Pflanzenschutzmittel als Instrumentarium zur Problemlösung
H.-G. Nolting

In Deutschland dürfen Pflanzenschutzmittel nur in den Verkehr gebracht oder eingeführt werden, wenn sie von der Biologischen Bundesanstalt für Land- und Forstwirtschaft (BBA) geprüft und zugelassen sind. Die Zulassungsbedürftigkeit und Zulassungsvoraussetzungen sind in Rechtsvorschriften festgelegt (Tab. 1).

Die Zulassungsvoraussetzungen ergeben sich aus § 15 PflSchG (Tab. 2).

Der Zulassungsantrag muß die zum Nachweis der Zulassungsvoraussetzungen erforderlichen Unterlagen und Proben enthalten. Die Zulassung wird von der BBA im Einvernehmen mit dem Bundesgesundheitsamt (BGA) und dem Umweltbundesamt (UBA) erteilt.

Im Zulassungsverfahren wird die Frage des Verbleibs eines Pflanzenschutzmittels in und die Auswirkungen auf Oberflächengewässer geprüft. Hierzu werden umfangreiche Unterlagen gefordert. Die Vorgehensweise der BBA bei der Bewertung dieser Unterlagen ist den Mitteilungen aus der Biologischen Bundesanstalt für Land- und Forstwirtschaft, Heft 285, Berlin 1993 zu entnehmen.

Der Prüfung der Belastung von Oberflächengewässern kommt besondere Bedeutung zu, da ein großer Teil der bisher im Grundwasser festgestellten Befunde mit hoher Wahrscheinlichkeit auf Einträge von Pflanzenschutzmitteln durch Oberflächengewässer, z.B. über die Uferfiltration, zurückzuführen sind.

Im Folgenden soll aufgezeigt werden, welche Eintragspfade für Pflanzenschutzmittel in Oberflächengewässer bestehen und welche Möglichkeiten das Zulassungsverfahren bietet, diese Einträge zu minimieren.

Folgende Eintragspfade können von Bedeutung sein:

1. Sachgerechte Anwendung
1.1 Abtrift
1.2 run-off
1.3 Drainagen/Interflow
1.4 Immissionen über die Luft

2. Sonstiger Umgang mit Pflanzenschutzmitteln
2.1 Ansetzen der Spritzflüssigkeit
2.2 Beseitigung von Spritzflüssigkeitsresten
2.3 Gerätereinigung
2.4 Entsorgung von Verpackungen

3. Unfallsituationen in der Praxis und bei der Produktion

Tab. 1: Rechtsvorschriften für die Prüfung und Zulassung von Pflanzenschutzmitteln in der Bundesrepublik Deutschland

1. Gesetz zum Schutz der Kulturpflanzen (Pflanzenschutzgesetz - PflSchG) vom 15. September 1986 (BGBl. I S. 1505), zuletzt geändert durch Artikel 15 des Gesetzes vom 28. Juni 1990 (BGBl. I S. 1221)

2. Verordnung über Pflanzenschutzmittel und Pflanzenschutzgeräte (Pflanzenschutzmittelverordnung) vom 28. Juli 1987 (BGBl. I S. 1754), geändert durch Verordnung vom 11. Juni 1992 (BGBl. I S. 1049)

3. Verordnung über Anwendungsverbote für Pflanzenschutzmittel (Pflanzenschutz-Anwendungsverordnung) vom 10. November 1992 (BGBl. I S. 1887)

4. Pflanzenschutz-Sachkundeverordnung vom 28. Juli 1987 (BGBl. I S. 1752)

5. Verordnung über die Anwendung bienengefährlicher Pflanzenschutzmittel (Bienenschutzverordnung) vom 22. Juli 1992 (BGBl. I S. 1410)

6. Verordnung über Kosten der Biologischen Bundesanstalt für Land- und Forstwirtschaft (BBA-KostV) vom 1. September 1981 (BGBl. I S. 901)

7. Verordnung über Höchstmengen an Pflanzenschutz- und Schädlingsbekämpfungsmitteln, Düngemitteln und sonstigen Mitteln in oder auf Lebensmitteln und Tabakerzeugnissen (Rückstands-Höchstmengenverordnung - RHmV), zuletzt geändert durch Verordnung vom 1. September 1992 (BGBl. I S. 1605)

Tab. 2: Zulassung eines Pflanzenschutzmittels (nach § 15 Absatz 1 Pflanzenschutzgesetz)

- Das Pflanzenschutzmittel ist **hinreichend wirksam**.

- Der Schutz der **Gesundheit** von **Mensch** und **Tier** ist beim Verkehr mit gefährlichen Stoffen gewährleistet.

- Das Pflanzenschutzmittel besitzt bei <u>bestimmungsgemäßer</u> und <u>sachgerechter</u> Anwendung oder als Folge einer solchen Anwendung

    * keine schädlichen Auswirkungen auf die **Gesundheit** von **Mensch, Tier** und **Grundwasser** und

    * keine unvertretbaren **sonstigen Auswirkungen** auf den Naturhaushalt

Zu 1. Sachgerechte Anwendung

Verweis auf § 6 und § 10 PflSchG, d.h. unter anderem, daß Pflanzenschutzmittel nur nach guter fachlicher Praxis angewendet werden dürfen und der Sachkundenachweis für alle Anwender in Betrieben der Landwirtschaft, der Forstwirtschaft und des Gartenbaus sowie für Verkäufer von Pflanzenschutzmitteln gilt. Zur guten fachlichen Praxis gehört, daß die Grundsätze des integrierten Pflanzenschutzes berücksichtigt werden.
Für Pflanzenschutzgeräte gilt das Erklärungsverfahren (obligatorisch), vgl. PflSchG § 24 und § 25.

1.1 Abtrift

Zur Einschätzung der Abtrift sind in der BBA in Zusammenarbeit mit den Einvernehmensbehörden BGA und UBA, dem Deutschen Pflanzenschutzdienst und der Industrie Untersuchungen angestellt worden, die es ermöglichen, je nach behandelter Kultur, die für die Anwendung notwendigen Sicherheitsabstände zu Oberflächengewässern abzuschätzen. Bei Einhaltung dieser Sicherheitsabstände kann heute davon ausgegangen werden, daß eine Belastung von Oberflächengewässern durch Abtriftvorgänge hinreichend minimiert wird.

1.2 run-off

Zur Minimierung der Belastungen über run-off sind Abstandsauflagen und Auflagen zur Anlage von bewachsenen Uferrandstreifen ein mögliches Mittel. Zur Minimierung der Einträge auf diesem Weg können darüber hinaus weitestgehende reduzierte Aufwandmengen sowie evtl. anwendungstechnische Maßnahmen, wie z.B. Einarbeitung bestimmter Mittel im Ackerbau in den Boden (Stichwort: Vorsaatanwendung), beitragen.

1.3 Drainagen/Interflow

Der Belastungspfad über Drainagen ist noch relativ unerforscht. Aufgrund vorliegender Veröffentlichungen ist allerdings davon auszugehen, daß über diesen Weg relativ hohe punktförmige Belastungen der Gewässer entstehen können. Wird durch die Drainierung Stauwasser abgeführt, so können je nach den Wirkstoffen, Bodeneigenschaften und den meteorologischen Verhältnissen erhebliche Pflanzenschutzmittelfrachten in die Vorfluter eingebracht werden. Eine Vermeidung wäre nur dann zu erreichen, wenn die Anwendung von Pflanzenschutzmitteln auf drainierten Flächen gänzlich untersagt würde. Dies würde in den alten Bundesländern ein Anwendungsverbot auf ca. 12 % der landwirtschaftlichen Nutzfläche bedeuten, kann aber regional einen wesentlich höheren Flächenanteil betreffen. Die Belastung der Gewässer über Drainagen kann mit der Erteilung von Auflagen bei der Zulassung nur unzulänglich minimiert werden.

1.4 Immissionen über die Luft

Aufgrund der starken Verdünnungen der geringen Konzentrationen in der Luft bzw. im Regenwasser ist nicht damit zu rechnen, daß nennenswerte Konzentrationen in die Oberflächengewässer über den Luftpfad eingetragen werden. Der mengenmäßige Eintrag durch den Niederschlag ist relativ gering und dürfte bei der Kontamination von Gewässern, des Bodens und der Pflanze nur eine eher untergeordnete Rolle spielen. Es ist aber sicher zu früh, heute schon für den Prüfbereich Luft Entwarnung zu geben, da erst jetzt die von der Industrie im Zulassungsverfahren geforderten Unterlagen zu diesem Prüfbereich eingereicht werden können. In diesem Zusammenhang wird man auch sicherlich über optimierte Applikationstechniken und neue Pflanzenschutzmittelformulierungen nachdenken müssen, d.h. Formulierungen, die ein besseres Eindringen in die Pflanze bewirken oder slow-release-Formulierungen, die den Wirkstoff nur sehr langsam in der jeweils notwendigen Menge abgeben.

zu 2. Sonstiger Umgang mit Pflanzenschutzmitteln

Nach meiner Einschätzung sind die Bereiche 2.1 bis 2.4 schon heute regelbar, wenn der Praktiker in vollem Umfang die Gebrauchsanleitung für die Mittel beachtet und er über moderne Spritzgeräte verfügt.

In diesem Zusammenhang sind zu nennen:
Recyclinggeräte, Geräte mit Direkteinspeisung und mit geringen Totvolumina.

Einrichtungen zur sachgerechten Gerätereinigung, z.B. Anlage zentraler Waschplätze mit Entsorgungsmöglichkeiten für das anfallende Waschwasser.

zu 3. Unfallsituationen in der Praxis und bei der Produktion

Dieser Bereich ist über das Zulassungsverfahren nicht regelbar.

Problemlösung durch neue Wirkstoffe?

Vielfach wird die Forderung erhoben, durch die Entwicklung neuer Wirkstoffe, z.B. solcher, die in oder auf dem Boden bzw. im Wasser sehr schnell abgebaut werden, die Belastung der Gewässer oder auch der Umwelt überhaupt zu reduzieren. Diese Betrachtungsweise ist jedoch zu einseitig auf einen Bereich des Gesamtkomplexes des chemischen Pflanzenschutzes ausgerichtet, denn verschiedene physikalisch-chemische Eigenschaften der Wirkstoffe sind häufig miteinander verknüpft, so daß ein Vorteil in einem bestimmten Bereich häufig mit Nachteilen in anderen Bereichen erkauft wird (Tab. 3).

Tab. 3: **Wirkstoffeigenschaften, die für den Eintrag in Gewässer von Bedeutung sind (Beispiele)**

Eigenschaft	mögliche Vorteile	mögliche Nachteile
schneller Abbau auf/im Boden	Abbau vor Erreichen des Gewässers	hohe Wasserlöslichkeit u. damit erhöhte Abschwemmung und Versickerung; geringe Wirkungsdauer und damit häufigere Anwendung; hohe Konzentration an Metaboliten
starke Adsorption an Bodenbestandteile (im Zusammenhang mit Maßnahmen zur Erosionsvermeidung)	Festlegung des Wirkstoffs auf der Behandlungsfläche	hohe Persistenz und damit Nachbauprobleme (Phytotoxizität, Rückstände in Nachbaukulturen)
hohe biologische Wirksamkeit und damit geringer Aufwand	geringe Konzentration im Oberflächenabfluß bzw. Drainagewasser	Nachbauprobleme (Phytotoxizität); Kontrolle durch chemische Analyse stark eingeschränkt

Bisherige Umsetzung gezielter Vermeidungsstrategien: Modelle und Ergebnisse
- Ordungspolitische Maßnahmen

Die Schutzgebiets- und Ausgleichsverordnung - SchALVO, Baden-Württemberg
J. Mund

1 Anlaß und Ziel der SchALVO

Der "Nährboden" für die SchALVO war der erst seit den 80er Jahren stärker beachtete und Probleme verursachende Anstieg der Nitratgehalte und das Auftreten von Pflanzenschutzmitteln im Grundwasser. Vor allem die Stillegung zahlreicher Brunnen der öffentlichen Wasserversorgung, die meistens oberflächennahe Grundwasserstockwerke erschlossen, zeigte einen dringenden vorbeugenden ordnungspolitischen Handlungsbedarf. Um der ansteigenden Tendenz der Schadstoffe, insbesondere eine Überschreiten der Grenzwerte der für die öffentliche Trinkwasserversorgung genutzten Wasservorkommen, entgegenzuwirken, um wieder eine rückläufige Tendenz zu erreichen oder ein bereits über dem Grenzwert liegendes Wasservorkommen zu sanieren, wurde die SchALVO mit Wirkung vom 01.01.1988 erlassen. Aufgrund der zwischenzeitlich gewonnenen praktischen Erfahrungen und weiteren Erkenntnissen wurde sie mit Wirkung vom 01.01.1992 novelliert. Zusätzlich wurde eine Programm zur beschleunigten und möglichst einzugsgebietsdeckenden Ausweisung der Wasserschutzgebiete aufgestellt, das bis 1995 durchgeführt sein soll.

2 Inhalte der SchALVO

2.1 Allgemeines

Die SchALVO gilt landeseinheitlich in allen rechtskräftigen Wasser- und Quellenschutzgebieten, in Schutzgebieten mit vorläufiger Anordnung und in geplanten Wasserschutzgebieten bei vertraglichen Regelungen. Sie schränkt hier die ordnungsgemäße Landbewirtschaftung zum Schutz des Wassers vor Nitrat- und Pflanzenschutzmitteleinträgen ein. Für die daraus entstehenden wirtschaftlichen Nachteile gewährt das Land einen finanziellen Ausgleich entweder als Pauschalausgleich in Höhe von 310,- DM je Hektar landwirtschaftlich genutzter Fläche im Wasserschutzgebiet oder mit entsprechenden Nachweisen als Einzelausgleich. 95 % der Fälle werden über den Pauschalausgleich abgewickelt, d.h. mit einem Minimum an Verwaltungsaufwand.

Die Ämter für Landwirtschaft wickeln die Anträge ab. Sie kontrollieren auch die Einhaltung der Schutzbestimmungen. Ein wesentliches Instrument ist dabei die Kontrolle des am Ende der Vegetationsperiode einzuhaltenden Nitrat-Stickstoffgehalts im Boden von 45 kg N/ha. Dieser Bodengrenzwert wurde zur Begrenzung der Auswaschungsgefährdung im Hinblick auf die mittlere zulässige Nitratkonzentration von 45 mg/l im neu gebildeten Grundwasser festgelegt. Ist der Bodengrenzwert überschritten, wird vermutet, daß der Bewirtschafter Schutzbestimmungen nicht eingehalten hat. Kann er dann nicht nachweisen daß er sich SchALVO-gerecht verhalten hat, kann der Bewilligungsbescheid über die Ausgleichsleistungen ganz oder teilweise widerrufen werden.

Ein Bußgeld kann von der unteren Wasserbehörde gegenüber dem Landwirt erlassen werden, wenn er gegen definierte Verbote oder Gebote verstoßen hat. Die untere Wasserbehörde kann außerdem in Benehmen nit dem Amt für Landwirtschaft gegenüber dem Bewirtschafter bestimmte Anordnungen für Bodenuntersuchungen, Aufzeichnungen, Düngeverbote, Bewirtschaftungsverfahren, überbetriebliche Maßnahmen und für Teilnahme an Veranstaltungen erlassen.

2.2 Die wesentlichen Ver- und Gebote

Nachfolgend sind die wesentlichsten Ver- und Gebote für die Reduzierung der Nitratauswaschung genannt:

- Umbruchverbot für Dauergrünland,

- Umbruchverbotszeiträume für sonstige begrünte Flächen,

- Begrünungsgebot in bestimmten Fällen oder bei bestimmten Kulturen,

- Verbot der Ausbringung von Gülle, Jauche, Klärschlamm o.ä. Stoffen in Zone II,

- Verbotszeiträume für die Ausbringung stickstoffhaltiger Wirtschafts- und Handelsdünger,

- Einschränkung und Aufteilung der Düngergaben,

- Reduzierung der ordnungsgemäßen Stickstoffdüngung um 20 %,

- Gebot für die Meßmethode (Bestimmung des Nitratstickstoffgehalts vor der Düngung) bei bestimmten Kulturen,

- Aufzeichnungspflichten und Pflicht zur Erstellung von Stickstoffbilanzen bei Überschreiten bestimmter Bodengehalte,

- Gebot zur Einrichtung von Düngefenstern in bestimmten Fällen

- Beschränkung der Bodenbearbeitung,

- Einschränkung der Beregnung.

Zur Vermeidung des Eintrags von Pflanzenschutzmitteln in die Gewässer dürfen nur die in der Positivliste der SchALVO genannten Pflanzenschutzmittel verwendet werden.

3 Die Finanzierung der Ausgleichsleistungen

Die Ausgleichsleistungen werden zentral vom Land geleistet. Die Ausgleichsleistungen belasten den Landeshaushalt mit rd. 80 Mio DM jährlich, mit steigender Tendenz, da nach und nach weitere Schutzgebietsflächen ausgewiesen werden. Sie werden finanziert aus dem Ökologieprogramm des Landes. Dieses wurde bei der Einführung des Wasserentnahmeentgeltes, dessen Aufkommen zwischenzeitlich jährlich ca. 160 Mio DM beträgt, aufgestellt. Das Aufkommen fließt ohne Zweckbindung in den allgemeinen Haushalt. Die Ausgaben des Ökologiegprogramms, mit dem neben den Ausgleichsleistungen eine ganze Reihe weiterer Umweltschutzmaßnahmen finanziert werden, überschreiten zwischenzeitlich die Einnahmen aus dem Wasserentnahmeentgelt.

4 Die Vor- und Nachteile dieser zentralen Lösung

Das Land erhält von den Wasserversorgungsunternehmen ein einheitliches Wasserentnahmeentgelt und übernimmt dafür im Gegenzug die Ausgleichsleistungen. Dies hat folgende Vorteile gegenüber einer dezentralen Lösung:

- Eine einheitliche Belastung von 0,1 DM pro m^3 für alle Wasserversorgungsunternehmen. Sonst wären die finanziellen Belastungen je nach der spezifischen Größe der Wasserschutzgebiete zwischen 1 Pfennig und über 1 DM je m^3 gelegen. [4]

- Den kleinen finanzschwachen Wasserversorgungsunternehmen wäre bei der dezentralen Lösung die Motivation genommen, die erforderlichen einzugsgebietsdeckenden Wasserschutzgebiete auszuweisen und effektive und damit teure Maßnahmen zu treffen.

- Das Land setzt sich über die Ämter für Landwirtschaft als technische Fachbehörde mit den Landwirten auseinander. Diese sind für einen einheitlichen und effektiven Vollzug und für den Erfolg verantwortlich. "Schwarze Schafe" unter den Landwirten können rasch mit den Mitteln des Verwaltungszwangs angegangen werden.

- Der Landwirt kann die landeseinheitlichen Regelungen besser als individuelle Regelungen abschätzen.

- Zentrale Forschungsaktivitäten und der landesweite Erfahrungsaustausch der Ämter sorgt für ein hohes Fachwissen, das allgemein verfügbar ist.

Nachteile:

- Landeseinheitliche Regelungen werden den unterschiedlichen örtlichen Verhältnissen bzw. regionalen Besonderheiten (z.B. Klima, Bodenarten) nur bedingt gerecht. Die deshalb erforderlichen Differenzierungen blähen die Verordnung auf und machen sie schwer lesbar.

5 Die bisherige Umsetzung der SchALVO

In einer etwa dreijährigen Pilotphase wurde die SchALVO eingeführt.

Beim Vollzug, bei den jährlichen Untersuchungen des Nitratstickstoffgehalts an etwa 75.000 Standorten, bei den Beobachtungen an den Vergleichs- und Referenzflächen, bei den Praxisversuchen, bei den zahlreichen Forschungs- und Pilotvorhaben wurden viele Erfahrungen und Erkenntnisse gewonnen, die bei der Novellierung der SchALVO, die am 01.01.1992 in Kraft getreten ist, berücksichtigt wurden. Herr Prof. Timmermann wird hierauf näher eingehen.

Diese novellierte SchALVO wird nun konsequent einschließlich der erforderlichen Sanktionen nach dem Prinzip "Leistung und Gegenleistung" vollzogen.

6 Die Erfahrungen mit der SchALVO

- Die Einführung, Umsetzung und Novellierung der SchALVO hat zu heftigen, teilweise kontroversen Diskussionen auf allen Ebenen zwischen Landwirtschaft, Wasserwirtschaft und Wasserversorgungsunternehmen geführt, bei denen jedoch das Problembewußtsein ganz erheblich verstärkt, aber auch das gegenseitige Verständnis gefördert wurde. Durch die zwischenzeitlich gewonnenen Erfahrungen wird die Diskussion derzeit wesentlich sachlicher geführt.

- Es zeigte sich, daß die Bestimmungen der alten SchALVO nicht ausreichen, um den Nitratstickstoffgehalt im Boden und im Grundwasser zu senken. Vor allem zeigte sich, daß eine alleinige Reduzierung der ordnungsgemäßen Stickstoffdüngung nicht ausreicht, um die Einhaltung des Bodengrenzwertes zu garantieren. Es sind dafür zusätzliche Maßnahmen erforderlich (Begrünung, Reduzierung der Bodenbearbeitung, schärfere Restriktionen bei Problemstandorten und Problemkulturen, etc.).

- Erst bei konsequenter Umsetzung der nun in der novellierten SchALVO zusätzlich vorgesehenen Maßnahmen dürfte ein effektiver Schutz und eine Verbesserung bei den Boden- und Grundwasserwerten zu erreichen sein.

- Wegen den langen Aufenthaltszeiten im Untergrund sind jedoch Reaktionen im Rohwasser kurzfristig nicht zu erwarten. Die Tendenz ansteigender Nitratgehalte ist durch die SchALVO erst mittel- bis langfristig zu stoppen.

- Eine Sanierung von über dem Grenzwert (50 mg/l) mit Nitrat verunreinigter Grundwasservorkommen dürft durch die angestrebte mittlere Nitratkonzentration von 45 mg/l im neugebildeten Grundwasser allenfalls langfristig erreichbar sein. Für einen akzeptablen Sanierungszeitraum ist jedoch einen genaue Analyse der örtlichen Verhältnisse und ein darauf zugeschnittenes Sanierungskonzept mit weitergehenden Maßnahmen (z.b. Rückwandlung von Ackerland in Grünland, Anbauverbot bestimmter Problemkulturen auf Problemstandorten, Düngungsverbote, Gemeinschaftsdüngung) erforderlich.

- Da mit einer mittleren zulässigen Nitratkonzentration von 45 mg/l außerdem auch eine "Auffüllung" aller Grundwässer bis zu diesem Wert zulässig wäre, ist ein deutliches Unterschreiten der 45 kg-Grenze zu Beginn der Hauptauswaschungsperiode als Mindestanforderung an eine grundwasserschonende bzw. grundwassersanierende Landbewirtschaftung zu richten [10].

7 Schlußfogerungen im Hinblick auf die Belastungen der Oberflächengewässer

Etwa 75 % des Stickstoffeintrags in die Oberflächengewässer der alten Bundesländer erfogt über das Sicker- und Grundwasser [6]. Will man deshalb einen weiteren Anstieg diese Eintrags verhindern, bedarf es der flächendeckenden Umsetzung einer grundwasserschonenden Landbewirtschafung, wie sie in der SchALVO derfiniert ist. In Baden-Württemberg sind derzeit etwa 16 % der Landesfläche als Wasserschutzgebiet ausgewiesen, in der die SchALVO umgesetzt wird. Dafür fallen jährlich etwa 80 Mio. DM an Ausgleichsleistungen und ca. 12 Mio. DM an Kontrollmaßnahmen an. Eine flächendeckende, grundwasserschonende Landbewirtschaftung nach dem SchALVO-System würde also in Baden-Württemberg jährlich Kosten in Höhe einer halben Milliarde DM verursachen.

Der ökologische Landbau kommt durch den Verzicht auf den Einsatz chemischsynthetischer Pflanzenschutzmittel, durch die weitgestellte Fruchtfolge und die vergleichsweise in geringer Menge anfallenden Wirtschaftsdünger einer grundwasserschonenden Landbewirtschaftung am nächsten. Das Stickstoffdüngungsniveau der ökologisch wirtschaftenen Betriebe ist also relativ gering [8]. Die Umsetzung eines ökologischen Landbaus dient ebenso wie die Umsetzung der SchALVO einer erheblichen Verminderung des Nährstoff- und Pflanzenschutzmitteleintrags in die Gewässer.

8   Literatur

1. MINISTERIUM FÜR UMWELT BADEN-WÜRTTEMBERG (1991): Verordnung des Umweltministeriums über Schutzbestimmungen in Wasser- und Quellschutzgebieten und die Gewährung von Ausgleichsleistungen (Schutzgebiets- und Ausgleichsverordnung-SchALVO) vom 08. August 1991 (Ges.Bl. Baden-Württemberg Nr. 22 (1991), S. 545 - 574) i.d.F. der Verordnung des Umweltministeriums zur Änderung der SchALVO vom 09.12.1991 (Ges.Bl. Baden-Württemberg 1991 S. 805).

2. SONTHEIMER, H.; ROHMANN, U. (1986): Anforderungen an ein wirksames Grundwasserschutzkonzept zur Vermeidung von Nitratbelastungen auf der Basis von Bodengrenzwerten für Nitrat und damit gekoppelten Ausgleichsleistungen an die Landbewirtschafter. DVGW-Forschungsstelle am Engler-Bunte-Institut der Universität Karlsruhe.

3. ROHMANN, U. (1992): Die SchALVO als Instrument zum Schutz örtlicher Grundwasservorkommen?

4. ROHMANN, U. (1992): Möglichkeiten und Grenzen von Sanierungskonzepten zur Lösung des Nitratproblems (Veröffentlichung erfolgt in der Reihe DVGW-Handbücher "Wasserversorgung", Oldenbourg-Verlag).

5. MEHLBORN, H. (1992): Zweckverband Landeswasserversorgung: Erfahrungen mit der Schutzgebiets- und Ausgleichsverordnung (SchALVO) in Baden-Württemberg aus der Sicht eines Wasserversorgungsunternehmen.

6. DGVW-Merkblatt W 104, Druckmanuskript, 1992: Bodennutzung und Düngung in Wasserschutzgebieten.

7. BMU UND DER BUNDESMINISTER FÜR ERNÄHRUNG, LANDWIRTSCHAFT UND FORSTEN (1990): Maßnahmen der Landwirtschaft zur Verminderung der Nährstoffeinträge in die Gewässer.

8. Länder-Arbeitsgemeinschaft Wasser (LAWA) (1989): Wasserwirtschaftliche Randbedingungen für eine umweltverträgliche Landwirtschaft.

9. INSTITUT FÜR WASSERFORSCHUNG GMBH (1992): Grundwasserschonende Landbewirtschaftung durch ökologischen Landbau.

10. KIBELE, K.H. (1992): Vortrag zu Thema Gewässerschutz und Landwirtschaft bei der Anhörung im sächsischen Landtag 1991: Landwirtschaft und Gewässerschutz - das Modell Baden-Württemberg; Regierungspräsidium Stuttgart.

Die Umsetzung der SchALVO: Beteiligte, Organisation, Durchführung, Ergebnisse, Schlußfolgerungen
F. Timmermann

1 SchALVO-Inhalte

Die Schutzbestimmungen in der SchALVO Baden-Württemberg beinhalten **Verbote und Gebote (Tab. 1)**, die zu Intensitätsbeschränkungen der Landbewirtschaftung in den Wasserschutzgebieten mit dem Ziel der Vermeidung bzw. Verminderung des Nitrat- und Pflanzenschutzmitteleintrags in die Gewässer (Grundwasser, Oberflächengewässer) führen sollen.

Für die über die Anforderungen an eine ordnungsgemäße Bewirtschaftung ("gute landwirtschaftliche Praxis" nach Düngemittelgesetz) hinausgehenden Nutzungsbeschränkungen, Auflagen und Erschwernisse, die zu einer wirtschaftlichen Schlechterstellung des Landwirts in Wasserschutzgebieten führen, werden finanzielle **Ausgleichsleistungen** (Pauschale, Einzelausgleich) gewährt.

Die Einhaltung der Schutzgebietsbestimmungen und Bewirtschaftungsverpflichtungen wird durch Bodenuntersuchungen auf Nitrat und Pflanzenschutzmittelrückstände, Bestandsinaugenscheinnahme, Aufzeichnungen u.a. **überwacht**.

Bei nachgewiesenen Verstößen oder auffallend hohen Restnitrat-Gehalten im Boden stehen den Behörden eine Reihe von Maßnahmen zur Disziplinierung zur Verfügung, angefangen von der **Rücknahme** bzw. dem **Widerruf der Ausgleichsleistungen** über die **Anordnung** von Schlagaufzeichnungen und Stickstoff-Betriebsbilanzen, eines Stickstoff-Düngeverbots, von überbetrieblichen Bewirtschaftungsmaßnahmen sowie die Teilnahme an Schulungen und Beratung bis hin zur Einleitung von **Ordnungswidrigkeitsverfahren**.

Flankierend werden zur Verbesserung der Akzeptanz und zur Demonstration wasserschutzgemäßer Bewirtschaftung auf über 400 **Vergleichsflächen** in Modellbetrieben auf repräsentativen Standorten und zu den verschiedenen Kulturen (Ackerbau, Grünland, Gartenbau, Sonderkulturen) intensive Untersuchungen des Nitratverlaufs in Boden und Erhebungen der Anbaumaßnahmen und von Ertragsdaten durchgeführt.

Tabelle 1:

SchALVO
01.Jan.1988 (Novelle: 01.Jan.1992)

Schutzbestimmungen (§ 3)

Verbote	Gebote
- Grünlandumbruch - Gülleverbot in Zone II - N-Düngung außerhalb der Vegetationszeit - PSM-Ausbringung von Mitteln mit W-Auflage (Positivkatalog)	- 20%ige Verminderung der bedarfsgerechten N-Düngung - Begrünung - Zwischenfruchtanbau - reduzierte Bodenbearbeitung - bedarfsangepaßte Beregnung

BERATUNG
75 Wasserschutzgebietsberater, Landwirtschaftsverwaltung, Landesanstalten

Vergleichsflächen	Pilotprojekte (Untersuchungs- und Forschungsvorhaben)	Nitratinformationsdienst (NID)
> 400 Felder: ~ 200 Ackerbau ~ 40 Grünland ~ 96 Gartenbau ~ 30 altern. Landbau Rest Sonderkulturen	Problemkulturen: - Mais, Spargel, Wein, Gemüse, Hopfen Problemgebiete: - WSG Donauried, Main-Tauber-Region, u.a.	- auf ca. 22.000 Standorten **Arbeitsgruppen** - ministeriale: MLR, UM - regionale AG

Auswertungen	Überwachung (§ 7)	Anordnungen (§ 5, 6)
- regionale (f. Beratung) - landesweit (Statistik, Erfolgskontrolle)	- Nitrat-Bodenuntersuchungen - Pflanzenschutzmittel-Rückstandsuntersuchung	- Schlag-Aufzeichnungen - N-Betriebsbilanzen - N-Düngungsverbot - überbetriebliche Bewirtschaftungsmaßnahmen - Teilnahme an Schulungen und Beratung

Zusatzförderprogramme	Ausgleichsleistungen (§ 8-11)	Rücknahme und Widerruf (§ 12)
- Schaffung von zusätzl. Güllelagerraum - MEKA Begrünung, Verzicht auf chemischen Pflanzenschutz, mineralische N-Dünger u.a.m.	Pauschale: 310,--DM/ha LN oder Einzelausgleich mit Nachweis wirtschaftlicher Nachteile	**Ordnungswidrigkeiten (§ 13)**

Bei Problemkulturen mit der Tendenz zu hohen Restnitratgehalten im Boden und in auswaschungsgefährdeten Gebieten wurden bzw. werden in **Pilotprojekten** wasserschutzgemäße Anbauverfahren entwickelt und der Praxis demonstriert.

Die **Düngungsberatung** wird durch kostenlose Nitrat-Bodenuntersuchungen zu den relevanten Düngungsterminen im Rahmen des **Nitratinformationsdienstes (NID)** unterstützt. In den vergangenen Jahren wurde dieses Untersuchungsangebot auf über 20.000 Standorten angenommen und die Ergebnisse wurden über die Medien regional und kulturbezogen bekannt gemacht.

Als **Zusatzförderprogramme** u.a. mit dem Ziel des Wasserschutzes sind u.a. noch die Bezuschussung bei der Schaffung von Güllelagerraum und der seit vorigem Jahr angebotene Marktentlastungs- und Kulturlandschaftsausgleich (MEKA) mit Anreizen zur Extensivierung aufzuführen.

Zentrale Bedeutung für die Umsetzung der SchALVO kommt der Fach**beratung** zu.

2 Beratung - Aufgaben der Wasserschutzgebietsberater

Um die für eine effektive Umsetzung notwendigen Kenntnisse, ein ausreichendes Verständnis und die erforderliche Akzeptanz für die Maßnahmen bei den Bewirtschaftern zu erreichen, war die Verstärkung der Beratung und die gezielte Ausrichtung auf die Bedürfnisse der von den Wasserschutzgebietsregelungen betroffenen Praktiker die wesentliche Grundlage für die weiteren Aktivitäten.
Vom Land wurden mit Inkrafttreten der SchALVO 75 Stellen für Wasserschutzgebietsberater in der Landwirtschaftsverwaltung geschaffen.

Ihr Aufgabenfeld umfaßt vornehmlich die gezielte Beratung der Landwirte und Gärtner in den Wasserschutzgebieten über Inhalte der Verordnung und das Erfordernis grundwasserschonender Bewirtschaftungsverfahren.

Im einzelnen lassen sich folgende Aufgabenbereiche anführen:

- Hinwirken auf die Einhaltung der Schutzbestimmungen, auch Überwachung durch Inaugenscheinnahme im Feld und Befragung vor Ort im Betrieb;

- Organisation der Nitrat-Bodenuntersuchungen im Rahmen der Kontrollaktion im Spätherbst und des Nitratinformationsdienstes zur N-Düngungsberatung (Standortfestlegung, Beprobung, Probentransport, Aufrechterhaltung der Kühlkette bis zum Labor, Erfassung der zusätzlichen Erhebungsdaten, regionale Auswertungen und Ergebnisinterpretation für die Bewirtschafter und die Verwaltung;

- Mitwirkung bei der Entnahme von Boden-, Pflanzen- und Spritzbrühenproben für Pflanzenschutzmittelkontrollen;

- Auswahl und Betreuung von Vergleichsflächen, Organisation der Bodenprobennahmen und der Ertrags- sowie Qualitätsermittlung bei Ernteprodukten von sog. Doppelvarianten (mit "Ordnungs-" und "SchALVO-gemäßer" Bewirtschaftung);

- Mitwirkung in begleitenden Pilotprojekten und unterstützenden Forschungsvorhaben zur Entwicklung grundwasserschonender Bewirtschaftungsverfahren bei problematischen Kulturen, auf besonders auswaschungsgefährdeten Böden und in empfindlichen Gebieten sowie in Fällen mit bereits hoher oder rasch ansteigender Nitratbelastung des Grundwassers;

- Mitarbeit in den regionalen Arbeitsgruppen bestehend aus den zuständigen Fachvertretern der Regierungspräsidien, Ämter für Landwirtschaft, Landes- und Bodenkultur, Ämter für Wasser- und Bodenschutz und der landwirtschaftlichen Berufsverbände;

- Schulungen der Landwirte und Gärtner über angepaßte Bewirtschaftungsweisen in Wasserschutzgebieten;

- Beratung und Hilfestellung bei Schlagaufzeichnungen und der Erstellung von N-Betriebsbilanzen.

Die überwiegend jungen Wasserschutzgebietsberater/innen haben mit starker Motivation, großem Engagement und guten Kenntnissen auch auf Spezialgebieten (Gartenbau, Weinbau) selbstbewußt ihre Aufgaben aufgenommen und dürften daher ein besonderes Verdienst an der bisher relativ reibungslosen Umsetzung der SchALVO-Richtlinien in der Praxis haben.

3 Überwachung - Nitrat- und Pflanzenschutzmittelkontrolluntersuchungen

Neben der Feststellung offensichtlicher Verstöße gegen die Schutzbestimmungen (Grünlandumbruch, Düngung, Bodenbearbeitung in Verbotszeiträumen u.a.m.) standen und stehen Nitrat-Untersuchungen auf Böden im Spätherbst (Oktober bis Dezember) und Pflanzenschutzmittel-Untersuchungen von Böden, Pflanzen und Spritzbrühen zur Prüfung auf nicht zugelassene Präparate im Vordergrund der umfänglichen Kontrollmaßnahmen.

Für die Durchführung bedarf es eines erheblichen Organisations-, Personal-, Geräte- und Sachmittelaufwands.

So werden für die herbstliche Nitrat-Kontrollaktion Techniker der Flurbereinigungsverwaltung zur Unterstützung der Wasserschutzgebietsberater für die Leitung der Probennahmegruppen bzw. der Überwachung von beauftragten Lohnunternehmern für die Probenahme an die Ämter für Landwirtschaft abgeordnet.

Ein Großteil der über 250.000 Nitratanalysen wird von privaten Bodenuntersuchungslaboratorien im Werkvertrag erledigt.

Schwierigkeiten ergaben sich insbesondere bei der Bodenprobenahme mit dem Handeinschlag oder dem hydraulischen Eindrücken von einteiligen Pürckhauer-Bohrstöcken durch Stauchungen und Innenhaftung des Bohrkerns, so daß es zu Verfälschungen in der Nitratgehaltsaufnahme über die beprobte Bodentiefe kam. Es waren daher besser geeignete und automatisierbare Probenahmegeräte, wie z.B. die "Nitratraupe" mit kurzhubig schlagendem Bohrwerkzeug oder Spiralbohrern zu entwickeln.

Auch die Schätzung bzw. Bestimmung der Lagerungsdichte (starke Unterschiede bei Mineral- und Moorböden) und des Steingehaltes als Voraussetzung für die geforderte Umrechnung der Analysenergebnisse in volumen- bzw. flächenbezogene Nitratgehalte im Boden (Angaben in kg Nitrat-N/ha) machten ergänzende Untersuchungs- und Schulungsaktivitäten erforderlich.

Die intensive Überwachung der privaten Vertragslaboratorien umfaßt die Begutachtung der Laboreinrichtungen und des Personals vor Ort vor der Erstzulassung und weitere regelmäßige Laborbesichtigungen, die Verpflichtung zur Teilnahme an Enqueten und die Prüfung der Zuverlässigkeit und Laborqualität in verdeckten Vergleichsuntersuchungen. Zudem sind von allen untersuchten Proben Rückstellmuster bereitzuhalten, die stichprobenartig von den beiden staatlichen Laboratorien nachuntersucht werden.

Seit 1988 wurden in den jährlichen Kontrollaktionen jeweils zwischen 70.000 und nahezu 100.000 Standorte in den Wasserschutzgebieten auf die Nitratgehalte im Boden vor der Hauptauswaschungsperiode untersucht.

Die Kontrolle auf mißbräuchliche Anwendung von in Wasserschutzgebieten nicht zugelassenen Pflanzenschutzmitteln wird von den drei staatlichen Anstalten Landesanstalt für Pflanzenschutz, für Pflanzenbau und der LUFA Augustenberg durchgeführt.

Zur Untersuchung gelangen Proben von jährlich etwa 1.000 Standorten.

4 Vergleichsflächen

Die Verpflichtung zur Anlage von Vergleichsflächen ergibt sich zum einen aus dem Erfordernis, standorts-, witterungs- und kulturartbezogene Korrekturen am Nitrat-Bodengrenzwert (Basis: 45 kg N/ha) als Indiz für die Einhaltung der Düngungs- und Bewirtschaftungsbeschränkungen vornehmen zu können. Zum anderen werden auf den mittlerweile über 400 Vergleichsflächen, die auf unterschiedlichen Standorten und mit den verschiedenen interessierenden Kulturen (Acker, Gründland, Feldgemüse, Obst- und Weinbau, andere Sonderkulturen) angelegt wurden, weitere Untersuchungen zur N-Dynamik und Nitratentwicklung sowie vergleichende Ertragsmessungen auf den sog. Doppelvarianten (Vergleich SchALVO- mit ordnungsgemäßer Bewirtschaftung) durchgeführt. Es werden damit u.a. Daten für die Berechnung der Ausgleichsleistungen insbesondere bei Antrag auf Einzelausgleich erarbeitet.

Bei dem großen Anteil an Wasserschutzgebietsflächen (in 1992 ca. 16% der Landesfläche), der großen Standort-, Boden-, Kulturarten- und Bewirtschaftungsvielfalt sowie der starken Flächenparzellierung ist die Anzahl der Vergleichsflächen jedoch immer noch nicht ausreichend für eine differenzierte Anpassung des Nitrat-Grenzwertes. Um von der derzeit notwendigen Pauschalierung wegzukommen, wird eine weitere Erhöhung der Vergleichsflächenzahl angestrebt.

5 Auswertungen der Kontrolluntersuchungs- und Vergleichsflächenergebnisse

Die Ergebnisse der Nitrat-Bodenuntersuchungen werden den betroffenen Bewirtschaftern mit einer Kommentierung des Wasserschutzgebietsberaters vom zuständigen Landwirtschaftsamt mitgeteilt.

Bei Überschreitung von Eingriffsgrenzen können sich behördliche Anordnungen wie Verpflichtung zur Schlagkarteiführung, Erstellen von N-Betriebsbilanzen, Aberkennung und Rückzahlung von Ausgleichsleistungen, Teilnahme an Gemeinschaftsdüngungs- oder -bewirtschaftungsmaßnahmen bei Verbot privater Düngung u.a.m. bis hin zur Verhängung von Bußgeldbescheiden ergeben.

Von den Wasserschutzgebietsberatern werden die Daten gebiets- und nutzungsspezifisch insbesondere für Beratungszwecke ausgewertet. Den Ämtern steht dafür ein besonderes PC-Auswerte- und -Graphikprogramm zur Verfügung. Zentrale landesweite Auswertungen der Nitrat-Kontrolluntersuchungen oblagen bis 1990 der Landesanstalt für Pflanzenbau und werden seitdem ebenso wie die Ergebnisse der Vergleichsflächen von der LUFA Augustenberg ausgewertet und berichtet (**Tab. 2**).

Tab 2: Restnitrat-Gehalte der Wasserschutzgebiete (WSG) in Baden-Württemberg 1987 - 1991 (flächengewichtete Mittelwerte in kg N/ha für die verschiedenen Bodentiefen (Beprobung jeweils Nov./Dez.))

Jahr	Bodentiefe (cm)			Summe	mittlerer WSG-Wert	Anzahl Standorte
	0-30	30-60	60-90			
1987	27	24	18	69	53	36.037
1988	27	21	12	60	49	77.841
1989	31	25	13	69	57	85.932
1990	17	17	12	46	34	76.236
1991	26	24	15	65	50	74.326

Die Ergebnisse geben im Zusammenspiel mit den Zusatzinformationen der Erhebungsbögen (Standort, Bodenart, Kultur, Bewirtschaftungsmaßnahmen) wichtige Hinweise auf Problemkulturen, -böden und -gebiete sowie auf die Eignung von Anbau- und Bodenbearbeitungsverfahren für eine grundwasserschonende Bewirtschaftung. Es lassen sich Nitratentwicklungen im Boden bei SchALVO-gemäßer Bewirtschaftung ablesen, die allerdings durch die unterschiedliche Jahreswitterung noch stark geprägt sind (**Abb. 1**). Anhand einer Rasterauswertung unter Berücksichtigung von Klimaregionen, Kultur- und Bodenarten sowie der entsprechenden regionalen Vergleichsflächenergebnisse werden die Eingriffswerte für Ahndungsmaßnahmen wegen Nichteinhaltung der Schutzbestimmungen festgelegt.

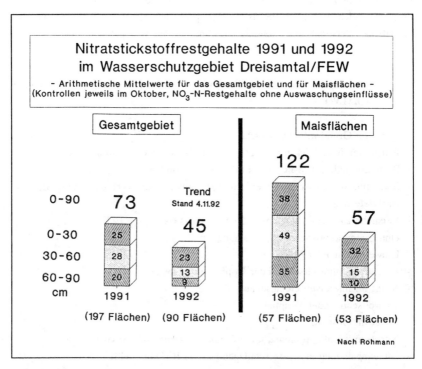

Abbildung 1

6 Pilotprojekte - ergänzende Untersuchungen und Forschungsvorhaben bei Problemkulturen und in besonders auswaschungsgefährdeten Gebieten

Die Einhaltung der Schutzbestimmungen und insbesondere auch der Nitrat-Grenzwerte zum Kontrolltermin im Herbst hat sich bei einigen Kulturen (Spargel, Mais, Gemüse, Reben, Hopfen, Erdbeeren) und auf bestimmten Böden (Niedermoor, Karst-, leichte, flachgründige, sorptionsschwache Böden) als sehr schwierig erwiesen. Zudem bedarf es in Wasserschutzgebieten mit bereits relativ hohen bzw. auffällig steigenden Nitratgehalten und dem Auftreten von Pflanzenschutzmittelwirkstoffen besonders intensiver verfolgender Untersuchungen und der Entwicklung und Durchsetzung grundwasserschonender Anbauverfahren.

Zur Beförderung und beschleunigten Umsetzung wurden und werden in derartigen Problembereichen zeitlich befristete Pilotprojekte mit zum Teil erheblichem zusätzlichen Personal- und Sachmittelaufwand auf den Weg gebracht (Tab. 3).

Tab. 3: Pilotprojekte - begleitende Forschungs- und Untersuchungsprogramme zur SchALVO

- Nitrat im Grundwasser (abgeschl.)
- Fallstudien über Stickstoffumsetzungen im Boden und im Grundwasser
- Bestimmung leicht löslicher N-Fraktionen im Boden
- Bodenmikrobiologische Untersuchungsparameter zur Kennzeichnung der N-Nachlieferung
- Versuche zur Ermittlung des N-Düngebedarfs (N_{min}, N_{org}, EUF)
- Untersuchungsprogramm Spargeldüngung
- Umweltschonender Maisanbau
- Argendelta (umweltschonender Hopfen- und Obstanbau)
- Nitrat im intensiven Gemüsebau
- Umweltschonender Weinbau
- Nitrat im Obstbau
- Nitrat- und Gülleproblematik bei Grünland (Grünland-Exaktversuche)
- Gülleanwendung in Wasserschutzgebietszone II (Donaufeld)

Als erfolgreiche Vorhaben konnten Spargel-, Mais-, Weinbau- und Gemüsebauprojekte abgeschlossen und dadurch unter Beweis gestellt werden, daß sich durch geeignete anbautechnische Maßnahmen, insbesondere durch bedarfsangepaßte N-Düngung, Begrünung, Zwischenfruchtanbau, Untersaaten, Einschränkung der Bodenbearbeitungshäufigkeit und -intensität, sowie die Verminderung der Anwendung chemischer Pflanzenschutzmittel die Stoffaustragsgefährdung auch nach problematischen Kulturen und auf schwierigen Standorten reduzieren läßt.

7 Nitratinformationsdienst (NID) zur N-Düngeberatung

Um den Landwirt mit einer gezielten N-Düngeberatung zu unterstützen, werden seit mehreren Jahren kostenlose Nitrat-Bodenuntersuchungen rechtzeitig vor den N-Düngungsterminen zu den verschiedenen Kulturen angeboten. Die beteiligten Laboratorien sind mit einem vom Land entwickelten Düngeempfehlungsprogramm ausgestattet, das aufbauend auf dem Ergebnis der Bodenuntersuchung innerhalb von 5 Tagen nach Probeneingang eine gezielte N-Düngeberatung an den Landwirt ermöglicht.

Im vergangenen Jahr wurden mehr als 25.000 Feldstücke in und außerhalb von Wasserschutzgebieten im Rahmen des NID untersucht und entsprechende Beratungsempfehlungen gegeben.

Die Ergebnisse werden darüber hinaus zusammen mit Standort- und Bewirtschaftungsinformationen zentral an die Landesanstalt für Pflanzenbau in Forchheim gemeldet und ausgewertet. Sie wiederum sind die Grundlage für regionale und kulturartenbezogene N-Düngeempfehlungen, die über die landwirtschaftlichen Wochenblätter, Btx, Rundfunk, Telefonabfrage und andere Medien landesweit verbreitet werden.

8 Arbeitsgruppen - Verwaltung, Landwirtschaft, Wasserwirtschaft

Zur Beschleunigung der SchALVO-Umsetzung und zur direkten Problemlösung vor Ort wurden regionale Arbeitsgruppen unter Mitarbeit von Fachvertretern der Landwirtschafts- und Wasserwirtschaftsverwaltung (Regierungspräsidien, Ämter für Landwirtschaft, für Wasserwirtschaft, Landesanstalten) des Bauernverbandes und der Wasserversorgungsunternehmen sowie interessierter Landwirte eingerichtet.

Insbesondere in der Anfangsphase der SchALVO-Umsetzung konnten in den Beratungen dieser Arbeitsgruppen Vorurteile abgebaut, gegenseitiges Verständnis für die Probleme gewonnen und Erfahrungen in der gemeinsamen Bewältigung von Schwierigkeiten gesammelt werden.

Mit der besonderen Thematik des absoluten Gülleausbringungsverbotes in Wasserschutzgebietszone II aus seuchenhygienischer Vorsorge sah sich die Arbeitsgruppe Donauried konfrontiert. Die große Flächenauslegung der WSG-Zone II mit einigen intensiven Viehhaltungs- und Güllebetrieben, deren Flächen zum überwiegenden Teil in dieser empfindlichen Zone liegen, stellte die Existenz der Betriebe in Frage und brachte erheblichen Zündstoff in die Diskussion der befaßten Arbeitsgruppe. In einem zusätzlichen Forschungsprogramm wurden neben der Gülleproblematik auch die Standortbesonderheiten von Moor- und Anmoorböden in ihren Auswirkungen auf die Nitratdynamik untersucht. Durch Förderung von zentralen Güllelagern und einer Güllebörse wurde zudem die Situation im Gebiet entschärft.

9 Ergebnisse

Die umfangreichen Nitrat-Bodenuntersuchungen von Wasserschutzgebietsflächen im Rahmen der Überwachung der Stickstoffdüngungs- und Bodenbearbeitungsauflagen der SchALVO sowie die Ergebnisse der Vergleichsflächenuntersuchungen und der Pilotprojekte zeigen durchaus rückläufige Entwicklungen im Nitratauswaschungspotential des Bodens an. So konnte bei der problematischen Kultur Mais in Südbaden seit 1989 in der Tendenz ein Rückgang festgestellt werden (**Abb. 2**).

Auch Einzelmaßnahmen, wie insbesondere die Begrünung (Untersaat) und die nicht wendende Bodenbearbeitung wirkten sich in Richtung verminderter Nitratgehalte im Boden aus (**Abb. 3**).

In einzelnen Jahren kann es witterungsbedingt auch einmal wieder zu höheren Rest-Nitratwerten im Boden kommen, wie die Entwicklung der mittleren Restnitratgehalte auf den Vergleichsflächen im Herbst 1991 zeigt (**Abb. 4**).

Die Beanstandungsquote für die Anwendung nicht zulässiger Pflanzenschutzmittel, in erster Linie Triazine und deren Abbauprodukte ist ebenfalls rückläufig (**Abb. 5**).

Aus den Ertragsfeststellungen auf den Vergleichsflächen Ackerbau (**Tab. 4**) ergeben sich durchschnittliche Ertragsrückgänge von 6 bis 10 % durch die gemäß SchALVO um 20 % verminderte Stickstoffdüngung.

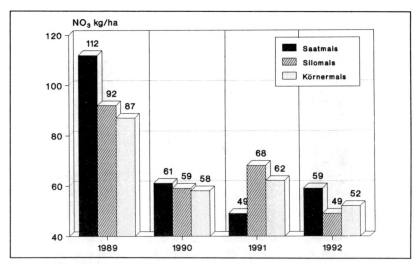

Abb. 2: Entwicklung der Nitratwerte (Wasserschutzgebietswerte) in Mais im Regierungsbezirk Freiburg, 1989 - 1992 (1992 vorläufige Werte)

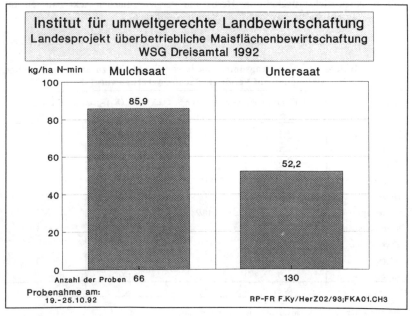

Abbildung 3

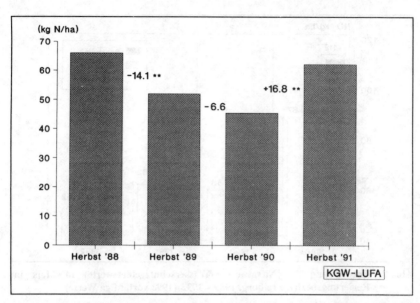

Abb. 4: Nitratstickstoffgehalte im Herbst auf Vergleichsflächen Ackerbau seit '88 (Durchschnitte aus jeweils 86 "gleichen" Flächen)

Tab. 4: Mittlere relative Ertragsunterschiede von SchALVO- zu ordnungsgemäßer (OGL) N-Düngung auf Vergleichsflächen Ackerbau von 1989 bis 1992

Kultur*	rel. Ertragsunterschiede (%) von SchALVO- zu OGL-gemäßer N-Düngung			
	1989	1990	1991	1992
Winterweizen	-5.1	-7.8	-3.7	-3.7
Winterroggen	-12.6	-7.2	-	-7.8
Wintergerste	-8.2	-7.9	-6.9	-5.2
Sommergerste	-13.3	-7.9	-8.9	-6.9
Hafer	-10.0	-	-8.6	-3.8
Winterraps	-	-10.9	-5.1	-
Sonnenblumen	-	-	-4.3	+2.3
Zuckerrüben	-10.7	-5.0	+0.3	-18.6
Silomais	-6.8	+5.7	-3.1	-10.7
Körnermais	-	-	-10.6	-
φ	-9.5	-5.9	-5.7	-6.8

* mit mindestens 3 Vergleichsvarianten im jeweiligen Jahr

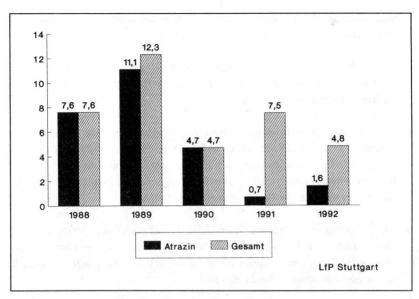

Abb. 5: Beanstandungsquote in Wasserschutzgebieten in %

10 Schlußfolgerungen

a) Eine personell ausreichend ausgelegte zielgerichtete Beratung ist der Grundpfeiler für eine rasche und effektive Umsetzung einer stark reglementierenden Wasserschutzverordnung wie der SchALVO Baden-Württemberg. Es hat sich als vorteilhaft für die Durchsetzung erwiesen, die Beratung zwar zielgerichtet durchzuführen (WSG-Berater), aber fachlich der zuständigen Landwirtschaftsverwaltung anzugliedern.

b) Intensive Kontrolluntersuchungen verursachen zwar einen relativ großen Verwaltungs-, Personal-, Geräte- und Sachmittelaufwand, deren ökonomische Relation zum Informationsgewinn oft in Frage gestellt wird. Sie werden aber als Pressionsinstrumentarium zur Einhaltung der Schutzbestimmungen als unverzichtbar angesehen und dienen der Landwirtschaft gegenüber Wasserwirtschaft und Verwaltung als Nachweis einer wasserschutzgemäßen Bewirtschaftung.

c) Durch Vergleichsflächenuntersuchungen und gezielt geförderte Pilotprojekte bei Problemkulturen und in besonders auswaschungsgefährdeten Gebieten konnten

Daten über die Möglichkeit wasserschutzgemäßer Anbauverfahren erarbeitet und deren Praktikabilität vor Ort demonstriert werden.

d) Von den Nitrat-Kontrolluntersuchungen im Herbst ist zukünftig das Schwergewicht mehr auf die Bodenuntersuchungen und Prognoseverfahren zur N-Düngeberatung im Frühjahr zu verlagern.

e) Der Nachweis positiver Auswirkungen der SchALVO auf die Grundwasserbeschaffenheit muß in den nächsten Jahren angetreten werden (SchALVO-Erfolgskontrolle), um Wasserwirtschaft, Landwirtschaft, Verwaltung und Politik von der Effektivität der Bewirtschaftungsbeschränkungen und der Befolgung der Schutzbestimmungen durch die Landwirtschaft zu überzeugen.

f) Zur Erhaltung der Glaubwürdigkeit ist bei nachgewiesenen Verstößen und offensichtlicher Nichteinhaltung von Schutzbestimmungen eine konsequente Ahndung des Fehlverhaltens und die Rückforderung bzw. der zukünftige Ausschluß von Ausgleichsleistungen durchzusetzen.

Bisherige Umsetzung gezielter Vermeidungs-Strategien: Modelle und Ergebnisse
- Kooperationsmodelle

Kooperationsmodell Nordrhein-Westfalen
M. Wille

1 Ausgangslage

Im Juni 1989 haben sich auf Initiative des Ministers für Umwelt, Raumordnung und Landwirtschaft die Landwirtschafts- und Gartenbauverbände NRW, die Landwirtschaftskammern und der Bundesverband Gas- und Wasserwirtschaft, Landesgruppe Nordrhein-Westfalen auf ein Kooperationsmodell Gewässerschutz und Landwirtschaft verständigt. Anlaß war die Tatsache, daß:

- in Rohwasser-Untersuchungen des Landesamtes für Wasser und Abfall in verschiedenen Regionen des Landes Grenzwertüberschreitungen bei Pflanzenschutzmitteln festgestellt wurden;

- die Umsetzung der EG-Grenzwerte in der nationalen Trinkwasser-Verordnung zum 1. Oktober 1989 bevorstand und die intensive Landwirtschaft als Verursacher der Belastungen auf die Anklagebank gesetzt wurde;

- die Landwirtschaft einen Ausgleich für das Verbot von Pflanzenschutzmitteln in Wasser- und Heilquellenschutzgebieten gemäß Pflanzenschutz-Anwendungs-Verordnung von 1988 forderte und ein solcher Ausgleich von den Wasserwerken und den Verbänden der Trinkwasserversorgung unter Hinweis auf eine fehlende Rechtsgrundlage verweigert wurde.

Bei dieser Ausgangslage drohte durch Konfrontation der Beteiligten ein Stillstand der Gewässerschutzpolitik. Die Verständigung auf ein kooperatives Vorgehen war durch die Umsetzung des § 19 Abs. 4 WHG im Landeswassergesetz (LWG) Nordrhein-Westfalen vorgezeichnet. In § 15 LWG heißt es nämlich, daß bei Vorliegen einer Entschädigungs- und Ausgleichspflicht nach § 19 Abs. 3 und 4 WHG der Begünstigte hierzu verpflichtet ist. Damit hatte sich der Landesgesetzgeber gegen die Einführung eines pauschalen Wasserpfennigs und für eine dezentrale Umsetzung der Ausgleichsregelung des WHG in Nordrhein-Westfalen entschieden.

In § 15 Abs. 3 LWG wurde das Verfahren zur Ermittlung des Ausgleichs dahingehend präzisiert, daß der Ausgleichsantrag eines Beteiligten durch den Regierungspräsidenten festgesetzt wird; dies jedoch voraussetzt, "daß die Beteiligten sich ernsthaft um eine gütliche Einigung vergeblich bemüht haben". Danach entscheidet nicht das Land über Art und Höhe des Ausgleichs, sondern die Beteiligten vor Ort müssen in Verhandlungen einen Interessenausgleich unter Berücksichtigung der jeweiligen Standortverhältnisse finden.

Ein solcher Interessenausgleich muß auch im Fall des Verbots von Pflanzenschutzmitteln aufgrund der Pflanzenschutz-Anwendungs-Verordnung des Bundes gefunden werden. Bei Ablehnung eines Ausgleichsanspruchs nach § 19 Abs. 4 WHG hat der Landesgesetzgeber in § 15 Abs. 4 LWG bestimmt, daß zeitlich begrenzt in Härtefällen eine pauschale Ausgleichszahlung auch dann festgesetzt werden kann, "wenn der Eingriff eine Verpflichtung zum Ausgleich nach § 19 Abs. 4 des Wasserhaushaltsgesetzes nicht auslöst".

2 Ziel der Kooperation

§ 19 WHG bestimmt in Abs. 1, daß zum Schutz der Gewässer im Interesse der öffentlichen Wasserversorgung Wasserschutzgebiete festgesetzt werden können und daß nach Abs. 2 in den Schutzgebieten Auflagen festgesetzt werden können. Angesichts der festgestellten großräumigen Belastungen der Gewässer mit Pflanzenschutzmittel-Wirkstoffen, sind die Kooperationspartner in Nordrhein-Westfalen über den Schutzgebietsansatz des WHG hinausgegangen. Ziel der Kooperation ist

"die Verwirklichung eines flächendeckenden und ungeteilten Gewässerschutzes, weil eine auf Wasserschutzgebiete begrenzte Verbotspolitik das Grundwasser nicht ausreichend schützt und zusätzlich zu Wettbewerbsverzerrungen innerhalb der Landwirtschaft und des Gartenbaus führt."

3 Eckpunkte des Kooperationsmodells NRW

- Gründung von 6 regionalen Arbeitsgemeinschaften. Sie decken sämtliche Regionen des Landes ab und sind Kristallisationspunkt für die Zusammenarbeit zwischen den Verbänden und den Wasserbehörden.

- Abschluß von Kooperationsvereinbarungen zwischen Wasserversorgungsunternehmen (inzwischen 100) und Landwirten. Diese Vereinbarungen ermöglichen einen flächendeckenden Trinkwasserschutz in mehr als 200 Einzugsgebieten. Die größten Kooperationsgebiete sind bisher der Einzugsbereich der Stever-Talsperre mit 90.000 Hektar und das Einzugsgebiet der Ruhr mit 418.000 Hektar.

- In den Kooperationsvereinbarungen gilt der Grundsatz: Leistung gleich Gegenleistung. Es geht nicht um Maximierung von Ausgleichszahlungen, sondern um Optimierung des Trinkwasserschutzes.

4   Wie wird das Kooperationsmodell realisiert?

- Die Landwirte wenden den neuesten Stand der Technik an, gewähren Zugang zu ihren Ländereien, legen ihre Anbauplanung offen.

- Es erfolgt eine umfangreiche Beratung. Dazu sind inzwischen 37 zusätzliche Wasserschutzberater bei den Landwirtschaftskammern eingestellt worden. Die Berater sind in die Kooperationsvereinbarungen eingebunden und werden von den Wasserwerken finanziert.

- Ausgleichsleistungen für Bewirtschaftungsnachteile bzw. -erschwernisse an die Landwirte sind in der Regel Teil der Kooperationsvereinbarung, richten sich nach den jeweiligen Standortverhältnissen und stellen eine echte Gegenleistung dar.

- Das Land unterstützt die Kooperationspartner durch die Förderung eines computergestützten Beratungssystems Pflanzenschutz ("Pro Plant"), durch die Einrichtung von Leitbetrieben Integrierter Pflanzenbau, durch die Förderung umweltfreundlicher Produktion und durch angewandte Forschung im Rahmen des Forschungsschwerpunktes "Umweltverträgliche und Standortgerechte Landwirtschaft" an der Landwirtschaftlichen Fakultät der Universität Bonn.

5   Neue Rahmenbedingungen durch EG-Agrarreform

Mit der EG-Agrarreform vom Mai 1992 haben sich die Bedingungen für einen flächendeckenden Gewässerschutz erheblich verbessert:

- Durch die spürbare Absenkung der Marktordnungspreise und den Ausgleich der erwarteten Einkommensverluste durch produktionsneutrale Direktzahlungen in Verbindung mit einer 15 %igen Flächenstillegung wird die Ausbringung von Dünge- und Pflanzenschutzmitteln generell zurückgehen. In der Gesamtfläche kann aufgrund zu erwartender Extensivierungseffekte mit verringerten Nährstoffüberschüssen im Naturhaushalt gerechnet werden.

- Durch die sog. flankierenden Maßnahmen zur Reform der EG-Marktpolitik wird künftig ein breites Spektrum von Extensivierungsmaßnahmen angeboten, die gezielt für den Gewässerschutz in besonderen Belastungsgebieten eingesetzt werden können. Beispielhaft zu nennen sind: die Umwandlung von Acker in Grünland; die Acker- und Grünlandextensivierung durch verringerten Einsatz von Dünge- und Pflanzenschutzmitteln sowie die Reduzierung des Viehbesatzes; die Förderung des ökologischen Landbaus; die langfristige Stillegung landwirtschaftlich genutzter Flächen mit Aufforstung oder Verwendung für Naturschutzzwecke.

Mit den zu erwartenden Extensivierungseffekten durch die EG-Agrarreform verbessern sich die Erfolgschancen für den nordrhein-westfälischen Weg des Gewässerschutzes, der in seinen Kernelementen unverändert gegangen wird:

- flächendeckender Schutz der Gewässer,
- dezentrale Organisation des Interessenausgleichs,
- standortgerechte Lösungen,
- kooperative Umsetzung.

Kooperation von Land- und Wasserwirtschaft in den Einzugsgebieten der Stever und des Frischhofsbaches

F.-J. Brautlecht

Im Münsterland, das in seiner Struktur von intensiver Landwirtschaft mit hohen Viehbeständen geprägt ist, war in den 80-er Jahren insbesondere für die zwei Flußgebiete der Stever (südliches Münsterland) und des Frischhofbaches (zwischen Steinfurt und Rheine), wo Oberflächenwasser zur Trinkwassergewinnung in einer Menge von 90 bzw. 3 Mio m^3/a herangezogen wird, die Frage zu klären, wie denn Trinkwasserqualität und Gewässerschutz angesichts zeitweilig hoher Belastungen durch Pflanzenschutzmittel (PSM) und Nitrate sichergestellt werden können.

Es war bald klar, daß durch die Ausweisung von Schutzgebieten eine Verbesserung nicht zu erreichen war. Dagegen sprach eine Vielzahl von Argumenten. Das Stevergebiet ist 900 km^2 groß, - 50 % der Fläche entfallen auf den Mais- und Getreideanbau. Das Frischhofsbachgebiet hat oberhalb der Entnahmestelle ca. 30 km^2 Fläche. Ca. 170 Landwirte betreiben auf ca. 70 % der Fläche Mais- und Getreideanbau.
Der Schwerpunkt der Probleme war in den Gebieten unterschiedlich geprägt. Während es galt, im Stevergebiet vornehmlich die Pflanzenschutzmittelgehalte der Fließgewässer zu reduzieren, lag die Besorgnis im Frischhofsbachgebiet überwiegend in der Nitratbelastung der Bäche.

Der Verlauf der Schadstoffeinträge ist aus den Diagrammen für den Nitratverlauf (**Abb.** 1) und für einzelne PSM-Wirkstoffe (**Abb.** 2) zu entnehmen.

Für die Wasserversorgungsunternehmen der Gelsenwasser AG (Stevergebiet) und der Stadtwerke Rheine (Frischhofsbachgebiet) drohte eine Einschränkung der Wassergewinnung, wenn die Belastungen nicht deutlich verringert würden.

Die Weichen für eine freiwillige Zusammenarbeit zwischen Landwirtschaft und Wasserwirtschaft zur Minimierung der Belastungen wurden in den Jahren 1987/1988 gestellt. Beide Kooperationen wurden vom Land NRW als Modell anerkannt und als Pilotprojekte gefördert.

Für den Erfolg dieser Kooperation war zunächst entscheidend, daß alle Beteiligten bereit waren, vertrauensvoll und konstruktiv zusammenzuarbeiten. Austausch von

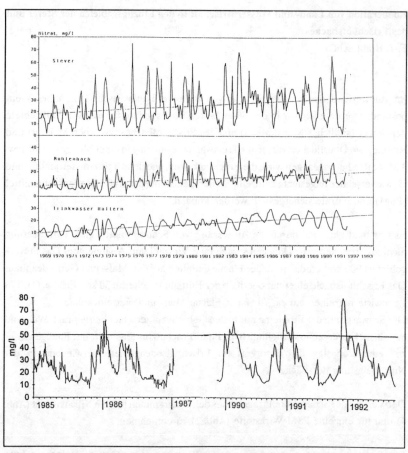

Abb. 1: Nitratgehalte in Stever, Mühlenbach und Trinkwasser Haltern (oben) und im Frischhofsbach (unten)

Informationen, Feststellung von Handlungsbedarf und Entwicklung von Strategien sind auch heute noch Schwerpunkte gemeinsamen Handelns. Es verstand sich von selbst, daß die Ergebnisse der Kooperationsarbeit, die in das 12-Punkte-Programm des Landes eingebunden ist, anderen Interessenten als Information zur Verfügung gestellt werden. Beide Kooperationen haben duch Seminarvorträge, Broschüren und Presseveröffentlichungen über Erkenntnisse und Fortschritte informiert. Davon haben nicht nur die Landwirte im Kooperationsgebiet profitieren können, sondern auch viele andere Interessenten außerhalb.

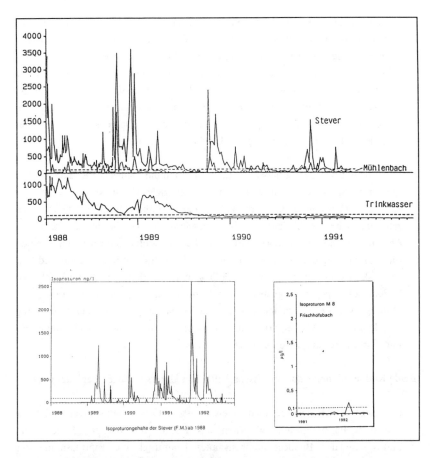

Abb. 2: Konzentrationsverlauf von Chlortoluron (ng/l) im Roh- und Trinkwasser Haltern (oben) und Isoproturongehalte in Stever und Frischhofsbach (unten)

Aufgrund der Größe der Kooperationsgebiete ist die Zusammenarbeit unterschiedlich organisiert:

- Im Stevergebiet liegt das Management hauptsächlich in einem Arbeitskreis aus Vertretern der Landwirtschaftskammer, der Wasserversorgungsunternehmen, der Verbände und staatlichen Verwaltungen von Land- und Wasserwirtschaft. Der Arbeitskreis wird von der Landwirtschaftskammer geleitet. Für die Umsetzung der Maßnahmen zur Eintragsminderung von Schadstoffen wurde ein Beratungsprogramm aufgestellt, das stufenweise zunächst die Massenberatung auf Tagungen, sodann die Gruppenberatung - insbesondere durch Demonstrationen - und abschließend die Einzelberatung der Landwirte vorsieht.

- Im Frischhofsbachgebiet haben die Landwirte und die Stadwerke Rheine für ihre Kooperationsarbeit einen eingetragenen gemeinnützigen Verein gegründet, der nach Satzung den Umweltschutz fördern soll. 167 der 170 Landwirte, die zu 3 Gemeinden gehören, haben sich dem Verein angeschlossen und bestimmen selbst in Abstimmung mit den Stadtwerken Rheine die Programme und Einzelmaßnahmen zur Minimierung der Gewässerbelastungen. Herzstück der Kooperation sind fünf Arbeitskreise, in denen Landwirte ihre Programme erarbeiten und über Erfolg und Mißerfolg sich gegenseitig austauschen. Dabei werden sie von einem Beirat durch Mitarbeit von Vertretern der Kammer, der Verbände und staatlichen Verwaltung von Land- und Wasserwirtschaft, insbesondere durch die Fachberatung der Landwirtschaftskammer unterstützt.

Beide Kooperationen sind von wissenschaftlichen Untersuchungen begleitet worden:

- Für das Stevergebiet wurde von der Gelsenwasser AG, vom Industrieverband Agrar und dem Bundesumweltministerium das Institut für Wasser-, Boden- und Lufthygiene des Bundesgesundheitsamtes beauftragt, die Eintragspfade der Pflanzenschutzmittel im Stevergebiet zu erkunden und Vorschläge zur Minimierung zu erarbeiten. Die Ergebnisse des im vergangenen Jahr vorgestellten Gutachtens sind eine wichtige Grundlage für die weitere Arbeit.

- Im Frischhofsbachgebiet sind Untersuchungen über Stickstoffbilanzen und Stickstoffflüsse im Boden vom Agrikulurchemischen Institut der Universität Bonn durchgeführt worden, um die N_{min}-gestützte Düngeberatung durch einen Parameter zu erweitern, der Informationen über das Mineralisierungspotential des Bodens vermittelt. Zur Erfolgskontrolle der Minimierungsmaßnahmen ist ein Wassermeßprogramm vereinbart worden, das vom Geographischen Institut der Universität Bochum ausgewertet wird. Die beiden Untersuchungsaufträge sind vom MURL NRW erteilt worden.

Die im 12-Punkte-Programm der Landesregierung zugesagte Unterstützung konkreter Kooperationsmaßnahmen wurde in enger Zusammenarbeit mit diesen beiden Kooperationen vom MURL durch neue Förderprogramme umgesetzt. Sie erstrecken sich auf folgende Maßnahmen:

- Anlegng von Uferrandstreifen
- Bau und Erweiterung von Güllelagerbehältern
- Anschaffung von Güllerverteilern mit Schleppschläuchen
- Nachrüstung von Feldspritzgeräten durch Spülgehälter und Anschaffung moderner Spritzen mit geringen Restmengen.

Die Arbeit dieser beiden Kooperationen hat bisher folgende wesentliche Ergebnisse und Erkenntnisse gebracht:

1. An die Stelle der früher vorherrschenden Verschlossenheit und gegenseitigen Kontrolle sind Offenheit und Vertrauen getreten. Man ist offen in den Arbeitskreisen und Beiräten im gegenseitigen Vertrauen, daß man sich gemeinsam bemüht, Probleme zu lösen, und Mißstände nicht in die Öffentlichkeit trägt.

2. Durch Austausch von Informationen und Miteinander-Reden ist die Bereitschaft geweckt worden, gegenseitig für die Belange des anderen mehr Verständnis zu zeigen. Solche Kooperationen sind erfogreich, bei denen Betroffenheit, für den Umweltschutz etwas tun zu müssen, Platz greift und als Folge davon das Denken und Handeln im Vordergrund steht, nicht die Frage des Geldes.

3. Beide Kooperationsmodelle sind m.E. geeignet, den Trinkwasserschutz sicherzustellen, ohne dabei vom vorhandenen guten Ertragsniveau Abstriche machen zu müssen, wenn alle Landwirte in das Maßnahmenprogramm eingebunden werden.

4. Die in den Versuchen entwickelten neuen Anbau- und Produktionstechniken müssen flächendeckend angewandt werden. Daher kommt es darauf an, daß die Landwirte

sich in Arbeitskreisen möglichst selbst motivieren. Die für die Kooperationen eingestellten Berater können dabei wertvolle Hilfen und Anstöße geben.

5. Die ökologischen und ökonomischen Vorteile der geänderten Technik sollten durch Messungen bzw. Erfolgskontrollen belegt werden.

6. Bei der Vereinbarung von Ausgleichszahlungen sollte betrachtet werden, daß die Bereitschaft von Landwirten zur Mitarbeit entfallen kann, wenn Zahlungen, die nur als Anreiz geleistet werden, plötzlich wegfallen. Ausgleichszahlungen sollten daher als Vergütung konkreter Leistungen gesehen werden.

7. Es dient nicht der Sache, wenn bereits nach wenigen Monaten große ökologische Erfolge vorgestellt werden. Besonders in der Nitratfrage ist Geduld und Ausdauer gefragt; daher keine Effekthascherei zu Anfang.

8. Zur Reduzierung der PSM-Einträge in die Fließgewässer sind in den Kooperationsgebieten zahlreiche Maßnahmen in Angriff genommen bzw. bereits weitgehend umgesetzt worden. Dazu gehören:

- Verringerung der PSM-Einsatzmengen, insbesondere beim Mais und stattdessen vermehrt Einsatz von Hacke und Striegel

- Aufbringung der Wirkstoffe nicht mehr im Vorauflauf, sondern rechtzeitig im Nachauflauf in mehreren kleinen Gaben

- Anlegung von Uferrandstreifen an Gewässern

- Reduzierung der Wirkstoffmengen in besonders abschwemmungsgefährdeten Lagen

- Verbesserung des Umganges mit den Feldspritzgeräten, insbesondere bei Befüllen, Entleeren und Reinigen; Rückhaltung der Reinigungswässer; ca. 1/3 der Gewässerbelastung wird noch von den Höfen abgeschwemmt.

9. Der Verlauf der PSM-Gehalte in den Gewässern sieht heute teilweise schon wesentlich günstiger aus als früher.

10. Der Gülleeinsatz ist verstärkt auf eine pflanzenbaulich sinnvolle und wasserwirtschaftlich tolerierbare Düngung ausgerichtet worden. Wesentliche Grundlagen dafür sind das Schema des MURL zur Beurteilung von Tierhaltungsbetrieben und die Aufstellung von Düngeplänen oder Schlagkarteien.

11. Hauptproblembereiche für den noch hohen Nitrateintrag in die Gewässer sind die noch zu hohen N_{min}-Gehalte beim Mais nach der Ernte und die schnelle Auswaschung leichter Böden im Winterhalbjahr.

12. Zur Minimierung der Nitrateinträge wird in den Kooperationsgebieten empfohlen, Düngpläne nach Vorgabe der Kammerberatung aufzustellen. Beim Mais wird überwiegend die Sollwertmethode angewandt und die Ergebnisse in Kontrollparzellen überprüft.

Bei der Düngeplanung ist besonders zu beachten:

- Anrechnung der Stickstoffreserven im Boden mit ca. 40 kg N je DE

- Spätdüngung erst nach vorheriger N_{min}-Ermittlung, sie kann oft entfallen

- Aufbringungszeit der Gülle ist einzuschränken; im Herbst nicht nach dem 15. September

- Bindung des Rest-N_{min} (nach der Ernte) durch Zwischenfrüchte, Gründüngung oder Untersaaten

Die erfolgreiche Arbeit in den Kooperationsgebieten hat bis auf wenige Ausnahmen in fast allen Trinkwassergewinnungsgebieten zu ähnlichen Vereinbarungen zwischen Land- und Wasserwirtschaft geführt.

Umsetzung von Strategien zur Vermeidung von Gewässerbelastungen am Beipiel des "Arbeitskreis Ackerbau und Wasser im linksrheinischen Kölner Norden e.V."
B. Fokken und A. Wolf

1 Vorbemerkungen

Das Wasserschutzgebiet des Wasserwerks Weiler der Gas-, Elektrizitäts- und Wasserwerke Köln AG liegt nordwestlich des Stadtgebietes im Bereich der Mittel- und Niederterrasse des Rheines. In dem rund 120 km² großen Einzugsgebiet werden 6000 ha landwirtschaftlich genutzt.

1986 wurde im östlichen Teil des Einzugsgebietes zwischen der GEW-Köln AG und 32 Landwirten ein Arbeitskreis gegründet, der sich zum Ziel gesetzt hat, gewässerschonend zu wirtschaften. Die Arbeitskreismitglieder bewirtschaften ca. 2500 ha landwirtschaftliche Nutzfläche, bevorzugt werden Qualitätsgetreide und Hackfrüchte angebaut.

Um die Gefährdungsmöglichkeiten für das Grundwasser im Einzugsgebiet zu erfassen, wurden für das Schutzgebiet auf der Grundlage der Reichsbodenschätzung Karten (Maßstab 1 : 10 000) erstellt, aus denen die Teilgebiete hervorgehen, die hinsichtlich ihrer physikalischen Eigenschaften (Bodenarten) nur geringen Schutz für das Grundwasser bieten.

Diese Karten waren später auch als Grundlage für die Auswahl von Versuchsflächen, die im Rahmen der Bearbeitung eines vom Umweltbundesamt geförderten Forschungsvorhabens mit dem Titel:

"Untersuchung zur grundwasserschonenden Landwirtschaft unter Berücksichtigung der Forderungen der Wasserwirtschaft im Einzugsgebiet des Wasserwerkes Weiler"

ausgewählt worden sind.

Außerdem werden seit 1987 von den Landwirten Aufzeichnungen über Dünge- und Pflanzenschutzmitteleinzätze (Schlagkarteikarten) den GEW-Werken zur Verfügung gestellt. Diese werden im Hinblick auf unterschiedlich Fragestellungen (Nährstoff-Wirkstoffeinsätze, Standort-, Betriebs-, Gesamtbilanzen etc.) ausgewertet.

Eine dritte Arbeitsunterlage stellen umfangreiche Bodenuntersuchungen dar.

Zu den Bemühungen des Arbeitskreises, den Düngemitteleinsatz zu optimieren, gesellte sich mit der Einführung des Grenzwertes von 0,1 µg/l für Rückstände von PSBM (Pflanzenbehandlungs- und Schädlingsbekämpfungsmittel) im Trinkwasser im Jahre 1989 ein weiterer Arbeitsschwerpunkt.

Die Analytik der Wirkstoffe in den Pflanzenbehandlungsmitteln war nicht selten überfordert. Durch einige falsche Positivbefunde für PBSM im Rohwasser zeichnete sich zeitweise ein beängstigendes Bild für die Trinkwasserversorgung ab. Die Verbesserung und Ausweitung der analytischen Untersuchungsmethoden und die Einführung des Verbotes und der Einsatzbeschränkung bestimmter Mittel trug jedoch letztendlich zu einer sachlichen Betrachtungsweise der PBSM-Problematik bei.

Das bereits genannte Forschungsprojekt trägt neben der PBSM-Problematik auch der Nitrat-Problematik Rechnung. Im folgenden soll über einige Ergebnisse berichtet werden.

2.1 Vorbereitende Untersuchungen und Maßnahmen

Bis 1990 wurden regelmäßige NO_3- und PBSM-Untersuchungen nur auf bewirtschafteten Flächen von Landwirten des Arbeitskreises durchgeführt. Die Ergebnisse wurden 1989 und 1991 in zwei Statusberichten festgehalten.

Für einen Großversuch wurden in Zusammenarbeit mit dem Geologischen Landesamt in Krefeld sechs ausgewählte Parzellen bodenkundlich neu bearbeitet, die Horizontmerkmale erfaßt und die Ergebnisse kartiert. Ein Beispiel für die Kartierung ist aus **Abb. 1** zu entnehmen. Diese Neuaufnahmen waren notwendig, um sowohl hinsichtlich der Aufstellung von Nitratbilanzen auf den einzelnen Versuchsflächen als auch hinsichtlich der Bestimmung von Pflanzenbehandlungsmitteln genauere Berechnungs- und Beurteilungsgrundlagen zu erhalten, als dies mit den vorhandenen Unterlagen aus der Reichsbodenschätzung möglich war. Die Böden der Versuchsflächen repräsentieren 3 typische Bodenarten des Einzugsgebietes (vgl. **Tab. 1**).

Weiterhin sind auf jeder der sechs Versuchsflächen zwei Feldmeßstationen zur Gewinnung von Sickerwässern für die Nitrat- und Pflanzenschutzmittelbestimmungen

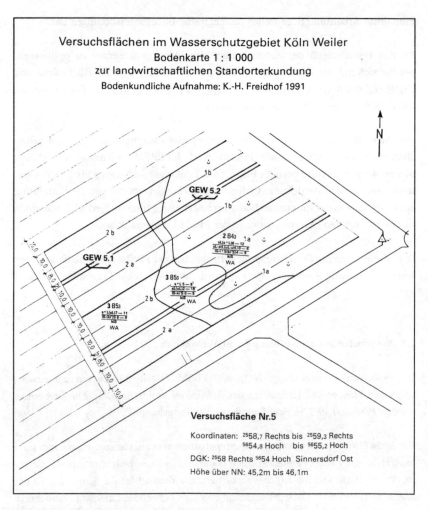

Abb. 1: Versuchsflächen im Wasserschutzgebiet Köln Weiler

eingerichtet worden (**Abb. 2**). In der Mitte einer Versuchsteilparzelle ist ein Holzkasten mit offenem Boden eingegraben worden, von dem rechts und links senkrecht zur Längsachse einer Parzelle zwei Saugkerzenreihen eingegraben und eingeschlämmt worden sind. Jeder Strang besitzt 10 Kerzen, die im Wechsel in einer Kontrollebene zwischen 120 cm und 160 cm abgesenkt wurden. Die Saugkerze haben einen Abstand

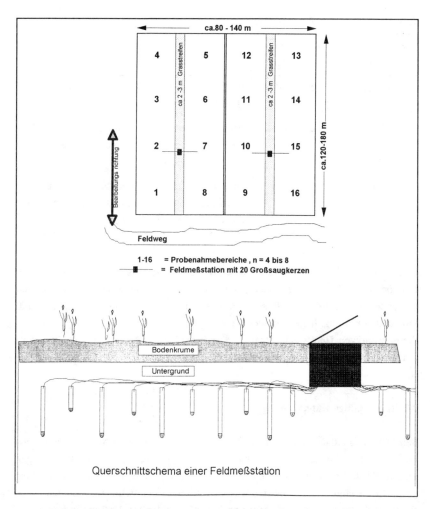

Abb. 2: Schematische Darstellung der Versuchsflächeneinteilung und der Feldmeßstationen

von 1 m untereinander und wurden in Eigenarbeit hergestellt. Es handelt sich im wesentlichen um P 80 Keramikfritten ϕ 49 mm, kombiniert mit einem Glasschaft von ca. 500 bzw. 1000 mm Länge. Zur Verklebung der Materialien wurden mehrere Spezialkleber getestet. Das erzielbare Probenvolumen beträgt bei 10tägiger Saugzeit

Tab. 1: Böden des Einzugsgebietes

Versuchsfläche Nr.	Flächenanteil im WSG	Bodentyp
I, II	ca. 35-40%	Parabraunerden und Braunerden aus Löß, (Pleistozän)
III, VI	ca. 15-20%	Braunerden aus Flugsand bzw. Hochflutsand über Sand und Kies der Niederterrasse (Pleistozän, Holozän)
IV, V	ca. 30%	Braunerden -teilweise pseudovergleyt- aus Hochflutlehm über Sand und Kies der Niederterasse (Pleistozän, Holozän)

im diskontinuierlich Betrieb während der Wintermonate zwischen 70 ml (-0,5 bar) in Lößböden und 200 ml (-0,3 bar) in den sandigen Substraten. Die zu den Kerzen führenden Schläuche aus Teflon zur Probeentnahme und aus PE zur Vakuum- und Druckluftzuführung, liegen in einer Tiefe von ca. 60 cm unter Gelände und damit in der notwendigen Tiefe, um nicht von den Ackergeräten zerstört zu werden. Somit wird ein sehr praxisnaher Versuchsaufbau realisiert.

2.2 Regelmäßige Untersuchungen

Seit Oktober 1990 werden neben den Routineuntersuchungen im Arbeitskreis auf den Großparzellen faktorielle Feldversuche zu gewässerrelevanten Fragestellungen durchgeführt. Es werden regelmäßig Ergebnisse ermittelt, die der Beantwortung gewässerrelevanter und betriebswirtschaftlicher Fragestellungen dienen. Die Feldversuche werden voraussichtlich nach der Getreideernte 1993 abgeschlossen.

3.0 Ergebnisse aus dem Bereich Pflanzenschutzmittel

Im Einzugsgebiet des Wasserwerkes wird eine Vielzahl von PBSM verwendet. Mit Hilfe der uns von den Landwirten zur Verfügung gestellten Schlagkarteikarten, ergänzt durch die jährlichen Verkaufslisten einer landwirtschaftlichen Genossenschaft, konnten die

Wirkstoffe und Substanzen ermittelt werden, von denen größere, beachtenswerte Mengen in den Verkauf gelangen und auch tatsächlich im Schutzgebiet des Wasserwerkes Anwendung finden.

Nach Kenntnis dieses Sachverhaltes wurde mittels einer Multimethode das Grundwasser auf diese Stoffe und auch andere PBSM, insgesamt 140, untersucht. Weil diese sehr breit gestreuten Untersuchungen aber nur wenig ergiebig waren, wurde der Untersuchungsumfang auf bestimmmte Substanzen, zurückgenommen. Zur Zeit werden 53 Wirkstoffe routinemäßig untersucht (vgl. **Tab. 2**).

Bereits vor der Bearbeitung des Forschungsprojektes hatten wir uns intensiv mit der Frage nach der Herkunft der im Grundwasser gemessenen Pflanzenbehandlungsmittel befaßt und festgestellt, daß ein gewisser Anteil der im Grundwasser gefundenen PBSM nur aus dem Rhein stammen konnte und über die Grundwasseranreicherung dorthin gelangte. Die Messungen in den im weiteren Einzugsbereich gelegenen Grundwassermeßstellen zeigten auch, daß neben dem Eintrag über die Anreicherung andere Eintragspfade für PBSM vorhanden sein mußten. Im weiteren wurden Untersuchungen im Grundwasser des Schutzgebietes, einem vorhandenen Bachlauf mit seiner natürlichen Versickerungsanlage, unterschiedlichen Böden, in Sickerwässern und Niederschlägen durchgeführt.

3.1 PBSM-Untersuchungen im Grundwasser

In den letzten zweieinhalb Jahren wurden rund 6300 Einzelbestimmungen im Grundwasser durchgeführt. Wie der **Tab. 3** zu entnehmen ist, werden die 19 Beobachtungspegel in drei Entnahmebereiche - die unter den gegeben örtlichen geohydrolgischen Gegebenheiten ausreichend genau voneinander zu trennen sind! - unterteilt, nämlich in einen rein von der Landwirtschaft beeinflußten, einen von der Bebauung und einen durch ein Oberflächengewässer, den Pulheimer Bach, der im Zentrum des Einzugsgebietes für das Wasserwerk Weiler versickert, beeinflußten Bereich. Das Ergebnis ist für die Wasserwirtschaft und die Arbeitskreislandwirte befriedigend: Im landwirtschaftlichen Bereich werden in 11 Grundwassermeßstellen über einen Zeitraum von mehr als zwei Jahren nur 3 Positivbefunde unterhalb des Trinkwassergrenzwertes ermittelt.

Tab. 2: PBSM-Bestimmungsroutine des GEW-Labors sowie der Durchschnittsverbrauch im Arbeitskreis

Wirkstoff	Nachweisgrenze µg/l	Verbrauch 1988-90 in g/ha	Wirkstoff	Nachweisgrenze µg/l	Verbrauch 1988-90 in g/ha
Alachlor	0,05		Bromoxynil	0,05	6
Atrazin	0,05		2,4-DB	0,05	
Desethylatraz	0,05		Fenoprop	0,05	
Diazinon	0,05		Ioxynil	0,05	15
Diclobenil	0,05		2,4,5-T	0,05	
Metazachlor	0,05		Bromacil	0,05	
Metolachlor	0,05	ca.1-2	Chloridazon	0,05	254
Parathion-eth	0,05	80	Chlortoluron	0,05	47
Propazin	0,05		Desisopropylatra	0,1	
Sebutylazin	0,05		Diuron	0,05	
Simazin	0,05		Isoproturon	0,05	463
Terbutylazin	0,05	ca.1-2	Linuron	0,05	
Trifluralin	0,05	ca.1-2	Methabenzthiazu	0,05	4
Prometryn	0,05		Metobromuron	0,05	
Terbutryn	0,05	240	Metoxuron	0,05	
Triadimefon	0,05		Monuron	0,05	
Triadimenol	0,05	57	Azinphos-ethyl	0,05	
Triallat	0,05	32	Carbofuran	0,05	ca.1-2
2,4-D	0,05	ca.1-2	Hexazinon	0,05	
Bentazon	0,05		Karbutilat	0,05	
Dicamba	0,05		Neburon	0,05	
Dichlorprop	0,05	159	Cycloat	0,05	176
MCPA	0,05	71	Ethofumesat	0,05	115
Mecoprop	0,05	127	Fenpropimorph	0,05	138
Triclopyr	0,05		Metamitron	0,5	390
Dikegulac	0,1		Fluoroxypyr	0,05	3
			Bifenox	0,5	232

Ebenfalls gering war die Grundwasserbeeinträchtigung aus dem Zustrombereich von bebauten Gebieten, jedoch traten PBSM-Befunde im Versickerungsbereich des Pulheimer Baches hervor. Aufgrund dieser Erkenntnisse wurde im Versuchsjahr 91/92 der Pulheimer Bach verstärkt in das Untersuchungsprogramm einbezogen.

Tab. 3: Ergebnisse der 1990 bis 1992 durchgeführten Untersuchungen von PBSM-Wirkstoffen im landseitigen Grundwasser des Wassereinzugsgebietes Weiler (19 Meßstellen, 27 Positivbefunde bei 6317 Einzelbestimmungen, Angaben in µg/l)

Pegelgruppe	Anzahl der Meßstellen	Atrazin	Simazin	Bentazon	Isoproturon	Sonstige
im Bereich von Landwirtschaft	11			(2)-0,08 (1)Spur		
im Bereich von Oberflächenwasserversickerung	4	(1)0,05 (1)Spur	(3)0,05 -0,09	(1)0,05 (3)Spur	(4)-0,31 (1) Spur	4 2
Bebauung im Zustrombereich	4			(1)Spur		2 1

3.2 PBSM-Untersuchungen im Pulheimer Bach

Im Versuchjahr 1991/1992 wurden monatlich PBSM-Untersuchungen im Pulheimer Bach durchgeführt. Ein beispielhaftes Ergebnis ist in **Abb. 3** dargestellt. Es wurden 18 unterschiedlich Wirkstoffe (16 Herbizide, 2 Fungizide) in Konzentrationen bis etwa 2,3 µg/l gefunden. 15 Herbizidwirkstoffe und die Fungizide wirken selektiv und werden wohl ausschließlich in der Landwirtschaft eingesetzt. Diuron als Totalherbizid wird vornehmlich außerlandwirtschaftlich verwendet. Die Anwendung atrazinhaltiger Präparate ist seit März 1991 verboten. 2,4 DB-haltige Präparate werden unseres Wissens seit 1981 nicht mehr in Deutschland vertrieben. Nur 7 der gefundenen Wirkstoffe waren im Anwendungsjahr 1991/1992 mit einer Anwendungsbeschränkung (W-Auflage) in Wasserschutzgebieten versehen. Für alle zugelassenen Wirkstoffe gelten darüberhinaus Anwendungsauflagen bezüglich der Wahrung von Abständen zu Oberflächengewässern bzw. Anwendung auf geneigten Flächen.

Insgesamt fällt auf, daß die Zeiträume des Auftretens von PBSM-Wirkstoffen im Pulheimer Bach recht gut mit den praxisüblichen Applikationsterminen übereinstimmen.

Dem Einfluß der Versickerungsstelle des Baches im Zentrum des Schutzgebietes auf das Grundwasser wird auch künftig eine erhöhte Aufmerksamkeit gewidmet sein.

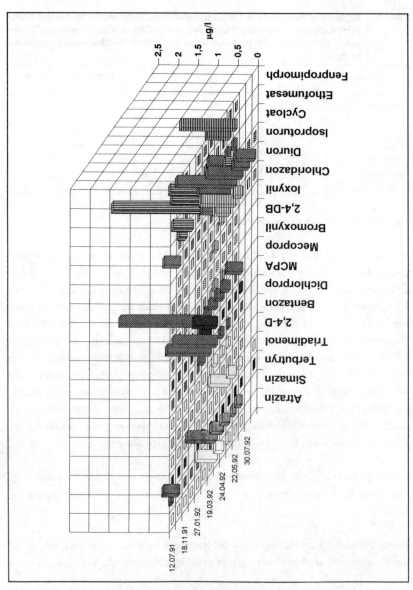

Abb. 3: Ergebnisse von Untersuchungen des Pulheimer Baches (Probepunkt Nr. 7) auf 52 PBSM-Wirkstoffe

3.3 PBSM-Untersuchungen im Boden

Im Vergleich mit der Bestimmung von PBSM im Wasser eröffnen sich für die Analytik dieser Substanzen aus dem Boden erheblich mehr Schwierigkeiten, da die Störeinflüsse durch die Bodenmatrix ein deutlich aufwendigeres und sorgfältigeres Vorgehen erfordern. In **Tab. 4** sind die im Boden analysierten Wirkstoffe der einzelnen Bereiche mit einigen Applikationsdaten und den Wiederfindungsraten zusammengestellt. Ein Vergleich der Applikationsmengen der verschiedenen Wirkstoffe mit den entsprechenden Wiederfindungsraten zeigt in einigen Fällen (bei erhöhten Wiederfindungsraten) (Bifenox, Ethofumesat und Cycloat) deutlich Schwierigkeiten. Diese dürften jedoch weniger in der gaschromatischen-massenspektrometrischen Analytik liegen als vielmehr in der Bodenprobeentnahme, insbesondere im Bereich der ersten

Tab. 4: Zusammenfassende Bilanzierung von PBSM im Boden

Nr.	Bereich	Applikation g/ha	Name der Formulierung	Applikation am	Probenahme am	Wiederfindung g/ha
I	1...8	999 Isoproturon 498 Bifenox	Tolkan-Fox	13.10.1990	07.11.1990	460 737
	9...16	1680 Terbutryn	Igran 500	01.10.1990	07.11.1990	452
II	1...16	792 Cycloat 198 Ethofumesat	Ro-Neet Betanal-Tandem	29.03.1991 14.04.1991	18.04.1991 18.04.1991	458 324
III	1...8	833 Isoproturon 415 Bifenox	Tolkan-Fox	19.10.1990	07.11.1990	271 231
	9...16	1200 Terbutryn	Igran 500	02.10.1990	07.11.1990	317
IV	1...8	833 Isoproturon 415 Bifenox	Tolkan Fox	19.10.1990	07.11.1990	271 196
	9...16	1200 Terbutryn	Igran 500	02.10.1990	07.11.1990	362
V	1...16	720 Cycloat 329 Ethofumesat	Ro-Neet Betanal-Tandem	30.03.1991 08.04.1991	18.04.1991 18.04.1991	536 142
VI	1...16	720 Cycloat 288 Ethofumesat	Ro-Neet Betanal-Tandem	30.03.1991 08.04.1991	18.04.1991 18.04.1991	1164 324

Zentimeter. Ansonsten lassen sich die verminderten Wiederfindungsraten im wesentlichen durch Abbau erklären. Zur Zeit wird an einer Verbesserung der Probenentnahme gearbeitet.

In **Abb. 4** sind zwei Beispiele für die Verteilung der beiden Wirkstoffe Ethofumesat (oben) und Isoproturon in der Tiefe in Abhängigkeit von der Zeit für die Versuchsfläche VI aufgetragen. Für den leichten Auensand sind unterhalb von 30 cm die beiden

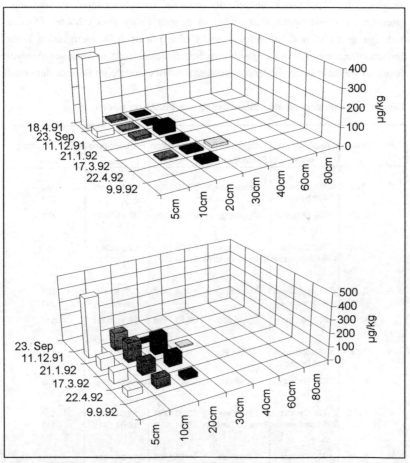

Abb. 4: Ethofumesat- und Isoproturongehalte im Boden der Versuchsfläche Nr. VI, Auensand

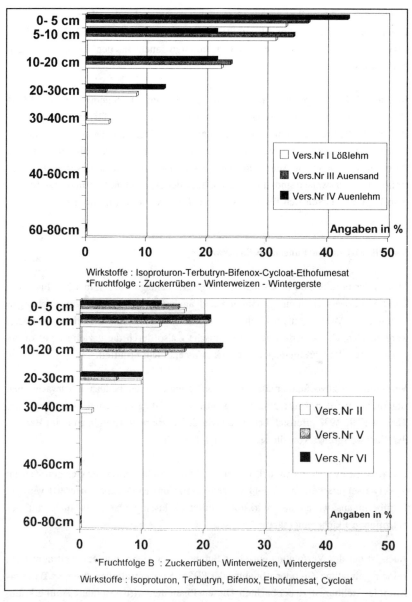

Abb. 5: **Prozentualer Anteil der PBSM-Befunde im Verlauf der Fruchtfolge* A(91/92) und B* (unten) unter Berücksichtigung von Bodenart und -tiefe**

Wirkstoffe nicht mehr nachweisbar. Die augenscheinliche "Verlagerung" von Ethofumesat zwischen Sept. 91 und Dez. 91 ist durch eine Bodenbearbeitung (Pflug) hervorgerufen. Ähnliche Verteilungen konnten auch in den besseren Böden nachgewiesen werden.

In **Abb.** 5 ist die prozentuale Verteilung von fünf als Summe erfaßte PBSM (Isoproturon, Terbutryn, Bifenox, Cycloat und Ethofumesat) für drei ausgewählte Böden - Lößlehm, Auenlehm und Auensand - in Abhängigkeit von der Tiefe und der Fruchtfolge aufgezeichnet. Man erkennt auch hier recht deutlich, daß unterhalb von 30 cm in dem leichten Auensand keine PBSM mehr in beachtenswerten Konzentrationen nachzuweisen sind; das gleiche gilt für den Auenlehm. Nur im besten Boden, dem Lößlehm, lassen sich PBSM bis in eine Tiefe von 40 cm nachweisen.

3.4 PBSM-Untersuchungen im Sickerwasser

Mittels der bereits kurz beschriebenen Saugkerzenanlage wurden in 1,2 m bis 1,6 m Tiefe Sickerwasserproben entnommen und analysiert. Mit diesen Untersuchungen konnten die Messungen im Grundwasser und im Boden im wesentlichen bestätigt werden. Danach wurden bisher systematische - also durch die gezielte Applikation provozierte - Verunreinigungen des Sickerwassers nicht ermittelt.

Vereinzelte Positivbefunde müssen bisher ausnahmslos systembedingten Schwachstellen zugeordnet werden. Ein typisches Ergebnis ist in **Tab.** 5 dargestellt. Hier liegt zum Termin 17.02.1992 offensichtlich eine nicht definierbare Verunreinigung im Bereich der Nachweisgrenze vor, die sich wie folgt darstellt:

Zunächst ist es erstaunlich, daß Rüben- und Getreideherbizide zur gleichen Zeit im Sickerwasser erscheinen, obwohl sie zeitversetzt um ca. 1 Jahr eingesetzt wurden. Darüberhinaus wurde der Wirkstoff Terbutryn bislang überhaupt nicht auf der betroffenen Fläche eingesetzt.

Auch ist bei der Verfolgung einzelner Befunde über einen längeren Zeitraum noch keine regelmäßige Zu- oder Abnahme der PBSM-Konzentrationen, wie sie z.B für das Nitrat feststellbar ist, zu beobachten. Diesem Phänomen wird besondere Aufmerksamkeit gewidmet.

Tab. 5: PBSM-Befunde im Sickerwasser der Versuchsfläche Nr. VI (Kontrollebene in 120 - 160 cm Tiefe)

Datum	Isoproturon	Cycloat	Terbutryn	Ethofumesat	Fenpropimorph	Metamitron	Fluoxypyr	Bifenox
13.01.1992	n.n.	n.n.	n.n.	n.n.	n.n.	n.n.	n.n.	n.n.
17.02.1992	0,06	n.n.	0,06	0,1	n.n.	n.n.	n.n.	n.n.
18.03.1992	n.n.	n.n.	n.n.	n.n.	n.n.	n.n.	n.n.	n.n.
30.03.1992	n.n.	n.n.	n.n.	n.n.	n.n.	n.n.	n.n.	n.n.
23.04.1992	n.n.	n.n.	n.n.	0,05	n.n.	n.n.	n.n.	n.n.
26.05.1992	n.n.	n.n.	n.n.	n.n.	n.n.	n.n.	n.n.	n.n.
30.06.1992	n.n.	n.n.	n.n.	n.n.	n.n.	n.n.	n.n.	n.n.
27.07.1992	n.n.	n.n.	n.n.	n.n.	n.n.	n.n.	n.n.	n.n.
25.09.1992	n.n.	n.n.	n.n.	n.n.	n.n.	n.n.	n.n.	n.n.

3.5 PBSM-Untersuchungen im Regenwasser

Bereits im Sommer 1988 wurden über einen Zeitraum von 4 Monaten Regenwasserproben auf Pflanzenbehandlungsmittel im Bereich des Wasserwerkes Weiler untersucht. Mit Aufnahme der Forschungsarbeiten im Jahre 90/91 wurde eine neue Untersuchungsserie begonnen (14 Monate). Damals wie heute sind PBSM-Konzentrationen in einzelnen Regenwassermengen von deutlich über 0,1 µg/l festgestellt worden.

Wie Abb. 6 zu entnehmen ist, treten bei 15 von 52 gemessenen Wirkstoffen vereinzelt, im wesentlichen während der Applikationszeit, Spitzenbelastungen von bis zu 0,5 µg/l in einzelnen Regenmengen auf. Diese Mengen dürften jedoch bei dem Versuch, PBSM-Bilanzen für die Versuchsflächen und das Gesamteinzugsgebiet des Wasserwerkes Weiler aufzustellen, von recht untergeordneter Bedeutung sein.

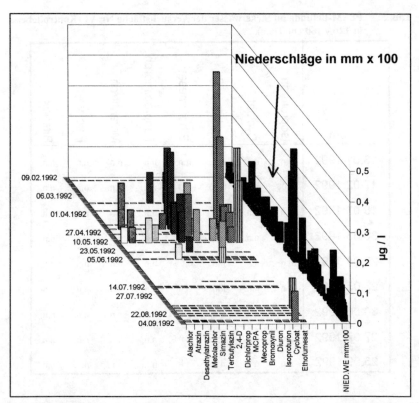

Abb. 6: PBSM-Befunde im Niederschlagswasser Wwk Weiler von 2/92 bis 9/92

4 Nitrat

Im Bereich "Nitrat" wurden Untersuchungen sowohl in Pflanzen und Böden sowie in Grund-, Sicker- und Niederschlagswässern durchgeführt. Der Schwerpunkt der Arbeiten liegt jedoch in der Prüfung bestimmter landwirtschaftlicher Verfahren auf ihre Eignung bezüglich des Gewässerschutzes. Ein aus unserer Sicht effizientes Verfahren soll später hier vorgestellt werden.

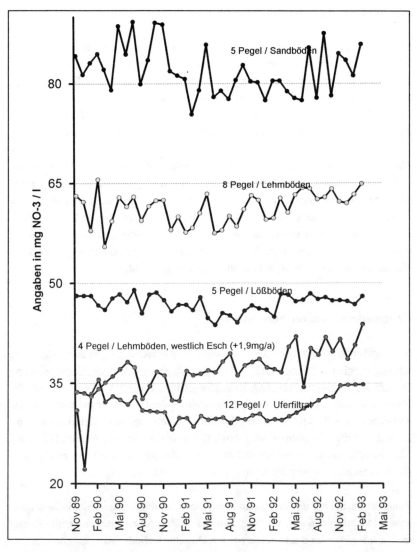

Abb. 7: Monatliche Nitratmessungen, Weiler; Auswertung nach Pegelgruppen

4.1 Nitratmessungen im Grundwasser

Obwohl die Zusammenarbeit zwischen den Landwirten und der GEW-Werke Köln AG schon seit mehr als 6 Jahren besteht, kann man noch nicht von einer Umkehr bzw. Entspannung der Nitratbelastungssituation in den landwirtschaftlich genutzten Bereichen des untersuchten Einzugsgebietes sprechen. Wie **Abb. 7** zeigt, steigen in Teilbereichen die Nitratgehalte im Grundwasser nach wie vor um 1 - 2 mg NO_3/l und Jahr an, und das gerade dort, wo bisher relativ niedrige Werte gemessen wurden.

Diese Entwicklung ist bei näherer Betrachtung auch nicht sonderlich überraschend, wenn man bedenkt, daß zu Beginn einer Versickerungsperiode in dem in Rede stehenden Bereich langfristig nur etwa 20 - 30 kg N_{min}/ha in einer Bodenschicht von 0 - 90 cm enthalten sein dürfen, um den TVO-Grenzwert von 50 mg NO^3/l in Sicker- und Grundwasser nicht zu überschreiten. Derart niedrige Werte lassen sich aber nach unseren Erfahrungen nur in bestimmten Fruchtfolgen und bei Anwendung besonderer Verfahren erzielen, worauf im folgenden eingegangen wird:

4.2 Untersuchungen zur Nitratdynamik

Basierend auf den mittlerweile recht umfangreichen Forschungsergebnissen <u>wurde von uns deshalb ein gewässerschonendes Anbauverfahren entwickelt, dem kurz der Name "Kölner Mulchsaatverfahren" (KMV) gegeben wurde.</u> Das KMV ist ein aus Sicht des Gewässerschutzes optimiertes Mulchsaatverfahren in der Fruchtfolge zwischen Getreide und einer anschließenden Sommerhackfrucht (z.B. Getreide - Mais, Getreide - Rüben). Im Rahmen diese Verfahrens wird durch Einhaltung bestimmter Arbeitsabläufe der Nitrathaushalt derart beeinflußt, daß das Nährstoffangebot für die Pflanzen und auch die Auswaschung im jeweiligen Sinne positiv beeinflußt werden.

Zentraler Bestandteil des Verfahrens ist eine Sommerpflugfurche zum Zwischenfruchtanbau (Nichtleguminose), wodurch optimale Aufwuchsbedingungen (entsprechend niedriger Stickstoffeintrag) erreicht werden. Die schnelle Bodenbedeckung unterdrückt die Unkrautkonkurrenz und fördert die Schattengare. Die Zwischenfrucht wird im Winter zerkleinert, wodurch man das Abfrieren der Bestände unterstützt.

Im Zeitraum zwischen Januar und der Aussaat der Hauptfrucht sollte dann eine flache Bodenbearbeitung erfolgen, damit die Strohreste der Zwischenfrucht die anschließende

Saat nicht behindern; außerdem erfolgt eine - zu diesem Zeitpunkt schon gewünschte - Mineralisierung.
Zur Saat liegt in der Regel eine sehr günstige N-Verteilung vor, siehe **Tab. 6**.

Tab. 6: Vergleichende N_{min}-Untersuchungen zum Märztermin zu Zuckerrüben n=2

Versuchsfläche (Nr.)	Tiefe	I	III	IV	ϕ	30-90cm gesamt	
Mulchsaat	0-30 cm 30-60cm 60-90cm	33,85 11,38 4,30	17,40 5,75 2,75	39,70 6,85 3,47	30,32 7,99 3,51	11,50	41,82
konv. Zf.-anbau	0-30cm 30-60cm 60-90cm	21,55 16,60 10,75	16,20 10,00 4,95	20,80 16,20 8,70	19,52 14,27 8,13	22,40	41,92

Die Gewässerschutzeffekte, die sich mit diesem Verfahren erzielen lassen, können auch durch Ergebnisse vergleichender N_{min}-Untersuchungen zu Beginn der winterlichen Versickerungsperiode dokumentiert werden (**Tab. 7**).

Tab. 7: N_{min}-Gehalte im Boden der Praxisflächen des "Arbeitskreises Ackerbau und Wasser im linksrheinischen Kölner Norden e.V." vor Beginn der Sickerperiode im Nov./Dez. (0-90 cm)

Fruchtfolge/Jahr	1989	1990	1991	1982	ϕ
Getreide nach Getreide	81,6	43,2	53,7	47,8	56,6
Getreide nach Zuckerrüben	69,6	59,8	37,3	31,6	49,6
Brache	83,2	64,2	62,9	58,4	67,2
Zwischenfrucht	30,0	18,8	38,5	16,8	26,0
KMV		17,7*	20,2**	8,5***	15,5

* = ϕ der 3 Versuche
** = ϕ der 3 Versuche und 3 Praxisschläge   *** = ϕ von 11 Praxisschlägen

Für den Nitratdurchgang in 75 cm Tiefe ergibt sich für den Zeitraum von 2 Jahren in der Fruchtfolge Gerste-KMV z.B. folgendes Bild (**Abb. 8**). Die Nitratgehalte in der Kontrollebene im Sickerwasser (120 -160 cm) der entsprechenden Versuchsfläche im Winterhalbjahr 91/92, sind aus **Abb. 9** zu entnehmen.

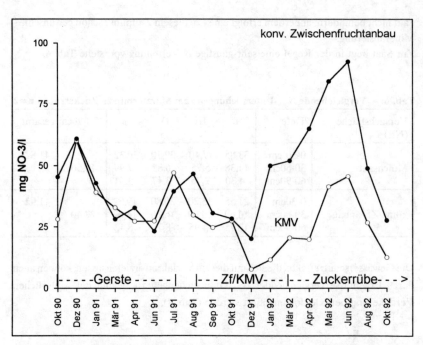

Abb. 8: Nitratgehalte im Bodenwasser der Versuchsfläche Nr. 1, Löß; Tiefe 75 cm

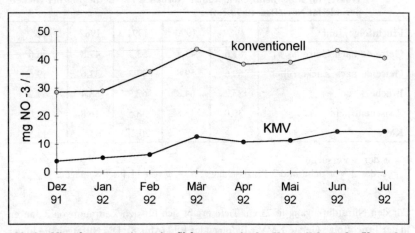

Abb. 9: Nitratkonzentrationen im Sickerwasser in der Kontrollebene der Versuchsfläche Nr. I

Die Nettomineralisationsraten für das Verfahren sind im Vergleich mit der konventionellen Variante ausgeglichen, die bereinigten Erträge lagen in den Jahren 90/91 sowie 91/92 um etwa 5 -10 % höher als in den konventionellen Vergleichsvarianten. Auch die Folgefrüchte zeigen bisher deutlich bessere Erträge.

5 Zusammenfassung

Obwohl einige Untersuchungsreihen im Rahmen der Bearbeitung des Forschungsprojektes noch nicht abgeschlossen worden sind, läßt sich bereits heute feststellen, daß das ursprünglich für die Wasserwirtschaft als kaum oder nur schwer lösbar erscheinende PBSM-Problem in dem rund 120 km² großen Einzugsgebiet des Wasserwerkes Weiler offensichtlich nicht die ihm anfänglich zugemessene Bedeutung hat. Der diffuse Eintrag von PBSM über den Boden ist wesentlich geringer als angenommen. Hingegen sind Oberflächengewässer sehr viel stärker potentiellen Kontaminationen ausgesetzt. Deshalb ist aus unserer Sicht die strikte Einhaltung der Anwendungsbestimmungen der BBA zu fordern, um so Gewässerverunreinigungen zu vermeiden.

Befremdend wirkt auch die Tatsache, daß offenbar heute noch vereinzelt Pflanzenbehandlungsmittel zur Anwendung kommen, die verboten oder mit einer W-Auflage bedacht sind. Es wird daher noch insgesamt großer gemeinsamer Anstrengungen bedürfen, um diese Mißstände zu beseitigen. Die bisher erzielten Ergebnisse im Bereich PBSM lassen jedoch hoffen, daß dieses Problem in absehbarer Zeit lösbar ist.

Bleiben wird jedoch bis mit über das Jahr 2000 hinaus das Nitratproblem. Hier muß von allen Beteiligten noch deutlich mehr Arbeit geleistet werden, als dies bisher der Fall ist. Als ein vielversprechender Ansatz zur Lösung des Nitratproblems ist das "Kölner Mulchsaatverfahren" anzusehen, das im Einzugsbereich des Wasserwerkes Weiler seit 2 Jahren mit Erfolg in die praktische Landwirtschaft eingeführt wird.

Themenkomplex 2: Beschleunigte Realisierung von Vermeidungsmaßnahmen

Erwartungen an die Landwirtschaft aus der Sicht der Trinkwassergewinnung aus Oberflächengewässern
U. Müller-Wegener

Durch intensive landwirtschaftliche Tätigkeit gelangen Problemstoffe in die Umwelt, die bei landwirtschaftlichem Handeln in großen Mengen eingesetzt werden: die Düngerstoffe Phosphat und Nitrat sowie die Wirkstoffe des chemischen Pflanzenschutzes, von denen zur Zeit ca. 220 zugelassen sind. Betrachtet nach ausgebrachter Menge und physikalisch-chemischen Eigenschaften sind allerdings nur ca. 20 von ihnen als Wasserkontaminanten von überregionaler Relevanz.

Die Eintragspfade für diese drei Hauptkomponenten für Kontaminationen des Oberflächenwassers sind unterschiedlich. So werden Phosphat und weniger lösliche Pflanzenschutzmittel nach dem Ausbringen auf der Ackerfläche mit dem oberflächlich abschließenden Wasser (run-off) in die Vorfluter abgespült. Nitrat und besser lösliche Pflanzenschutzmittel werden hingegen über den Zwischenabschluß und, soweit vorhanden, die Dränage in die nächsten Vorfluter eingetragen.

Im Folgenden soll die Betrachtung auf Pflanzenschutzmittel eingeengt werden. Für Nitrat und Phosphat ist jeweils mit einer Gruppe der Pflanzenschutzmittelwirkstoffe von kongruentem Verhalten auszugehen.

Bei der Betrachtung der Eintragspfade von der Ackerfläche in das Trinkwasser sind mehrere grundsätzlich unterschiedliche Wege zu unterscheiden:

- der Wirkstofftransport nach der Ausbringung auf die Oberfläche durch den humusreicheren Horizont des Oberbodens, wo in aller Regel schon große Anteile gebunden, durch die Pflanzen aufgenommen oder abgebaut werden, in den humusärmeren Unterboden. Von hier aus kann der Wirkstoff dann mit dem abwärts sickernden Wasser in den Grundwasserkörper eingetragen werden.
Bei diesem Pfad sind besonders solche Substanzen von Bedeutung, die über eine sehr gute Wasserlöslichkeit und eine gewisse Persistenz verfügen und im Oberboden wenig adsorbiert werden. Der humusarme Unterboden bildet dann keinen

ausreichenden Schutz mehr für das Grundwasser, da hier in aller Regel die Adsorption geringer ist.

- Ein zweiter Weg für chemische Substanzen aus der landwirtschaftlichen Anwendung verläuft über das Oberflächenwasser. Nach der Ausbringung können die Wirkstoffe mit dem oberflächlich abfließenden Niederschlagswasser (run-off) in den nächsten Vorfluter eingetragen werden. Dieses kann sowohl in gelöster Form erfolgen, als auch adsorbiert an abgetragene Bodenpartikel.

- Ein weiterer Eintragspfad in das Oberflächenwasser beinhaltet eine, wenn auch sehr kurze, Bodenpassage. Nach dem Eindringen der Wirkstoffe mit dem Niederschlagswasser in den Oberboden können sie über Dränagen gesammelt und abgeführt werden. Es ist herauszustellen, daß hier nur solche Dränagen von Relevanz sind, die Stauwasser aus den Flächen abführen. Wird hingegen hoch anstehendes Grundwasser abgeleitet, so ist die Fracht, die über die skizzierten Eintragspfade in das Oberflächenwasser eingetragen wird, von nur geringerer Bedeutung.

- Als letzte Möglichkeit eines Eintrages in Oberflächengewässer ist der Transport über den Zwischenabfluß (Interflow) anzusehen. Ebenfalls nach einer kurzen Bodenpassage wird das sich sammelnde Sickerwasser auf verdichteten Schichten parallel zur Oberfläche dem nächsten Vorfluter zugeführt.

Für die skizzierten Wege des Eintrages von Pflanzenschutzmittelwirkstoffen in das Oberflächenwasser sind drei Einflußfaktoren von Bedeutung:

- *Standorteigenschaften* mit Bodeneigenschaften, Geländemorphologie, Niederschlag und der Art der angebauten und behandelten Kultur
- die *chemisch-physikalischen Eigenschaften* der Wirkstoffe, die auf den betrachteten Flächen eingesetzt werden, sind mit den drei Begriffen Wasserlöslichkeit, Adsorptionsverhalten und Persistenz zu umschreiben.
- *Anwendungspraxis*, also die Frage wann, wieviel mit welcher Methode ausgebracht wird.

Bei der Betrachtung der *Standorteigenschaften* sind zunächst die Bodeneigenschaften hervorzuheben. Die Infiltrationskapazität eines Bodens (beschrieben z.B. durch Bodenart, Gefügestabilität und Vorfeuchte) hat einen ähnlich großen Stellenwert wie sein Gehalt an organischer Substanz. Letzterer ist allerdings nur für solche Wirkstoffe von Interesse, die bevorzugt an die Humussubstanz sorbiert werden, also besonders solchen mit unpolarer Struktur. Die Geländemorphologie nimmt mit den beiden Größen Hangneigung und Hanglänge Einfluß auf die Menge des run-off. Erst wenn größere Hanglängen vorhanden sind, kann mit der erhöhten Menge ablaufenden Wassers eine Gefährdung der Vorfluter eintreten. Einen ähnlichen Einfluß weist die Hangneigung auf. Auf der Oberfläche gesammeltes Wasser wird sich erst bei einer ausreichenden Hangneigung, deren Größe allerdings sehr stark von der Oberflächenrauhigkeit abhängig ist, hangabwärts in Bewegung setzen.

Auch der Niederschlag nimmt mit einer Reihe von Größen direkt Einfluß auf eine mögliche Gefährdung des Oberflächenwassers. Dabei sind die Niederschlagsmengen und die Verteilung bedeutend. Schon kurzzeitige Starkniederschläge können zu erheblichem Oberflächenabfluß führen, ebenso wie langanhaltende schwache Niederschläge, wenn sie auf gut durchfeuchteten Boden treffen. Weiterhin sind besondere Ereignisse zu beachten, wie etwa die Schneeschmelze im Frühling.

Abgesehen von diesen relativ gut erfaßbaren Standorteigenschaften können natürlich auch solche kleinräumigen Veränderungen wie etwa tiefe Einschnitte im Gelände, Senken oder andere bevorzugte Übertrittsstellen eine sehr große Bedeutung spielen. Diese sind allerdings großflächig nur schwer zu erfassen.

Bei den *physikalisch-chemischen Eigenschaften der Wirkstoffe* steht die Wasserlöslichkeit zunächst im Vordergrund. Ist diese hoch, so wird schon durch die Befeuchtung durch den nächtlichen Tau der auf die Oberfläche aufgetragene Wirkstoff gelöst und, wenn auch sehr langsam, in die Tiefe verlagert. Der Wirkstoff ist damit dem Oberflächenabfluß zum Teil entzogen. Auch die Bindungsfähigkeit an organische Substanz und Tonpartikel ist für eine mögliche Verlagerung von großer Bedeutung: Wird der Wirkstoff gut gebunden, so können erst solche Niederschläge zu einer Verlagerung in das Oberflächengewässer beitragen, die neben abfließendem Wasser auch Bodenmaterial transportieren. Weniger adsorbierte Wirkstoffe werden hingegen in gelöster Phase mit dem Wasser abtransportiert, unabhängig davon, ob der Niederschlag ausreicht, um auch Bodenpartikel abschwemmen zu können.

Pflanzenschutzmittelwirkstoffe mit geringer Persistenz können zwar in das Oberflächenwasser eingetragen werden, wo sie aber relativ rasch einem Abbau unterliegen, so daß sie auch für nähergelegene Wasserwerke eine geringere potentielle Gefährdung darstellen. Zudem ist die Ausgangskonzentration für die mögliche Verlagerung geringer, da schon auf der Fläche ein gewisser Abbau stattgefunden hat. Da eine hohe Persistenz von Wirkstoffen in der Regel mit einer geringeren Wasserlöslichkeit gepaart ist (d.h. die Verbindungen weisen eine geringe Polarität auf) ist für diese Wirkstoffe auch zumeist eine hohe Bindungsfähigkeit an die organische Substanz festzustellen, wodurch sie weniger abschwemmungsgefährdet sind. Es müssen daher besonders solche Wirkstoffe als kritisch angesehen werden, die über eine *mittlere Wasserlöslichkeit*, eine *mittlere Bindungsfähigkeit* und eine *mittlere Persistenz* verfügen.

Abschließend bleibt die *Anwendungspraxis* zu diskutieren. Werden die Wirkstoffe zu bestimmten Jahreszeiten angewendet, z.B. Frühjahrsanwendung oder Herbstanwendung, so hat dies auf deren Verfügbarkeit für ein mögliches run-off-Ereignis große Bedeutung. Nach einer Herbstanwendung liegen die Wirkstoffe zumeist unverändert das gesamte Winterhalbjahr über auf der Bodenoberfläche. (Der Abbau ist im Winter durch niedere Temperaturen geringer.) Im weiteren hat die Aufwandmenge, sowohl diejenige die pro Hektar als auch jene, die im gesamten Einzugsgebiet absolut ausgebracht wird, eine entscheidende Bedeutung für die Wirkstoffkonzentration in den sammelnden Hauptvorflutern. Steigerungen der flächenbezogenen Aufwandmenge eines bestimmten Wirkstoffes gehen immer mit einer Erhöhung der Gefährdung bezüglich einer oberflächlichen Abschwemmung einher.

Von hervorragender Wichtigkeit für die Beurteilung des Verhaltens der einzelnen Wirkstoffe sind auch die Ausbringungsmethoden. Werden die Wirkstoffe auf den unbewachsenen Boden appliziert (im Vorauflauf), so sind sie einem möglichen Oberflächenabfluß sehr viel stärker ausgesetzt, als Wirkstoffe, die in den geschlossenen Bestand appliziert werden. Auch eine Einarbeitung der Wirkstoffe nach der Ausbringung entzieht sie rasch und weitgehend möglichen Oberflächenabflußereignissen.

Der run-off und die Dränage bzw. der Zwischenabfluß sind somit die Haupteintragspfade für Wirkstoffe in das Oberflächenwasser. Für den run-off werden sehr hohe Konzentrationen gemessen, die allerdings zumeist mit geringeren Wassermengen verbunden sind. Diese Konstellation führt zu kurzzeitig erhebliche Belastungen in den Gewässern. Die Dränage hingegen führt in der Regel deutlich geringere Konzentrationen aus den Flächen ab (der Faktor zum Oberflächenabfluß beträgt 0,1 bis

0,01), diese allerdings über längere Zeiträume, was durch geringere Schwankungen in der Konzentration der Vorfluter dokumentiert wird. Absolut wird durch den Austrag mit der Dränage ein deutlich größeres Wasservolumen durch die Wirkstoffe in allerdings geringerer Konzentration kontaminiert. In einem untersuchten Spezialfall, es handelte sich um ein Wassereinzugsgebiet eines großen Wasserwerkes, das für die Grundwasseranreicherung Oberflächenwasser versickert, stellte sich die quantitative Verteilung der Einträge aus run-off einerseits und Dränage bzw. Zwischenabfluß andererseits als etwa gleichwertig dar.

Eine Reihe weiterer Möglichkeiten für den Eintrag von Pflanzenschutzmittelwirkstoffen in das Oberflächenwasser ist gegeben. Ihre Aufzählung soll hier gleichzeitig mit einem Vorschlag zur Abhilfe kombiniert werden, da es sich in der Regel um einfach zu verstopfende Eintragspfade handelt.

- Hier ist zunächst die direkte Mitbehandlung von Vorflutern zu nennen. Bei der Ausbringung von Pflanzenschutzmitteln wird durch das Wenden mit dem Spritzgestänge über den Vorfluter durch nachtropfende Spritzen oder sogar durch das unterlassene Ausstellen der Spritzen Wirkstoff direkt in den Vorfluter eingetragen. Dieses ist von erheblicher Bedeutung auch dann, wenn der Vorfluter zur Zeit der Applikation kein Wasser führt und leicht durch achtsamen Umgang abzustellen.

- Ebenso ist die Abdrift in den Vorfluter zu bewerten. Auch hier werden die Wirkstoffe direkt in das Wasser oder aber an die Böschungen appliziert, wo sie beim ersten Niederschlag abgewaschen werden.

- Unfälle kommen immer noch bei der Zubereitung der Spritzbrühe vor. Besonders ist hier darauf hinzuweisen, daß die Zubereitung der Spritzbrühe nicht mehr auf Brücken über Fließgewässern erfolgt. Eventuell überlaufende Spritzbrühe gelangt dort unmittelbar in das Gewässer.

- Auch die Reinigung des Spritzgerätes nach der Verwendung stellt ein Problem dar. Werden Spritzgestänge und Schlepper mit einem Hochdruckstrahler gereinigt, so kann das abfließende Waschwasser erhebliche Konzentrationen an Wirkstoffen enthalten. Wird es dann auf den versiegelten Flächen gesammelt und direkt über den Hofabfluß in den nächsten Vorfluter eingeleitet, so kommt es auch dadurch zu erheblichen Konzentrationsspitzen, besonders wenn davon ausgegangen wird, daß diese Reinigung mehr oder weniger zeitgleich von einer Vielzahl Landwirten in einem Einzugsgebiet durchgeführt wird. Die Ableitung dieses Waschwassers in die Güllegrube wird daher empfohlen. Die Wirkstoffe werden dann in einer erheblich verdünnten Konzentration mit der Gülle auf landwirtschaftlich genutzten Flächen ausgebracht.

Neben diesen, zumindest theoretisch einfacher zu verstopfenden Eintragspfaden sind die auf den Hauptkontaminationspfaden run-off und Dränage bzw. Zwischenabfluß in die Vorfluter gelangenden Pflanzenschutzmittel nur schwerer zu reduzieren. Für den run-off bestehen zwei prinzipiell unterschiedliche Möglichkeiten. Es kann

- durch kulturtechnische Maßnahmen verhindert werden, daß sich auf der Fläche bildendes Wasser in Bewegung setzt, was zumeist auf Böden mit geringer Infiltrationskapazität der Fall ist und in die Vorfluter gelangt.
- verhindert werden, daß sich im von der Fläche abfließenden Wasser bezüglich Konzentration und Fracht kritische Mengen Pflanzenschutzmittel befinden.

Die angesprochenen kulturtechnischen Maßnahmen können sehr unterschiedlicher Natur sein. So sind in der Diskussion:

- konservierende Bodenbearbeitung
- Direktsaat
- Zwischenfruchtanbau
- Untersaaten im Mais
- Konturbearbeitung
- Schutzstreifen im Maisanbau
- Verringerung der Unterbodenverdichtung durch Änderung des maschinellen Einsatzes
- mechanische Beseitigung der Unterbodenverdichtung

Es sind hier einige solcher Hinweise zusammengestellt, die auf unterschiedlichen Standorten bei unterschiedlichen Kulturen schon heute angewandt werden. Es muß allerdings deutlich hervorgehoben werden, daß es sich hier nur um eine kleine Auswahl möglicher Maßnahmen handelt und diese nicht generell für alle Standorte und alle Kulturen empfohlen werden können.

Neben den vorgenannten Methoden, die alle dazu führen, daß die Oberflächenrauhigkeit zunimmt und damit sich bildendes Wasser nicht mehr oder nur in geringerem

Maße abfließt, stehen solche, die eine Verringerung der Konzentration der Pflanzenschutzmittelwirkstoffe im abfließenden Wasser beinhalten.

- mechanische Unkrautbekämpfung
- Minimierung des Pflanzenschutzmitteleinsatzes (gleiche biologische Wirksamkeit der eingesetzten Pflanzenschutzmittel bei geringeren Aufwandmengen pro Hektar)
- Flächen mit besonderen Übertrittsstellen für belasteten Oberflächenabfluß aus der Anwendung von Pflanzenschutzmitteln nehmen.
- stark geneigten Flächen aus der Anwendung von Pflanzenschutzmitteln nehmen
- Bewirtschaftung bis zum Böschungsrand führt ebenfalls zu einem verstärkten Eintrag von Pflanzenschutzmitteln in die Vorfluter. Daher sollte zumindest auf die Anwendung von Pflanzenschutzmitteln im direkten Einflußbereich der Vorfluter verzichtet werden (Dies ist zudem in der BBA-Auflage 230 und 630 gefordert).
- strikte Vermeidung von punktförmigen Einträgen, wie sie durch Unfälle erfolgen
- Der Einsatz schnell abbaubarer Pflanzenschutzmittel führt, bei einer nicht zu vermeidenden Kontamination des Oberflächenwassers, wenigstens zu einem gewissen Schutz für nähergelegene Wasserwerke, da die Wirkstoffkonzentration sich bis zum Eintreffen des Wassers im Wasserwerk durch Abbau vermindert. Allerdings muß dann darauf hingewirkt werden, daß die gebildeten Abbauprodukte ebenfalls rasch weiter mineralisiert werden. Abbau kann in diesem Zusammenhang also nicht bedeuten, daß in einem einleitenden Schritt eine Umwandlung erfolgt, dann allerdings die Veränderung der Chemikalien nicht mehr weiterläuft und sich dafür persistente Abbauprodukte bilden.
- Die Einrichtung von Uferrandstreifen in ausreichender Breite in solchen Bereichen, in denen die Gefahr von oberflächlicher Abschwemmung besteht, ist sinnvoll. Allerdings dürfen diese Randstreifen dann nicht zur Entwässerung der angrenzenden Schläge mit Durchstichen versehen werden. Dieses wird mit Sicherheit zu einem gewissen Ertragsverlust durch stehendes Wasser auf den Flächen führen.

Abschließend ist hinsichtlich der Dränagen zu fordern, daß eine weitere Dränierung von Flächen zur Abführung von Stauwasser unterbleiben sollte. Weiterhin muß die Rückführung von solchen Ackerflächen in Grünland erwogen werden, auf denen zur Abführung von Stauwasser Dränagen gelegt wurden.

Der Schutz des Oberflächenwassers vor Einträgen aus der Landwirtschaft ist sicherlich ein aufwendiges Unterfangen, aber, nach Erkenntnis der Notwendigkeit, eine durchführbare Aufgabe, die allerdings nur von den beteiligten Gruppen gemeinsam zu lösen ist.

Erwartungen an die Landwirtschaft aus der Sicht des Schutzes aquatischer Ökosysteme
G. Friedrich

Störungen und Schädigungen der aquatischen Ökosysteme - Fließgewässer, Seen und Talsperren einschließlich der von ihnen abhängigen Auen - erfolgen durch

1. Veränderungen der Gewässergestalt

- Veränderung des Wasserhaushalts, vor allem Grundwasserabsenkung auf Draintiefe mit erheblicher Eintiefung der Fließgewässer und Absenkung der Seewasserspiegel, verbunden mit Austrocknung gewässerabhängiger, wechselfeuchter Flächen
- rein technischer Ausbau mit Verlust an inneren Strukturen, Verkürzung und Begradigung der Wasserläufe
- Veränderung des Abflußgeschehens mit Verschärfung der Trockenwettersituation.

Durch die Reduzierung der Fließgewässer auf das Gerinne und ihre Eintiefung entsteht eine Abkoppelung der Gewässer von ihrem Umland. Die Folgen sind vor allem in der Verarmung der Landschaft an typischen Landschaftsbestandteilen und Lebensgemeinschaften zu sehen, insbesondere im Verlust gewässerabhängiger Lebensgemeinschaften bzw. einzelner Arten. Dies gilt nicht nur für die überall genannten Fische, Lurche und Vögel, sondern auch für die vielfältigen Niederen Tiere und Pflanzen. Zu den Folgen der Abkoppelung der Fließgewässer von ihrer Aue ist auch die biologische Verarmung von solchen Tieren zu rechnen, die nur einen Teil ihres Lebenszyklus im Wasser verbringen, den anderen Teil aber an Land in den dafür geeigneten Strukturen z.B. der Ufervegetation leben müssen, um weiter existieren zu können. Daraus ergibt sich u.a., daß auch die natürlichen Uferstrukturen mit ihrer typischen Vegetation beachtet werden müssen.

Trockenlegung der Auen ist mit Laufverkürzung verbunden. Das hat dazu geführt, daß die erforderlichen Querbauwerke in den meisten Fließgewässern biologische Barrieren bilden.

2. Veränderungen der Wasserbeschaffenheit

- Eintrag von Nährstoffen und Pflanzenbehandlungsmitteln
- direkt bei der Aufbringung oder

- indirekt durch Abschwemmung bzw. über Drainauslässe
- indirekt verstärkter Eisenaustrag aus den Böden und Verockerung der betroffenen Gewässer.

Der **Eintrag von Nährstoffen** hat die entsprechende Verstärkung der pflanzlichen Produktion mit Förderung einiger Arten und Unterdrückung weniger wuchsfreudiger Arten zur Folge. Diese "Eutrophierung" hat in stehenden und gestauten Gewässern Massenentwicklungen von Planktonalgen zur Folge. In Fließgewässern gibt es neben Massenwuchs weniger Pflanzenarten mit Behinderung des Abflusses ebenfalls Verschiebungen des Arteninventars mit Reduzierung der Artenvielfalt. Die Bekämpfung der Verkrautung hat intensive, teure Maßnahmen der Unterhaltung erforderlich gemacht, die immer wieder zu erheblichen Eingriffen in die Gewässerbiozönosen führen. Letztlich bedeutet Eutrophierung Verarmung der Landschaft.

Darüberhinaus darf nicht übersehen werden, daß immer wieder Fischsterben als Sekundärfolgen der Eutrophierung zu beklagen sind. Sie sind politisch umso brisanter, je mehr die Gewässerbelastung durch Abwasser zurückgeht.

Pflanzenbehandlungsmittel führen bei plötzlich hohen Konzentrationen zu akuten Schäden an den Biozönosen, die ihren dramatischen Ausdruck in Fischsterben haben. Darüberhinaus treten chronische Schäden auf, die sich im Verschwinden vieler und in der Beeinträchtigung der Fortpflanzung mancher, empfindlicher Arten ausdrücken.

Die Intensivierung der Landnutzung durch die moderne Landwirtschaft hat zu Schäden und Belastungen der Gewässer geführt, die nach Intensität und Ausdehnung mit den z.T. gleichartigen Beeinflussungen der vorangegangenen Jahrhunderte nicht mehr vergleichbar sind. Die damit verbundene Verarmung der Landschaft hat notwendigerweise entsprechend massive Forderungen an die Landbewirtschaftung zu Folge.

Aus der Sicht des Schutzes der aquatischen Ökosysteme erscheinen folgende Vermeidungsmaßnahmen besonders vordringlich:

- Vermeidung des direkten Eintrags von Nährstoffen und von Pflanzenbehandlungsmitteln bei der Aufbringung auf die Nutzflächen
- Vermeidung bzw. Verminderung der Abschwemmung von der Landoberfläche
- Vermeidung des Eintrags in die Oberflächengewässer nach Bodenpassage
- Verzicht auf Ackernutzung im Überschwemmungsbereich

- Rückführung von umgebrochenem Grünland zu Mähwiesen, Weiden oder landschaftsgerechten Wäldern
- Verzicht auf rein technischen Gewässerausbau und -unterhaltung
- schwerpunktmäßige Wiedervernässung von Auen
- Freigabe eines "ökologisch" ausreichend breiten Streifens an den Ufern der Oberflächengewässer, die am besten als naturnahes Gehölz oder ungedüngte Wiese genutzt werden
- Freigabe von Ufergrundstücken für die eigendynamische Weiterentwicklung der Fließgewässer zu einem naturnahen Zustand ("Renaturierung").

Es ist völlig klar, daß diese Maßnahmen erhebliche ökonomische und soziologische Probleme mit sich bringen, deren Lösung insbesondere durch politische Entscheidungen in Gang kommen muß. Es ist aber auch darauf hinzuweisen, daß es vielfach zusätzlicher Anstöße aus dem politischen Umfeld nicht bedarf, wenn z.B. im Rahmen von Maßnahmen der Bodenordnung oder aus betriebswirtschaftlichen Gründen Veränderungen der Landbewirtschaftung nötig sind. Dazu ein konkretes Beispiel: Im Rahmen von Flächenstillegungsprogrammen sollten zuerst die Flächen unmittelbar an den Gewässerufern auf Dauer aus der Nutzung genommen werden.
Weiterhin ist es nötig, die Düngung und den Einsatz von Pflanzenbehandlungsmitteln mit mehr Sensibilität für die unabdingbaren Anforderungen an den Ökosystemschutz zu betreiben.

Realisierung durch die Landwirtschaft - Gewässerschutz durch Bodenschutz
K. Auerswald

1 Einführung

Bodenschutz soll vor allem die für den Menschen und die Ökosysteme wichtigen Funktionen der Böden erhalten. Mittelbar dient er damit auch dem Schutz der Gewässer, da zu den schutzwürdigen Funktionen auch die Rückhaltefunktion zählt. Hier soll aber speziell der Frage nachgegangen werden, wieweit Maßnahmen zum Schutz der Böden auch unmittelbar dem Schutz der Oberflächengewässer dienen. Solche Maßnahmen haben doppeltes Gewicht und damit eher die Chance, durchgesetzt zu werden.

Aus der Sicht des Gewässer- und des Bodenschutzes sind vor allem drei Forderungen zu stellen:
1. Die Stoffzufuhr zu den Böden ist zu vermindern, besonders, wenn die Aufwendungen für die landwirtschaftliche Nutzung nicht erforderlich sind.
2. Der Stofftransport zum Gewässer ist zu vermindern: Dieser Transport kann entweder ober- oder unterirdisch erfolgen. Unterirdisch erreichen besonders die Stoffe das Gewässer, die wie Nitrat kaum mit dem Boden in Wechselwirkungen treten und die daher auch kaum die Funktionsfähigkeit der Böden beeinträchtigen. Daher wird im folgenden nur der oberirdische Eintrag mit dem Oberflächenabfluß betrachtet, da dies auf Ackerflächen zu Bodenerosion und damit zu einer irreversiblen Schädigung der Böden führt. Dies vermindert auch die Rückhaltefähigkeit der Böden und erhöht damit langfristig auch mittelbar den Stoffeintrag in die Oberflächengewässer über den Basisabfluß.
3. Die Rückhaltefähigkeit der gewässernahen Böden ist wieder instandzusetzen.

2 Verminderung der Stoffzufuhr

Im Zuge der landwirtschaftlichen Bodennutzung werden erhebliche Mengen an Agrochemikalien ausgebracht. In der Anbauperiode 1991/1992 waren dies allein 2,05 Mio t bzw. 173 kg/ha LF Reinnährstoffe und 33146 t bzw. 4,5 kg/ha AF Pflanzenschutzmittel (STATISTISCHES BUNDESAMT, 1992). Diese Stoffe schädigen nicht nur,

wenn sie in die Gewässer eingetragen werden, sondern sie können bereits am Applikationsort, in den Böden, unerwünschte Wirkungen hervorrufen.
1. Die Stoffe, besonders Pestizide, können toxisch sein. So sind auch Jahrzehnte nach der Applikation von Cu, das in Sonderkulturen wie Hopfen als Fungizid verwendet wird, Schädigungen des Pflanzenwachstums nachweisbar.
2. Die ausgebrachten Stoffe können als Verunreinigungen bodenschädigende Stoffe enthalten. So stellen Phosphordüngemittel immer noch eine der wichtigsten Quellen des Cd-Eintrags in Böden dar (ISERMANN, 1992; BUNDESMINISTER DES INNEREN, 1985).
3. Selbst Stoffe, die natürlich in Böden vorkommen und nicht toxisch sind, können bei hoher Zufuhr unerwünschte Nebenwirkungen haben. So kann Kalium, wenn übermäßig zugeführt, negative Auswirkungen haben. Zum einen erhöht es auf Grund seiner dispergierenden Wirkung die Bodenerodierbarkeit (**Abb.** 1) und damit den Erosionseintrag in die Oberflächengewässer. Zum anderen führt die Salzzufuhr der Kaliumdüngung, auch wenn das Kaliumion selbst im Oberboden sorbiert wird, zu einer Aufsalzung des Grundwassers, meist mit Ca^{2+} und Cl^-. Damit werden durch die übermäßige K-Düngung gleichzeitig Grund- und Oberflächengewässer geschädigt.
4. Schließlich hat die große Stoffzufuhr, besonders von Düngemitteln, aber auch von Düngekalk, die Vielfalt der Böden verringert. Eine Vielfalt von Arten, z.B. in unterschiedlichen Ackerwildkrautgesellschaften, ist nur bei einer entsprechenden Vielfalt der Bodeneigenschaften möglich (BRAUN-BLANQUET, 1964; PFADENHAUER, 1993).

Eine erhebliche Verringerung der Stoffzufuhr ist daher aus Gründen des Bodenschutzes und des Gewässerschutzes wünschenswert. Dies ist ohne Beeinträchtigung der landwirtschaftlichen Nutzung in vielen Fällen möglich. So zeigt der Vergleich der niederländischen und der deutschen Düngeempfehlung, daß im Mittel über 20 kg P weniger gedüngt werden müßte, als in Deutschland empfohlen wird (SCHACHTSCHABEL, 1992). Auch die P-Bilanz zeigt, daß allein mit den Futtermitteln den Böden mehr P zugeführt als mit den Ernteprodukten entzogen wird (**Abb. 2**). Im Mittel der Bundesrepublik könnte daher auf eine P-Zufuhr durch Mineraldünger verzichtet werden. Dies würde nicht nur zu einer Entlastung der Böden und Gewässer führen, sondern auch den Reingewinn der Landwirte jährlich erhöhen. Im Jahr 1986, für das **Abb. 2** gilt, hätte dadurch jeder Vollerwerbsbetrieb bei einer durchschnittlichen Fläche von 27 ha und einem durchschnittlichen Preis von 3,6 DM je kg P einen zusätzlichen Reingewinn von 2700 DM gemacht.

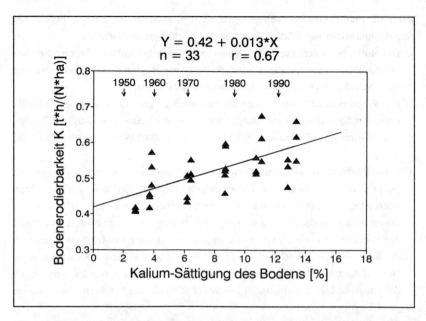

Abb. 1: Mit zunehmender K-Sättigung des Bodens steigt die Bodenerodierbarkeit (STEINDL, 1987). Für die untersuchte Parabraunerde aus Löß errechnet sich aus den mittleren Saldoüberschüssen der K-Bilanz (KÖSTER et al., 1988) eine Zunahme der Bodenerodierbarkeit zwischen 1950 und 1990 um 30%.

Die Einsparungen würden sich auch auf die Gewässer erheblich auswirken. Flächendeckende Untersuchungen von AUERSWALD (unveröffentlicht) in repräsentativen Einzugsgebieten des Tertiärhügellandes zeigen, daß der Phosphorabtrag sich allein dadurch um 35% senken ließe, wenn keine Fläche höher als die empfohlene Nährstoffversorgungsstufe C mit P und K versorgt wäre. Diese Versorgungsstufe wurde auf 75% der Fläche überschritten. Würden die noch niedrigeren Empfehlungen von SCHACHTSCHABEL (1992) realisiert, wären die Auswirkungen auf die Gewässer entsprechend größer. Allein die Verminderung der K-Versorgung auf die von SCHACHTSCHABEL (1992) empfohlene Obergrenze würde den Bodenabtrag im Mittel des Gesamtgebietes um 12% vermindern; zusammen mit der Begrenzung der P-Gehalte würde der P-Abtrag sogar fast halbiert, ohne daß Ertragseinbußen zu erwarten wären.

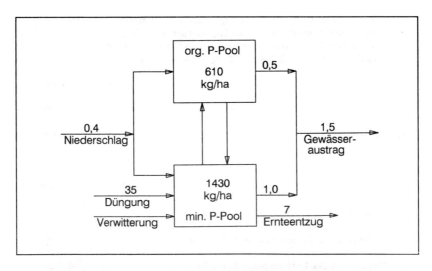

Abb. 2: Organische und mineralische P-Vorräte in ackerbaulich genutzten Oberböden und mittlere P-Flüsse (in kg/(ha*a)) in der Bundesrepublik Deutschland im Bezugsjahr 1986 (n. AUERSWALD et al., 1993).

3 Verminderung des Transports durch Bodenerosion

Erosion läßt sich durch die Art der Flächennutzung und durch das Anbauverfahren beeinflussen. **Tab.** 1 gibt einen Überblick über die damit erzielbare Verminderung der Boden- und Nährstoffabträge. Aufforstungen und Dauerbegrünungen wären sehr effektiv, kommen aber wohl nur in Einzelfällen in Betracht. Die Fruchtfolgezusammensetzung hat sich in der Vergangenheit stark verändert, mit Zunahme der erosionsfördernden Hackfrüchte, v.a. von Mais, und Rückgang des stark erosionsmindernden mehrjährigem Ackerfutterbaus. Allein dadurch hat die Wassererosion im Mittel der Bundesrepublik Deutschland von 1973 bis 1983 um 19% zugenommen (SCHWERTMANN & VOGL, 1985). Eine Tendenzwende bei der Fruchtfolgezusammensetzung könnte daher Boden- und Nährstoffabträge erheblich vermindern. Es ist jedoch zu erwarten, daß die erosionsfördernden Kulturen noch weiter zunehmen, da z.B. Mais durch die Rahmenrichtlinien der Agrarreform wesentlich stärker als andere Getreidearten bezuschußt wird (BUNDESMINISTER FÜR ERNÄHRUNG, LANDWIRTSCHAFT UND FORSTEN, 1992). Es ist nicht zu erkennen, wie diese Regelung mit der in Deutschland uneingeschränkt gültigen EG-Verordnung Nr. 2078/92 in Einklang zu bringen ist, nach

Tab. 1: Verminderung des Bodenabtrags und des Nährstofftransports mit dem Oberflächenabfluß durch Veränderungen der Flächennutzung und des Anbauverfahrens (Daten- und Berechnungsgrundlagen: SCHWERTMANN et al, 1987; AUERSWALD & KAINZ, 1989; AUERSWALD, 1989)

	Prozentuale Verminderung	
Flächennutzung:	der Erosion	des Nährstofftransports
- Aufforstung	> 99	> 99
- Dauerbegrünung	> 95	> 90
- Fruchtfolge		
= Einführung von 2/5 mehrjährigem Ackerfutter	70	60
= Reduzierung des Hackfruchtanteils um 33 %	25	20
Anbauverfahren (Wirkung bei 33 % Maisanteil):		
- Querbearbeitung (s. Abb. 3)	0 - 45	0 - 40
- "System Horsch"	65	40
- Mulchsaat	60	50
- Wintergersteneinsaat	30	25
- Spurlockerung	13	10

der Maßnahmen zur Verringerung der landwirtschaftlichen Erzeugung in der Gemeinschaft sich positiv auf die Umwelt auswirken müssen (RAT DER EUROPÄISCHEN GEMEINSCHAFTEN, 1992).

Da wesentliche Verbesserungen in der Fruchtartenzusammensetzung gegenwärtig nicht zu erwarten sind, müssen erosionsmindernde Anbaumethoden angewendet werden. Es existiert eine Vielzahl von Methoden, die geeignet sind, die Boden- und Nährstoffabträge zu vermindern (KAINZ, 1991; DIEZ, 1990). Von den effektivsten, die in **Tab. 1** aufgeführt sind, kommen besonders zwei in Betracht, die Querbearbeitung und die Mulchsaat. Die Wintergersteneinsaat zwischen die Maisreihen und die Lockerung der

Fahrspuren bei der Hackfruchtbestellung haben gegenüber den beiden ersten Methoden ein deutlich schlechteres Verhältnis von Aufwand und Nutzen. Das System Horsch ist nur bei Mais - aber nicht bei Zuckerrübenfruchtfolgen möglich.

Die Wirksamkeit der Bearbeitung quer zur Gefällerichtung hängt von der Hangneigung ab. Besonders effektiv mindert die Querbearbeitung den Boden- und Nährstoffabtrag bei Hangneigungen zwischen 5 und 10 %. Über 20 % stellen die bei der Querbearbeitung geschaffenen Rillen praktisch keine wirksame Barriere für den Oberflächenabfluß mehr dar (**Abb. 3**). Darüberhinaus ist die Querbearbeitung an einen geeigneten Feldzuschnitt gebunden. Leider wurde gerade im besonders wirkungsvollen Bereich unter 10 % Hangneigung die Bewirtschaftungsrichtung im Rahmen der Flurbereinigung häufig in Gefällerichtung vorgegeben, so daß diese Maßnahme ausscheidet.

Der große Vorteil der Querbearbeitung ist, daß sie bei allen Kulturarten einer Fruchtfolge angewendet werden kann, während die übrigen in **Tab.** 1 genannten Anbaumethoden nur bei Hackfrüchten, nicht aber bei Getreide in Betracht kommen. Optimal wäre daher die Kombination der Querbearbeitung mit einer weiteren der genannten Maßnahmen bei den Hackfrüchten.

Zum besseren Vergleich der Querbearbeitung mit den anderen, nur im Hackfruchtjahr möglichen Verfahren ist die Wirksamkeit in **Tab.** 1 im Mittel einer dreifeldrigen Fruchtfolge mit einem Drittel Mais angegeben. Für das Maisjahr allein wäre die Wirksamkeit von Wintergersteneinsaat, Spurlockerung und Mulchsaat höher.

Von den für Hackfrüchte verfügbaren Methoden vereint die Mulchsaat die meisten Vorteile für den Landwirt. Sie hat arbeitswirtschaftliche Vorzüge, ist ökonomisch neutral und vermindert am besten Boden- und Nährstoffabtrag. Daneben hat sie aus der Sicht des Bodenschutzes noch den weiteren Vorteil, daß sie das Bodenleben ausgeprägt fördert (KAINZ, 1989). Die Mulchsaat ist bei Mais und Zuckerrüben praktikabel (KAINZ, 1989; WOLFGARTEN, 1989; AUERSWALD & KAINZ, 1989). Für Kartoffeln wird ein geeignetes Verfahren gerade erprobt.

Die Mulchsaat beruht darauf, daß als Gründüngung eine abfrierende Zwischenfrucht (Senf oder Phazelia) gewählt wird, die im Herbst nicht eingepflügt wird, sondern bis zur Ernte der folgenden Hauptfrucht eine schützende Mulchdecke auf der Bodenoberfläche bildet. Die Mulchsaat ist arbeitswirtschaftlich vorteilhaft, da die Herbstboden-

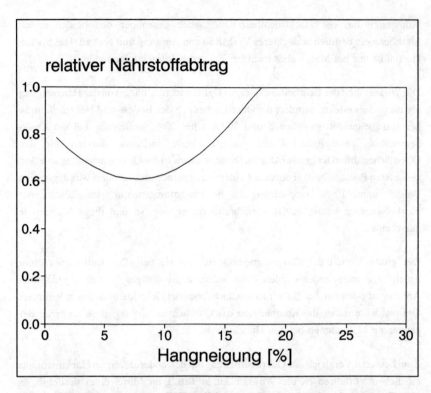

Abb. 3: Verminderung des Nährstoffabtrags durch Querbearbeitung. Durch Querbearbeitung läßt sich der Nährstoffabtrag besonders bei Hangneigungen zwischen 5 und 10% senken (Berechnung der Veränderung des Abtrags durch Querbearbeitung nach AUERSWALD, 1992, und der Nährstoffanreicherung durch den veränderten Abtrag nach AUERSWALD, 1989).

bearbeitung entfällt und die Böden im Frühjahr tragfähiger und damit früher zu bestellen sind. Durch den Anbau einer Zwischenfrucht, die nicht eingearbeitet und daher auch über den Winter nicht zersetzt wird, konserviert die Mulchsaat auch hervorragend Überhang-Nitrat der Vorfrucht (**Abb. 4**). Sie verringert damit als weiteren positiven Nebeneffekt die Nitratauswaschung.

Trotz ihrer vielen Vorteile und des ausgereiften Anbauverfahrens wird die Mulchsaat von Ausnahmen (GRUNDWÜRMER, 1991) abgesehen, kaum in der Praxis angewendet.

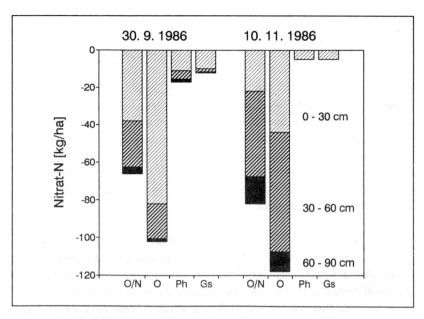

Abb. 4: Die Nitratgehalte im Boden sind im Herbst nach einer Stroheinarbeitung (O/N), besonders wenn zur besseren Strohrotte N gedüngt wurde (O), wesentlich höher als unter den abfrierenden Zwischenfrüchten Phazelia (Ph) und Gelbsenf (Gs); nach WOLFGARTEN, 1989.

Begrenzend wirkt, daß sie einen besser ausgebildeten Landwirt erfordert. Vor allem aber wird sie von der Industrie- und Offizialberatung bisher kaum propagiert. Beispielsweise stellen mehrere Firmen für die Mulchsaat geeignete Sägeräte her, aber nur ein Hersteller weist in seinem Prospekt ausdrücklich auf die Eignung hin. Alle übrigen Hersteller propagieren das erosionsfördernde, unbedeckte Saatbett.

Beim System Horsch bildet nicht eine speziell angebaute Zwischenfrucht wie bei der Mulchsaat die Mulchdecke, sondern die Ernterückstände der Vorfrucht erfüllen diesen Zweck. Dies verbessert den Erosionsschutz **(Tab. 1)**. Da jedoch die Tieffurche entfällt, reichern sich die Nährstoffe stärker im Oberstboden an. Dadurch mindert das System Horsch trotz der besseren Erosionsbekämpfung den Nährstoffabtrag weniger als die Mulchsaat. Das System Horsch ist bereits seit fast zwei Jahrzehnten praxisreif, hat aber, von wenigen Betrieben abgesehen, ebenso wie die Mulchsaat bis jetzt noch keinen breiten Eingang in die Praxis gefunden.

4 Wiederherstellen der Rückhaltefunktion gewässernaher Böden

Während früher die gewässernahen Auebereiche Retentionsfunktion hatten, sind sie heute häufig zu Liefergebieten geworden. Durch Entwässerungen wurde eine Ackernutzung oft bis an den Gewässerrand möglich. Wegen des hoch anstehenden Grundwassers im zeitigen Frühjahr werden solche Flächen bevorzugt mit dem erst spät zu säenden Mais bestellt. Statt Erosionsmaterial von den Hängen zurückzuhalten liefern diese Bereiche heute selbst. Durch die Entwässerung und vor allem durch den dadurch ermöglichten Grünlandumbruch kommt es gleichzeitig zu einem Abbau der organischen Substanz, wobei mehrere 1000 kg Nitrat freigesetzt werden. Dadurch wurden diese Gebiete heute zu bedeutenden Nitratquellen, während früher ihre vernäßten Böden durch Nitratreduktion eine Senke bildeten.

Für die gewässernahen Bereiche wäre daher in Umkehrung des Themas zu fordern: Bodenschutz durch Gewässerschutz. Die Grundwasserabsenkungen und Trockenlegungen der Überschwemmungsbereiche haben die Böden in ihrer Dynamik und auch in ihrer Rückhaltefunktion einschneidend verändert. Aueböden, Gleye und Niedermoore sind in manchen Gebieten nur noch als Relikte erhalten. Wenn sie ihre Funktionen wiedererlangen sollen, ist auch von Seiten der Gewässerbewirtschaftung eine Rückbesinnung notwendig. Gewässerrandstreifen haben nicht den Funktionsumfang einer Aue und sind daher unzureichend.

5 Schlußfolgerungen

Die Ziele des Boden- und des Gewässerschutzes lassen sich häufig durch die gleichen Maßnahmen erreichen. Diese Maßnahmen beeinträchtigen in vielen Fällen die landwirtschaftliche Nutzung nicht. Sie können sogar das Betriebsergebnis verbessern, z.B. durch Einsparungen bei den Düngemitteln, und sie sichern durch die Verminderung der Bodenerosion langfristig die Produktionsgrundlage der Betriebe. Auf die Durchsetzung der hier vorgestellten Maßnahmen müßte in der Beratung der Betriebsleiter mehr als in der Vergangenheit hingewirkt werden. Das notwendige Wissen ist vorhanden. Mit der Mulchsaat neben anderen Verfahren steht eine sehr effiziente erosionsmindernde Anbaumethode bereit. Und mit der Allgemeinen Bodenabtragsgleichung existiert ein einfach zu handhabendes Instrument für eine differenzierte Erosionsberatung (SCHWERTMANN et al., 1987; NEUFANG et al., 1990), mit dem sich die zu erwartenden Erfolge einer geplanten Maßnahme quantifizieren lassen.

6 Literatur

AUERSWALD, K.; KAINZ, M. (1989): Wirksame Verfahren zur Verminderung der Wassererosion im Maisanbau. Mais-Informationen 2/89: 24-26

AUERSWALD, K.; WERNER, W.; NOLTE, C. (1993): Nährstoffeinträge durch Bodenerosion in die Oberflächengewässer der alten und neuen Bundesländer. Bayer. Landw. Jb. (im Druck)

BRAUN-BLANQUET, J. (1964): Pflanzensoziologie. 3. Aufl. Springer, Wien, 865 S.

BUNDESMINISTER DES INNEREN (1985): Bodenschutzkonzeption der Bundesregierung. Kohlhammer, Stuttgart, 229 S.

BUNDESMINISTER FÜR ERNÄHRUNG, LANDWIRTSCHAFT UND FORSTEN (1992): Die Agrarreform der EG, Regelungen für die pflanzliche Produktion - Rahmenbeschlüsse für andere Bereiche. Bonn, 40 S.

DIEZ, T. (1990): Erosionsschäden vermeiden. AID 1108

GRUNDWÜRMER, J. (1991): Erfahrungen mit dem Erosionsschutz in der landwirtschaftlichen Praxis. Ber. Landw. SH 205: 117-133

KAINZ, M. (1989): Runoff, erosion and sugar beet yields in conventional and mulched cultivation. - Results of the 1988 experiment. Soil Technol. Ser. 1: 103-114

KAINZ, M. (1991): Schutzmaßnahmen gegen Bodenerosion. Ber. Landw. SH 205: 83-98

KÖSTER, W.; SEVERIN, K.; MÖHRING, D.; ZIEBELL, H.-D. (1988): Stickstoff-, Phosphor- und Kaliumbilanzen landwirtschaftlich genutzter Böden der Bundesrepublik Deutschland von 1950-1986. Landwirtschaftskammer Hannover, Selbstverlag, 162 S.

ISERMANN, K. (1992): Cadmium-Ökobilanz der Landwirtschaft. In: Anke et al. (Hrsg.): Mengen- und Spurenelemente. Univ. Jena, 200-208

NEUFANG, L.; AUERSWALD, K.; FLACKE, W. (1989): Automatisierte Erosions prognose- und Gewässerverschmutzungskarten mit Hilfe der dABAG - Ein Beitrag zur standortgerechten Bodennutzung. Bayer. Landw. Jb. 66: 771-789

PFADENHAUER, J. (1993): Vegetationsökologie - Ein Skriptum. Eching, IHW-Verlag, 309 S.

RAT DER EUROPÄISCHEN GEMEINSCHAFTEN (1992): Verordnung (EWG) Nr. 2078/92 des Rates vom 30. Juni 1992 für umweltgerechte und den natürlichen Lebensraum schützende landwirtschaftliche Produktionsverfahren. Amtsblatt der Europäischen Gemeinschaften L 215: 85-90

SCHACHTSCHABEL, P. (1992): Nährstoffe. In: SCHACHTSCHABEL, P.; BLUME, H.P., BRÜMMER, G., HARTGE, K.-H; SCHWERTMANN, U.: Lehrbuch der Bodenkunde. Enke, Stuttgart, 221-299

SCHWERTMANN, U.; VOGL, W. (1985): Landbewirtschaftung und Bodenerosion. VDLUFA Kongreßband 16: 7-17

SCHWERTMANN, U.; VOGL, W.; KAINZ, M. (1987): Bodenerosion durch Wasser - Vorhersage des Abtrags und Bewertung von Gegenmaßnahmen. Ulmer, Stuttgart, 64 S.

STATISTISCHES BUNDESAMT (1992): Statistisches Jahrbuch. Kohlhammer, Stuttgart

STEINDL, H. (1988): Erosionsanfälligkeit eines Lößbodens in Abhängigkeit von der Kaliumbelegung des Austauschers. Dipl. Arb., Lehrstuhl für Bodenkunde, TU München, 75 S.

WOLFGARTEN, H.-J. (1989): Acker- und pflanzenbauliche Maßnahmen zur Ver minderung der Bodenerosion and der Nitratverlagerung im Zuckerrübenanbau. Diss. Univ. Bonn, 196 S.

Realisierung durch die Landwirtschaft - Produktionstechnische Aspekte
J. Rimpau

Die integrierte Landbewirtschaftung hält ein ganzes Bündel von Maßnahmen bereit, Umweltbelastungen im Vorfeld zu vermeiden, statt zu sanieren und zu entsorgen. Konsequent angewendet, können Belastungen der Oberflächengewässer aus der Landwirtschaft weitgehend vermieden werden.

Die Chancen zur Durchsetzung dieser Vermeidungsmaßnahmen in der landwirtschaftlichen Praxis hängen von den Kosten und der Komplexität der Verfahren ab. Die Folgen der EG-Agrarreform erschweren die Durchsetzung kostenträchtiger Verfahren. Komplexe Verfahren bedürfen wegen den vielfältigen Wechselwirkungen und der schwierigen Beherrschung der Intensivierung der Beratung.

1   Kostensparende Vermeidungsstrategien geringer Komplexität sind:

- Messung von Nitrat im Boden
- Düngung nach Bilanz
- Kontrolle in Spritz- und Düngefenstern
- Düngung nach Bedarf
- Anbau resistenter Sorten
- Herbizide im Nachauflauf
- Anwendung des Schadensschwellenprinzips
- Bodenbearbeitung quer zum Hang
- Bodenbedeckung durch Winterungen
- Herbizide nur in der Vegetation
- Restmengen verdünnen; auf dem Acker ausbringen
- Wahl spezifischer Mittel
- flache Einarbeitung nach der Ernte
- Führen einer Ackerschlagkartei
- Gülleausbringung nur in wachsende Bestände, bei kühler Witterung und Ergänzung mit Mineralstickstoff

2 Kostensparende Vermeidungsstrategien hoher Komplexität sind:

- Mehrfachanwendung unterdosierter Mengen
- Mischung von unterdosierten Mengen
- Sporenanalyse
- Prognosemodelle zur Epidemie-Vorhersage
- Stickstoff-Simulationsmodelle
- Sortenwahl, Saatzeit, Saatstärke, Saattechnik und Saatgutqualität
- Reduzierte Bodenbearbeitung
- Wahl herbizidresistenter Sorten
- Sortenmischungen
- Teilflächenbehandlung (Randbehandlung)
- Saatgutbehandlung
- stickstoff- und phosphatreduzierte Futterdiäten in der Veredlungswirtschaft

3 Kostensteigernde Vermeidungsstrategien mit geringer Komplexität sind:

- Pflanzenschutzmittel ohne W-Auflage
- mechanische Unkrautbekämpfung
- Breitreifen zur Bodenschonung
- hoher Standard der Applikationstechnik
- hohe Schlagkraft
- hoher Kalkaufwand
- Stallhaltungssysteme
- Abdeckung der Güllebehälter
- emissionsmindernde Gülle-Ausbringungstechnik

4 Kostensteigernde Vermeidungsstrategien hoher Komplexität sind:

- Zwischenfrüchte für Humusbilanz, Erosionsschutz und Schädlingsbekämpfung
- Mulchsaat zum Erosionsschutz
- Wetterstation zur Epidemie-Vorhersage
- Leichtfahrzeuge zur Unterdosierung, termingerechten Ausbringung und Bodenschonung

Die Komplexität der oben genannten Verfahren macht deutlich, daß sich eine Landbewirtschaftung durch Regeln oder Verordnungen, wie sie immer wieder diskutiert werden, von Haus aus verbietet.

Kostensenkende Maßnahmen werden in Zukunft dann beschleunigt in die landwirtschaftliche Praxis Eingang finden, wenn sie einfach zu übernehmen sind (geringe Komplexität). Maßnahmen jedoch, die teurer als Standardmaßnahmen oder komplexer Natur in der Anwendung sind, werden schwieriger durchzusetzen sein.

Im Rahmen der durch die EG-Agrarreform erzwungenen Flächenstillegung sollte die Möglichkeit eingeräumt werden, Flächen für Gewässerrandstreifen mit einzubeziehen. Sie müßten als Teil der konjunkturellen Flächenstillegung, die z.Z. eine Rotation vorsieht, anerkannt werden. Die landwirtschaftliche Praxis sieht darin eine wirkungsvolle Maßnahme zum Schutz der Oberflächengewässer.

Die Landwirtschaft erwartet weitere Hilfestellung
- durch Forschung und Entwicklung in folgenden Bereichen:

* Entwicklung von Prognosemodellen zur Epidemie-Vorhersage in Verbindung mit der Verbesserung der meteorologischen Dienste
* Entwicklung neuer Applikationstechniken (abtriftfrei, verdampfungsfrei) bis hin zur Saatgutpillierung mit retardierender Freigabe systemisch wirkender Verbindungen
* Resistenzzüchtung inklusive Herbizidresistenz
* Teilflächenkartierung von Unkräutern und Ungräsern in Verbindung mit satellitengestützter Gerätesteuerung zur Teilflächenbehandlung
* Biologische Krankheits- und Schädlingsbekämpfung
* Gewinnung von Naturstoffen zur Schädlingsbekämpfung
* Entwicklung quantifizierender Methoden der Bodenansprache und die Erkundung der hydrogeologischen Standortverhältnisse (Kartenwerke 1:5000) auch in Nicht-Wasserschutzgebieten
* Entwicklung von umweltschonenden Verfahren zur Biomasseproduktion
* Anwenderschutz durch granulierte Präparate

- **von der Politik**

* Förderung von Forschung, Entwicklung und Beratung:
  Diese eingesetzten finanziellen Mittel haben die höchste Effizienz. Hier ist ein unverändert hohes Innovationspotential erkennbar.
* Bessere Abstimmung der Agrar- und Umweltpolitik um Widersprüche nicht erst aufkommen zu lassen.
* Schaffung von Anreizen zur Umsetzung von Vermeidungsstrategien:
  Stiftung von Umweltpreisen, Unterstützung von Gütezeichen-Programmen, bessere finanzielle Ausstattung der Gewässerrandstreifenprogramme u.a.m.

Realisierung durch die Landwirtschaft - Auswirkungen gezielter Gewässerschutzmaßnahmen und -auflagen auf das Betriebsergebnis

L. Pahmeyer

Gewässerschutzmaßnahmen und Bewirtschaftungsauflagen beeinflussen das Betriebsergebnis in Abhängigkeit von der Betriebsform, Bewirtschaftungsintensität und der Höhe der Ausgleichszahlungen unterschiedlich stark. In der zugeteilten 20-minütigen Redezeit kann auf diese Vielfalt nicht eingegangen werden.

Meine Überlegungen gehen deshalb vom durchschnittlichen Haupterwerbsbetrieb aus. Zukünftige Einkommens- und Existenzsicherung basiert in den hauptberuflich bewirtschafteten Betrieben überwiegend auf der landwirtschaftlichen Produktion. Im Nebenerwerbsbetrieb hat hingegen das außerlandwirtschaftliche Einkommen die größere Bedeutung. Deshalb wird Nebenerwerbs-Landwirtschaft bei der Behandlung dieses Themas ausgeklammert.

In **Tab.** 1 werden Produktionsumfang, Nährstoffanfall aus der Tierhaltung und Nährstoffbedarf der Pflanzenproduktion des Betriebes für die Wirtschaftsjahre 1980/81 und 1990/91 dargestellt.

In den letzten 10 Jahren hat der durchschnittliche Haupterwerbsbetrieb seine bewirtschaftete LF nur um 15% aufgestockt. Die Zupachtfläche dieser Betriebe stieg um 64%. Hintergrund dieser Entwicklung ist das Bemühen der Praxis, die Tierhaltung auf mehr betriebseigene Fläche zu verteilen. Flächenentzug oder Bewirtschaftungsauflagen treffen flächenarme Haupterwerbsbetriebe also besonders stark.

Die gehaltenen bzw. erzeugten Vieheinheiten stiegen in den letzten 10 Jahren nach der Buchführungsauswertung in Westfalen-Lippe in den Haupterwerbsbetrieben pro ha insbesondere wegen der Zupacht von Flächen nur von 249 auf 267 VE je ha LF an. Daraus resultiert bei Berechnung nach dem Beurteilungsblatt NRW im Jahre 1980/81 = 1,56 DE/ha LF und 1990/91 = 1,66 DE/ha LF.

Der von den Pflanzen nutzbare und aus der Viehhaltung dieser Betriebe anfallende Stickstoff ist in den letzten 10 Jahren nach diesen Buchführungsergebnissen von 100 auf 106 kg/ha LF gestiegen. Wegen des gleichzeitig bei gestiegenen Erträgen höheren

Tab. 1: Entwicklung von landwirtschaftlichen Haupterwerbsbetrieben im Bereich der Landwirtschaftskammer Westfalen-Lippe (Buchführungsbetriebe) - Produktion

		1980/81	1990/91
Landw. genutzte Fläche	ha LF	35,37	40,61
davon gepachtet	v. H.	32,60	46,70
Vieh insgesamt	VE/100 ha LF	248,60	267,30
Dungeinheiten	DE/ha LF	1,56	1,66
Gülleanfall[1]	cbm/ha LF	20,87	22,21
Stickstoff in der Gülle[2]	kg N/ha LF	99,84	106,24
Stickstoffbedarf der Pflanze	kg N/ha LF	148,08	176,78

[1] Festmist in Gülle umgerechnet   [2] für die Pflanze verfügbar

N-Bedarfs der Pflanzen konnten die HE-Landwirte in Westfalen-Lippe im Durchschnitt ihre N-Düngung 1980/81 zu 67% und 1990/91 nur noch zu 60% mit dem Stickstoffanfall aus ihrer Viehhaltung decken.

Durchschnittlich betrachtet und bei gleichmäßiger Verteilung der aus der Tierhaltung anfallenden Nährstoffe kann die tierische Produktion in Westfalen-Lippe also kein Hauptproblem der Gewässerbelastung sein. Problembereiche in veredlungsstarken Regionen sind höchstens optimale Verteilung auf den Flächen des Betriebes, Anwendungszeiten und optimale regionale Verteilung der aus der Tierhaltung anfallenden Nährstoffe. Verschärft werden diese Probleme durch die 15 %ige Stillegungsverpflichtung und bisher unkontrollierte Klärschlammausbringung der von Kommunen beauftragten Unternehmen auf Ackerflächen.

Weitere Optimierung für den Gewässerschutz kann somit nicht darin bestehen, den im Strukturwandel überlebenden HE-Betrieben die zur weiteren Existenzsicherung erforderliche Aufstockung der Tierhaltung zu erschweren, solange diese auf genügend Fläche verteilt ist, sondern die HE-Betriebe durch entsprechende Beratungsmaßnahmen darin zu unterstützen, ihre Düngung mit betriebseigenen natürlichen Nährstoffen zu optimieren und die Produktion (Fütterung) zu verfeinern, um den Nährstoffgehalt pro cbm Gülle weiter zu verringern.

Je besser die Futterverwertung in der Veredlungsproduktion wird, desto weniger Nährstoffe scheiden die Tiere aus. Die Rückkehr zu extensiveren Fütterungs- und

Haltungsverfahren ist deshalb für den Gewässerschutz der falsche Weg; ganz abgesehen davon, daß dabei mit Ausnahme von Einzelfällen bzw. Marktnischen keine Einkommens- und Existenzsicherung der HE-Betriebe möglich ist. Diese HE-Betriebe werden langfristig jedoch benötigt, um die frei werdenden Flächen aufzufangen. NE-Betriebe geben mehr Flächen ab als sie aufnehmen.

Intensivere Beratung mit Auswertung der betrieblichen Aufzeichnungen landesweit z.b. in Arbeitskreisen für Beratung und intensivere Beratungsarbeit in den Kooperationsgebieten sind geeignete Wege, um diese Ziele zu verwirklichen.

In **Abb.** 1 wird der derzeitige Besatz der LF in Westfalen-Lippe mit DE aus der Tierhaltung aller Haupt- und Nebenerwerbsbetriebe dargestellt. Im Kreis Borken sind flächendeckend allerdings mehr als 2 DE je ha vorhanden.

Die Betriebe in Münster mit durchschnittlich ebenfalls über 2 DE/ha haben ihre Flächen zum großen Teil in den Kreisen Coesfeld, Steinfurt und Warendorf liegen, so daß der hier statistisch ausgewiesene hohe DE-Besatz praktisch nicht zutrifft.

Sowohl für Einzelbetriebe wie auch für die verschiedenen Kreisgebiete ist bei vernünftiger Verteilung der Nährstoffe, die aus der Tierhaltung anfallen, eine pflanzennützliche Verwertung möglich. Über die in verschiedenen Kreisen gegründeten Güllebörsen läßt sich die Verteilung kostengünstig regeln.

Tab. 2 zeigt die durchschnittliche Einkommenssituation der HE-Betriebe in Westfalen-Lippe in den Jahren 1980/81 und 1990/91.

Der Gewinn ist von 40.000 auf 53.000 DM gestiegen. Da die privaten Entnahmen im Durchschnitt ähnlich angestiegen sind, wäre in den HE-Betrieben keine Eigenkapitalbildung aus betrieblichen Gewinnen möglich gewesen. Die in diesen Betrieben registrierte Eigenkapitalbildung resultiert nur aus privaten Einlagen.

Entwicklungsfähige HE-Betriebe benötigen angesichts der zunehmenden Inflationsraten im nächsten Jahrzehnt mindestens 20.000 DM Eigenkapitalbildung als Grundlage für Erweiterungsinvestitionen. **Tab. 2** zeigt, daß der durchschnittliche HE-Betrieb in Westfalen-Lippe auch schon ohne die 10 bis 30 %ige Einkommenseinbuße durch EG-Agrarreform an der unteren erforderlichen Einkommensgrenze liegt.

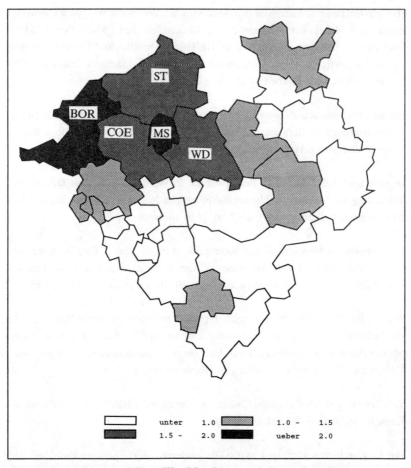

Abb. 1: Dungeinheiten (DE) in Westfalen-Lippe nach Beurteilungsblatt

Gewässerschutzmaßnahmen und Auflagen, die weitere Einkommenseinbußen zur Folge hätten, würden die Existenzgefährdung der HE-Betriebe erheblich verschärfen.

In **Tab. 3** sind die Verbote und Gebote in Schutzgebieten zusammengestellt. Wenn Maßnahmen durch ausreichende Ausgleichszahlungen abgegolten werden, beeinflussen sie das Betriebsergebnis kaum.

Tab. 2: Entwicklung von landwirtschaftlichen Haupterwerbsbetrieben im Bereich der Landwirtschaftskammer Westfalen-Lippe (Buchführungsbetriebe) - finanzielle Situation

		1980/81	1990/91
Gewinn (o 4 Jahre)	DM/Betrieb	40.337	52.620
Privateinlagen (o 4 Jahre)	DM/Betrieb	9.612	10.549
Privatentnahmen (o 4 Jahre)	DM/Betrieb	42.500	51.214
Eigenkapitalbildung (o 4 Jahre)	DM/Betrieb	7.449	11.955
Fremdkapital	DM/Betrieb	138.474	144.896

Tab. 3: Verbote und Gebote in Schutzgebieten

	Zone III	Zone II	Uferzone
Einschränkung der Düngung	-	+	+
Einschränkung d. Pflanzenschutzes	+*	+	x
Verbot der Gülleausbringung	-	x	x
Gebot zur Grünlandeinsaat	-	+ x	+
Verbot des Grünlandumbruchs	-	x	x
eingeschränkte Beweidung/Nutzung von Grünland	-	+	+
Verbot der Anlage von Güllebehältern, Silagemieten	-	x	-
Verbot der Änderung von baulichen Anlagen	-	x	-
Verbot der Erweiterung des Viehbestandes	-	x	-

+ = Ausgleichszahlung, X = kein Ausgleich

Die beim Gewässerschutz geltenden Verbote der Gülleausbringung, des Grünlandumbruchs, für Baumaßnahmen und Erweiterung des Viehbestandes behindern bei großer Betroffenheit eines Betriebes seine Existenz und die notwendige weitere Entwicklung.

Tab. 4: **Finanzieller Nachteil von Ver- und Geboten in Schutzgebieten (Angaben in DM/ha bzw. Pf/qm)**

	Zone III	Zone II	Uferzone
Einschränkung der Düngung (20 v.H.)	-	280	2,80
Einschränkung d. Pflanzenschutzes	26		
Verbot der Gülleausbringung (je 1 DE)	-	172	1,72
Gebot zur Grünlandeinsaat	-	**700**	12 - 16
Verbot des Grünlandumbruchs	-	700	12 - 16
eingeschränkte Beweidung/Nutzung von Grünland	-	**400-800**	5 - 10
Verbot der Anlage von Güllebehältern, Silagemieten (je 1 DE)	-	60	-
Verbot der Änderung von baulichen Anlagen	-		-
Verbot der Erweiterung des Viehbestandes	-	280[1]	-

[1] je ha Betriebsfläche

In **Tab. 4** sind die finanziellen Nachteile von Gewässerschutzmaßnahmen und -auflagen für den durchschnittlichen HE-Betrieb in Westfalen-Lippe pro ha LF zusammengestellt. Die Fettschrift einzelner Beträge in der Übersicht bedeutet, daß diese Nachteile durch die zur Zeit angebotenen Ausgleichszahlungen ganz oder teilweise entschädigt werden.

In **Tab. 5** sind die Nachteile für den durchschnittlichen 41 ha HE-Betrieb zusammengestellt. Dabei wird angenommen, daß in diesem Fall 25 % der Betriebsfläche im Schutzgebiet liegen oder 2 km Uferrandzone vorhanden sind.

Während in Wasserschutzgebieten in der Schutzzone III nach derzeitigem Stand kaum finanzielle Nachteile auftreten, beeinträchtigen die Ge- und Verbote in der Schutzzone II das Betriebsergebnis erheblich. Das ist auch der Fall, wenn für die Einschränkung der Düngung das Gebot zur Grünlandeinsaat und für die eingeschränkte Beweidung und Nutzung des Grünlandes Ausgleichszahlungen erfolgen. Wenn der Standort der Betriebsgebäude in Schutzzone II fällt und die Erweiterung der Tierhaltung am

Tab. 5: **Finanzieller Nachteil von Ver- und Geboten in Schutzgebieten am Beispiel eines 41 ha Haupterwerbsbetriebes im Bereich der Landwirtschaftskammer Westfalen-Lippe, 10 ha im Schutzgebiet oder 2 km Uferzone (Angaben in DM/Betrieb)**

	Zone III	Zone II	Uferzone
Einschränkung der Düngung (20 v.H.)	-	2800	280
Einschränkung d. Pflanzenschutzes	260		
Verbot der Gülleausbringung	-	2900	290
Gebot zur Grünlandeinsaat	-	7000	1200-1600
Verbot des Grünlandumbruchs	-	7000	1200-1600
eingeschränkte Beweidung/Nutzung von Grünland	-	4000-8000	500 -1000
Verbot der Anlage von Güllebehältern, Silagemieten	-	4100	-
Verbot der Änderung von baulichen Anlagen	-	10000	
Verbot der Erweiterung des Viehbestandes	-		-

Tab. 6: **Durchschnittliche Schätzpreise DM/qm, jeweils mit bzw. ohne eingeschränkte Nutzung**

Ackerland NW	ohne Auflagen	mit Auflagen
1989/90	5,69	4,27
1990/91	5,38	4,22
1991	5,25	3,82
Dauergrünland NW		
1989/90	4,03	2,91
1990/91	3,60	2,55
1991	3,53	2,57

Quelle: Institut für Agrarpolitik, Marktforschung und Wirtschaftssoziologie der Universität Bonn, Blänker/Lipinsky

Standort verboten wird, treten erhebliche Einkommensnachteile durch eingeschränkte betriebliche Entwicklung auf.

Zu berücksichtigen ist, daß Ausgleichszahlungen für das Gebot zur Grünlandeinsaat und die eingeschränkte Beweidung bzw. Nutzung und auch andere Nutzungsbeschränkungen nicht die Wertminderung der Flächen berücksichtigen. Bei fortgesetzter Bewirtschaftung und dauerhaft sicheren Ausgleichszahlungen hat das zwar keine Bedeutung. Bei der Beleihung oder Veräußerung solcher Flächen schlägt der Minderwert jedoch erheblich zu Buche.

Tab. 6 zeigt, daß in NRW der durchschnittliche Wert von Grünland mit Auflagen um 2,68 DM/qm unter dem Preis von Ackerland ohne Auflagen liegt. Das sind 26.800 DM/ha Wertverlust, die durch Ausweisung von Flächen mit eingeschränkter Nutzung entstehen können und nicht entschädigt werden.

Eine gewisse Zurückhaltung der Landwirte bei Beteiligung an Uferrandstreifenprogrammen ist deshalb verständlich. Für die Verbesserung der Situation bieten sich drei Möglichkeiten **(Tab. 7)**:

Tab. 7: Ausgleichszahlungen unter Berücksichtigung von Vermögensverlusten bei Uferrandstreifen - drei Möglichkeiten

1: der Nachteilsausgleich wird unbegrenzt garantiert
   - der Landwirt erhält z.Z. mit etwa 0,14 DM/qm einen angemessenen Ausgleich

2: der Nachteilsausgleich wird kapitalisiert
   - der Landwirt erhält mit 3,50 DM/qm einen angemessenen Ausgleich
   (0,14 DM/qm x Faktor 25)

3: der Nachteilsausgleich wird nicht garantiert
   - der Landwirt muß dann zusätzlich zu den jährlichen Ausgleichszahlungen - 0,14 DM/qm - den Wertverlust des Bodens kalkulieren. Das wären zusätzlich

z.B. beim Wertverlust von 2,68 DM/qm (Acker zu Grünland mit Auflagen)
verteilt auf 10 Jahre (2,68 : 12,486) = 0,21 DM/qm
verteilt auf 20 Jahre (2,68 : 30,969) = 0,085 DM/qm

Zusammenfassende Thesen:

1. Auch in viehstarken Regionen, wie z.b. Westfalen-Lippe, können die aus der Tierhaltung anfallenden natürlichen Nährstoffe bei zeitgerechter Düngung und optimaler Verteilung im Betrieb und in der Region im Pflanzenbau optimal verwertet werden. Beratung muß diese Optimierung herbeiführen und überhöhten Mineraldüngereinsatz abbauen.

2. Für den Gewässerschutz sind langfristig größere Flächenmobilität für erforderlichen Strukturwandel und Existenzsicherung der Haupterwerbsbetriebe vorteilhafter als Extensivierung auf Einzelparzellen.

3. Der durchschnittliche Haupterwerbsbetrieb liegt an der unteren Einkommensgrenze, so daß Gewässerschutzauflagen ohne ausreichende Ausgleichzahlungen seine Existenz besonders gefährden, wenn größere Flächenanteile im Betrieb betroffen sind.

4. Bei ausreichenden Ausgleichszahlungen, die auch Beschränkungen notwendiger Entwicklungsmöglichkeiten des Betriebes oder Vermögensminderung berücksichtigen, werden Landwirte auf freiwilliger Basis Gewässerschutzmaßnahmen ergreifen, die über eine ordnungsgemäße Landbewirtschaftung hinausgehen.

5. Die oberflächliche Unterscheidung landwirtschaftlicher Betriebe mit Schlagworten wie "intensiv" oder "extensiv" oder "bäuerlich" und "industriell" sollte der Vergangenheit angehören, weil sie nur an falscher Stelle diskriminiert und Probleme nicht löst. Zukunftschancen haben im zukünftig ruinösen Wettbewerb nur intelligente Landwirte. Sie wünschen Einkommenssteigerung und werden Existenzsicherung ihrer Betriebe nicht gegen erforderlichen Gewässerschutz betreiben. Sie sind bei den herrschenden wirtschaftlichen Rahmenbedingungen jedoch zu betrieblichem Wachstum gezwungen. Deshalb sollte der notwendige Strukturwandel allseits anerkannt werden.

Instrumentarien

Sektorale Auswirkungen agrarpolitischer Maßnahmen auf das Belastungspotential
K. Frohberg und P. Weingarten

1 Einleitung

Im Rahmen der Technikfolgen-Abschätzung "Grundwasserschutz und Wasserversorgung", welche vom Büro für Technikfolgen-Abschätzung des Deutschen Bundestages (TAB) durchgeführt wird, wurde vom Institut für Agrarpolitik, Marktforschung und Wirtschaftssoziologie der Universität Bonn in Kooperation mit dem Institut für wassergefährdende Stoffe an der Technischen Universität Berlin das Forschungsvorhaben "Quantitative Analyse von Vorsorgestrategien zum Schutz des Grundwassers im Verursacherbereich Landwirtschaft" bearbeitet (HENRICHSMEYER, WEINGARTEN 1992; BÜTOW, HOMANN 1992).

Im Mittelpunkt des Forschungsvorhabens standen am Institut für Agrarpolitik, Marktforschung und Wirtschaftssoziologie die regional differenzierte Abbildung der Vergangenheitsentwicklung relevanter Größen des Agrar- und Umweltbereichs und die Analyse der Auswirkungen verschiedener Vorsorgestrategien zum Schutz des Grundwassers für das Zieljahr 2005.

Das Papier ist wie folgt aufgebaut. Im nächsten Abschnitt erfolgt eine kurze Erläuterung des für die Analysen verwendeten Modellsystems RAUMIS. In Abschnitt 3 werden die den einzelnen Szenarien zugrundeliegenden Annahmen diskutiert. Die Modellergebnisse werden sektoral und regional differenziert für den Agrarsektor der alten Bundesländer in Abschnitt 4 vorgestellt. Eine Zusammenfassung und Schlußbetrachtung enthält Abschnitt 5.

2 Erläuterungen zum "Regionalisierten Agrar- und Umweltinformationssystem für die Bundesrepublik Deutschland (alte Bundesländer)" (RAUMIS)

Das Modellsystem RAUMIS wurde am hiesigen Institut für das Bundesministerium für Ernährung, Landwirtschaft und Forsten entwickelt (vgl. HENRICHSMEYER ET AL. 1992; HENRICHSMEYER, KREINS 1992) und für verschiedene Fragestellungen angewendet (vgl. auch HENRICHSMEYER, DEHIO, STROTMANN 1992 a, b; HENRICHSMEYER, ZIMMERMANN 1992; STROTMANN 1992; DEHIO 1993, ZIMMERMANN 1993). Im Mittelpunkt des Modellsystems RAUMIS stehen die Abbildung und Analyse der Interdependenzen zwischen dem Agrar- und Umweltbereich sowie eine Wirkungsanalyse unterschiedlicher Politikszenarien.

Das Kernstück des Modellsystems RAUMIS ist ein den Landkreisen entsprechend regionalisiertes Programmierungsmodell, das den landwirtschaftlichen Sektor prozeßspezifisch differenziert und konsistent zur Landwirtschaftlichen Gesamtrechnung (LGR) beschreibt. Für Simulationsanalysen werden für die Faktormobilität und die Substitutionsmöglichkeiten zwischen den Produktionsaktivitäten Anpassungsspielräume vorgegeben.

Die Anpassungen der speziellen Intensitäten pflanzlicher Produktionsverfahren als Reaktion auf veränderte Preise von pflanzlichen Produkten und Stickstoff werden modellendogen anhand empirisch geschätzter, regions- und fruchtartspezifischer Ertragsfunktionen bestimmt (vgl. WEINGARTEN 1990). Ebenfalls modellendogen werden Technologieanpassungen in der Gülleverwertung ermittelt, die Auswirkungen auf den ökonomisch optimalen Stickstoffausnutzungsgrad haben. Eine Anpassung der speziellen Intensität der Tierhaltung auf Veränderungen dieser Preise ist nicht vorgesehen. Jedoch paßt sich der Umfang der Tierhaltung an.

Der ökonomische Teil des Modellsystems ist mit Umweltindikatoren verknüpft, die Aussagen über die Interdependenzen zwischen Agrar- und Umweltbereich ermöglichen. Bestandteil des Modellsystems sind Indikatoren für die folgenden Bereiche:

- Stickstoffüberschüsse, die mittels Stickstoffbilanzen ermittelt werden,
- Abschätzung der potentiellen Grundwassergefährdung durch Pflanzenschutzmittel,
- Bewertung landwirtschaftlich genutzter Flächen hinsichtlich ihrer potentiellen Bedeutung für den Arten- und Biotopschutz,
- Abschätzung der klimawirksamen Methanproduktion durch die Landwirtschaft.

2.1 Differenzierungsgrad des Modellsystems

Regional ist das Modellsystem RAUMIS in 240 Regionen unterteilt, welche den Agrarsektor der alten Bundesländer flächendeckend erfassen. Die 240 Regionen ergeben sich aus den 328 Landkreisen und kreisfreien Städten der alten Länder, indem die kreisfreien Städte entweder benachbarten Landkreisen zugeordnet wurden oder mehrere kreisfreie Städte zu einer Region zusammmengefaßt wurden. Die Orientierung an Verwaltungsgrenzen und nicht an (homogenen) Naturräumen war aus Gründen der Datenverfügbarkeit erforderlich.

In zeitlicher Hinsicht sind im Modellsystem die Agrarberichterstattungsjahre 1979, 1983 und 1987 abgebildet. Simulationsjahr für die Vorsorgestrategien ist das Jahr 2005. Modellgrößen wie z. B. Faktorkapazitäten und Aufwands- und Ertragskoeffizienten wurden anhand von sektoralen Wachstumsraten, die aus dem "Sektoralen Produktions- und Einkommensmodell der (europäischen) Landwirtschaft" (SPEL) (zum SPEL-System siehe WOLF 1992) entnommen wurden, oder anhand der regionsspezifischen Entwicklung der Größen im Zeitraum 1979 bis 1987 in das Simulationsjahr 2005 fortgeschrieben. Falls erforderlich, konnten die Wachstumsraten auf der Basis von Plausibilitätsüberlegungen exogen vorgegeben werden.

Die pflanzliche Produktion ist in 29 Produktionsverfahren unterteilt und die tierische Produktion in 12. Die Vorleistungen sind für den Bereich der Pflanzenproduktion in neun Positionen aufgegliedert. In der Tierproduktion werden neben den Aktivitäten für Fütterung und Bestandsergänzung vier Vorleistungspositionen erfaßt. Daneben wurden auch Aktivitäten zur Abwanderung von Arbeitskräften aus dem landwirtschaftlichen Sektor und zur Zuwanderung von Lohnarbeitskräften formuliert.

Die Einkommensrechnung ist nach dem System der Landwirtschaftlichen Gesamtrechnung differenziert und auf Sektorebene für die Referenzjahre mit dem jeweiligen Drei-Jahres-Mittel konsistent.

2.2 Umweltindikatoren des Modellsystems

Die Methodik der Stickstoffbilanzierung lehnt sich an die Vorgehensweise von BACH (1987) und KRÜLL (1988) an. **Tab. 1** gibt die im Modellsystem RAUMIS erfaßten Elemente der Stickstoffbilanz wieder.

Die regionsspezifischen Mineraldüngeraufwendungen wurden wegen fehlender regionaler Daten unter der Annahme hergeleitet, daß die Summe der Stickstoffzufuhr durch Mineral- und Wirtschaftsdünger (nur pflanzenverfügbarer Teil) dem aggregierten

Tab.1: Elemente der Stickstoffbilanz im Modellsystem RAUMIS [1]

Stickstoffzufuhr	+	mineralischer N-Dünger
	+	N-Anfall aus tierischer Produktion
	+	symbiontische N-Fixierung
	+	asymbiontische N-Fixierung
	+	Einträge aus der Atmosphäre
Stickstoffentzüge bzw. -verluste	-	Entzüge durch das Erntegut
	-	Ammoniakverluste
Stickstoffbilanzsaldo	=	Denitrifikation
		Auswaschung

Quelle: STROTMANN 1992, S. 49.

N-Bedarf der pflanzlichen Verfahren der jeweiligen Region entspricht und anschließend mit dem Mineraldüngerabsatz auf Sektorebene konsistent gerechnet. Die symbiotische Fixierung wird über den Anbauumfang der Leguminosen berechnet. Für die asymbiotische N-Fixierung werden pauschal 1,4 kg N/ha angesetzt, für die Einträge aus der Atmosphäre 30 kg N/ha.

Der Stickstoffbilanzsaldo weist die Stickstoffmenge aus, die dem Boden zugeführt wird und weder als Ammoniak entweicht noch mit dem Erntegut entzogen wird. Geht man von einem unveränderten Bodenvorrat an Stickstoff aus, kann der Überschuß letztlich als Folge der Denitrifikation gasförmig entbunden werden oder er wird ins Grundwasser ausgewaschen. Eine allgemeingültige Aufteilung der regionalen N-Überschüsse in eine Gas- und eine Versickerungsfraktion ist aufgrund der Komplexität der Vorgänge nicht möglich (vgl. STROTMANN 1992, S. 63, KRAYL 1993, S. 22). Durch die Denitrifikation wird zwar die Nitratbelastung des Grundwassers vermindert, gleichzeitig wird durch die Freisetzung von Distickstoffoxid jedoch der Treibhauseffekt verstärkt (BUNDESFORSCHUNGSANSTALT FÜR LANDWIRTSCHAFT 1990) und die Gefahr des "Nitratdurchbruchs" nach dem irreversiblen Abbau der Denitrifikationskapazitäten vergrößert. Daher müssen Stickstoffüberschüsse unter Umweltgesichtspunkten langfristig grundsätzlich negativ beurteilt werden.

---

[1] Vgl. BACH 1987, S. 82

Die potentielle Gefährdung des Grundwassers durch Pflanzenschutzmittel wird für die einzelnen Regionen ermittelt, indem der Wirkstoffaufwand an Pflanzenschutzmitteln mit W-Auflage regionsspezifisch kalkuliert wird. Zur genaueren Vorgehensweise wird an dieser Stelle ebenso wie für die beiden anderen Umweltindikatoren auf die oben genannte Literatur zum Modellsystem RAUMIS verwiesen.

3 Spezifizierung der Grundannahmen zur quantitativen Analyse von Vorsorgestrategien zum Schutz des Grundwassers

3.1 Agrarpolitische Rahmenbedingungen

Die agrarpolitischen Rahmenbedingungen für das Simulationsjahr 2005 wurden unter Berücksichtigung der EG-Agrarreform festgesetzt. Erschwert werden Auswahl und Höhe agrarpolitischer Instrumente bis zum Jahr 2005 durch den ungewissen Ausgang der laufenden GATT-Verhandlungen, die Ungewißheiten der Entwicklungen in den Nachfolgestaaten der Sowjetunion, den schwer abschätzbaren Einfluß, der von zu erwartenden Erweiterungen der Europäischen Gemeinschaft ausgeht und durch die ebenfalls nur schwer abschätzbaren Einflüsse der gesamtwirtschaftlichen Entwicklungen.

Die wichtigsten Grundannahmen für das Simulationsjahr 2005 sind **Tab. 2** zu entnehmen.

Tab. 2: Annahmen über agrarpolitische Rahmenbedingungen für das Simulationsjahr 2005

1. Jährliche Preisänderungen gegenüber 1987:
   Verkaufsprodukte (differenziert nach Verfahren)
   pflanzliche (ca.)   - 2,3 %
   tierische (ca.)   -0,9 %
   Mineralstickstoff   0,0 %
   Phosphatdünger   - 2,5 %
   Pflanzenschutzmittel   + 0,6 %
   Energie   + 3,0 %
   Außerlandwirtschaftlicher Lohn   + 4,0 %
2. Jährliche Abnahme der landwirtschaftlichen Nutzfläche um 0,4 %.
3. Milchquote wird insgesamt im Vergleich zu 1987 um 8 % gekürzt.
4. Zuckerrübenquote bleibt konstant.
5. Konjunkturelle Flächenstillegung von 15 % für Getreide, Ölsaaten und Eiweißpflanzen (Hauptfrüchte).
6. Hektarprämie für Hauptfrüchte und stillgelegte Flächen beträgt 500 DM.
7. Prämien für die Haltung von Mutterkühen, männlichen Rindern und Schafen werden gezahlt.
8. Ertragssteigerungen je nach pflanzlichem Produkt im Durchschnitt zwischen ca. 1 % und 1,9 % jährlich.

Quelle: Eigene Darstellung nach HENRICHSMEYER, WEINGARTEN 1992, S. 141 ff.

3.2 Vorsorgestrategien zum Schutz des Grundwassers

Die Vorsorgestrategien, die als "zielgerichtete Bündelung von politischen Handlungsoptionen (Instrumenten) zur Gewährleistung eines umfassenden und präventiven Grundwasserschutzes" zu verstehen sind (MEYER 1992, S. 105), wurden gemäß Absprache mit dem Büro für Technikfolgenabschätzung des Deutschen Bundestages festgelegt (vgl. MEYER 1992, S. 105 ff., JÖRISSEN 1992). Ihnen liegen zwei verschiedene Leitbilder zugrunde. Das erste Leitbild strebt den Schutz des Grundwassers als Ressource der Trinkwasserversorgung an und schließt damit an die derzeit realisierte Gewässerschutzpolitik an. Das zweite Leitbild ist auf einen flächendeckenden Schutz des Grundwassers im Hinblick auf seine Funktionen im Wasserkreislauf und in Ökosystemen ausgerichtet.

3.2.1 Strategie I: Räumlich differenzierter Grundwasserschutz

Die Strategie I ist dem ersten Leitbild zuzuordnen. Sie hat zum Ziel, das Grundwasser als wichtige Ressource der Trinkwasserversorgung räumlich differenziert zu schützen und knüpft an den bereits ausgewiesenen Wasserschutzgebieten und den darin bestehenden Bewirtschaftungsauflagen an. Der Umfang der Wasserschutzgebiete wurde dabei vom Institut für wassergefährdende Stoffe so kalkuliert, daß die notwendigen Wasserschutzgebiete die Einzugsgebiete der Trinkwassergewinnungsanlagen vollständig abdecken. Hierbei wurden Informationen über die Grund- und Quellwasserförderung, die Grundwasserneubildung und die Grundwasserverschmutzungsempfindlichkeit verwertet (BÜTOW, HOMANN 1992, S. 49 ff.).

Die Bewirtschaftungsauflagen betreffen die Stickstoffdüngung (Vorgabe fruchtartspezifischer Düngungshöchstmengen), den Viehbesatz, den Einsatz von Pflanzenschutzmitteln und das Verbot von Grünlandumbruch. Für die Flächen außerhalb von Wasserschutzgebieten wurden keine Bewirtschaftungsauflagen und damit auch keine Ausgleichszahlungen angenommen (s. Übersicht 3). Zur vollständigen Kompensation der durch die Auflagen in Wasserschutzgebieten verursachten wirtschaftlichen Nachteile für die Landwirtschaft wurden regionsspezifische Ausgleichszahlungen so ermittelt, daß die Nettowertschöpfung pro Fläche innerhalb von Wasserschutzgebieten einschließlich der Ausgleichszahlungen mit der bei Verzicht auf Vorsorgemaßnahmen im Jahr 2005 übereinstimmt.

3.2.2 Strategie II: Flächendeckender Grundwasserschutz

Der Strategie II, bei der zwei Varianten unterschieden werden, liegt das zweite Leitbild zugrunde. Bei der Variante A werden die vorgesehenen Instrumente flächendeckend und unabhängig von Standorteigenschaften eingesetzt. Als Instrumente kommen eine Stickstoffabgabe auf Mineraldünger und auf Gülle zum Einsatz, wobei die ersten 1,5 DE/ha von der Abgabe befreit werden, ein flächendeckendes Verbot von Pflanzenschutzmitteln mit W-Auflage und ein Verbot des Umbruchs von Grünland. Die Ausgleichszahlungen werden als bundeseinheitlicher Betrag je Hektar so bestimmt, daß sie mit dem sektoralen Aufkommen aus der Stickstoffabgabe übereinstimmen. Im Rahmen des Forschungsvorhabens wurden auch die Auswirkungen alternativer Ausgestaltungen der Stickstoffabgaben analysiert, worauf im folgenden hier jedoch nicht näher eingegangen werden kann.

Tab. 3: Zusammenstellung der wichtigsten Elemente der Vorsorgestrategien I und II

STRATEGIE I (Räumlich differenzierter Grundwasserschutz)

1. außerhalb von Wasserschutzgebieten:
keine Bewirtschaftungsauflagen und keine Ausgleichszahlungen

2. innerhalb von Wasserschutzgebieten:
Bewirtschaftungsauflagen und Ausgleichszahlungen innerhalb von Wasserschutzgebieten
  1. N-Düngungshöchstmengen:
  2. Viehbesatz: max. 1,0 DE/ha
  3. Verbot von Pflanzenschutzmitteln mit W-Auflage
  4. Verbot von Grünlandumbruch
  5. Regionsspezifische Ausgleichszahlung

STRATEGIE II (Flächendeckender Grundwasserschutz)

Variante A: Standortundifferenzierter Grundwasserschutz
1. Stickstoffabgabe auf Mineraldünger: 1,- DM/kg N
2. Stickstoffabgabe auf Gülleüberschüsse: 1,- DM/kg Gülle-N über 1,5 DE/ha
3. Verbot von Pflanzenschutzmitteln mit W-Auflage
4. Verbot von Grünlandumbruch
5. Einheitliche Ausgleichszahlungen je Hektar LF nach Aufkommen aus N-Abgaben

Variante B: Standortdifferenzierter Grundwasserschutz
In den als grundwasserverletzlich eingestuften Gebieten (sensible Gebiete) gelten die Maßnahmen gemäß Strategie I, für die übrigen Gebiete existieren keine Auflagen und keine Ausgleichszahlungen.

Quelle: HENRICHSMEYER, WEINGARTEN 1992, S. 156.

Die Variante B orientiert sich an naturräumlichen Gegebenheiten und der Verletzlichkeit des Grundwassers. Hierfür wurden von BÜTOW und HOMANN (1992, S. 61) grundwasserverletzliche Gebiete bestimmt, und zwar unabhängig davon, ob diese zur Trinkwassergewinnung genutzt werden oder nicht. Die so ermittelten Gebiete, auch sensible Gebiete genannt, umfassen knapp ein Drittel der landwirtschaftlichen Fläche. Für sie wurden die gleichen Bewirtschaftungsauflagen und Ausgleichszahlungen wie für die Wasserschutzgebiete unterstellt. Zur Gewährleistung eines flächendeckenden räumlich differenzierten Grundwasserschutzes wäre eine stärker abgestufte räumliche Unterteilung noch vorteilhafter.

Tab. 3 faßt die wichtigsten Elemente der Vorsorgestrategien zusammen.

4 Kennzeichnung der Vergangenheitsentwicklung und Auswirkungen der Vorsorgestrategien auf agrarökonomische und umweltrelevante Kenngrößen

Die Auswirkungen der oben beschriebenen Vorsorgestrategien auf Landwirtschaft und Umwelt werden mittels einiger Kenngrößen beschrieben. Dazu zählen für die Landwirtschaft die Einkommenssituation, der Primärfaktoreinsatz, die Verwendung von Vorleistungen und die Produktionsstruktur. Die Auswirkungen auf das Grundwasser werden in den Stickstoffüberschüssen zusammengefaßt. Andere Umwelteinflüsse bleiben der limitierten Seitenzahl wegen unerwähnt.

4.1 Einkommen, Faktoreinsatz und Produktion

Unabhängig von der Durchführung der Vorsorgemaßnahmen geht das Einkommen im Agrarsektor absolut bis zum Jahr 2005 deutlich zurück. Hierbei ist jedoch zu berücksichtigen, daß sich die Anzahl der landwirtschaftlichen Arbeitskräfte den Modellanalysen zufolge gegenüber 1987 um rund 300.000 Voll-Arbeitskräfte auf etwas über 400.000 Voll-AK verringert. Dies entspricht einer Abnahme von ca. 40% insgesamt oder knapp 3% jährlich. Die Modellfläche wird aufgrund von Flächenumwidmungen für nichtlandwirtschaftliche Zwecke um 7 % auf 11,1 Mio. ha vermindert. Von der Modellfläche werden außerdem rund 900.000 ha im Rahmen der obligatorischen Flächenstillegung aus der Produktion genommen und darüber hinaus fallen zwischen 70.000 ha (Strategie II A) und 179.000 ha (Verzicht auf Vorsorgemaßnahmen) wegen unrentabler Produktion brach. Von Stillegung oder

Brachfallen sind demnach zwischen 8,5 % (Strategie II A) und 10,0 % (Verzicht auf Vorsorgemaßnahmen) der Modellfläche betroffen.

Karte 1 gibt exemplarisch für die Strategie II A die regionalen Anteile der stillgelegten oder brachgefallenen Flächen an der Modellfläche wieder. In 80 % aller Regionen liegt dieser Anteil zwischen 4,2 % und 11,6 %. Deutlich zu erkennen ist aufgrund der Bindung der obligatorischen Flächenstilllegung an die Hauptfruchtflächen der geringe Anteil stillgelegter oder brachgefallener Flächen in grünlandreichen Regionen.

Die Nettowertschöpfung zu Faktorkosten, die zur Entlohnung der in der Landwirtschaft eingesetzten Produktionsfaktoren zur Verfügung steht, belief sich 1987 für den Agrarsektor der alten Länder auf 20,5 Mrd. DM. Ohne Realisierung von Vorsorgestrategien zum Schutz des Grundwassers geht das Einkommen im Agrarsektor dem Modellergebnis entsprechend um real über die Hälfte auf 9,6 Mrd. DM zurück. Da die Höhe der Ausgleichszahlungen für erschwerte Bewirtschaftung der Strategien I und II B so bemessen wurde, daß der Einkommensrückgang voll gedeckt wird[2], ergibt sich auch keine Veränderung des landwirtschaftlichen Einkommens für diese zwei Strategien. Für Strategie I sind im Einkommen 275 Mio. DM an Ausgleichszahlungen enthalten und für Strategie II B 976 Mio. DM. Da bei der Strategie II A, deren wichtigstes Instrument zum Gewässerschutz die Stickstoffabgaben sind, die Ausgleichszahlungen nach dem sektoralen Aufkommen der Stickstoffabgaben berechnet werden und nicht nach dem verursachten Einkommensrückgang, liegt hier die Nettowertschöpfung mit 8,9 Mrd. DM geringer als bei den anderen Modellvarianten.

Bezogen auf die in der Landwirtschaft eingesetzten Arbeitskräfte ist die Entwicklung der Einkommen weniger dramatisch, allerdings reicht die Verringerung der Beschäftigtenzahl nicht aus, um den absoluten Rückgang des Einkommens zu kompensieren, so daß auch die realen Pro-Kopf-Einkommen den Analysen zufolge deutlich zurückgehen. Betrachtet man die Bruttowertschöpfung zu Faktorkosten, so liegt diese im Jahr 2005 bei allen Varianten ungefähr auf dem Niveau von 1987, als 43.500 DM/Voll-AK erzielt wurden. Da die Abschreibungen pro Arbeitskraft jedoch aufgrund der fortschreitenden Substitution von Arbeit durch Kapital zunehmen, liegt

---

[2] Die Ermittlung der Ausgleichszahlungen in der Höhe, daß die Einkommensrückgänge exakt ausgeglichen werden, ist modellmäßig leicht möglich, dürfte in der Realität jedoch wesentlich schwieriger sein, erst recht, wenn die witterungsbedingten Einkommensschwankungen zwischen verschiedenen Jahren mitberücksichtigt werden müßten.

Karte 1: Anteil der stillgelegten oder brachgefallenen Flächen an der landwirtschaftlichen Fläche im Jahr 2005 bei Vorsorgestrategie II A

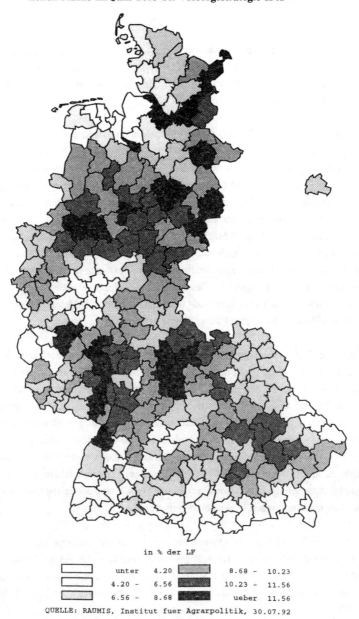

in % der LF

unter 4.20	8.68 - 10.23
4.20 - 6.56	10.23 - 11.56
6.56 - 8.68	ueber 11.56

QUELLE: RAUMIS, Institut fuer Agrarpolitik, 30.07.92

die Nettowertschöpfung zu Faktorkosten mit Werten zwischen 22.000 DM/Voll-AK (Strategie II A) und 23.400 DM/Voll-AK (Strategie II B) unter dem Vergleichswert des Jahres 1987 (28.900 DM/Voll-AK).

Auf die Ausgleichszahlungen entfallen bezogen auf alle in der Landwirtschaft eingesetzten Arbeitskräfte bei der Strategie I (Wasserschutzgebiete) 635 DM/Voll-AK, bei der Strategie II A (N-Abgaben u. a.) 1.100 DM/Voll-AK und bei der Strategie II B (sensible Gebiete) 2.350 DM/Voll-AK.

Bei der Strategie II A belaufen sich die Ausgleichszahlungen sektorweit einheitlich auf 40 DM/ha. Betrachtet man die Fläche in Wasserschutzgebieten bzw. in sensiblen Gebieten (Strategie I bzw. II B), so liegen die regionsspezifischen Ausgleichszahlungen hier in einem Viertel aller 240 Regionen unter 93 DM/ha und in der Hälfte aller Regionen zwischen 93 DM/ha und 302 DM/ha. In dem verbliebenen Viertel der Regionen sind zum Ausgleich des auflagebedingten Einkommensrückgangs mehr als 302 DM/ha notwendig. Ausgleichszahlungen von mehr als 800 DM/ha ergeben sich für acht Regionen. Hohe Ausgleichszahlungen errechnen sich vor allem für viehstarke Regionen, wenn die Auflagen eine Abstockung der Viehbestände erzwingen. Dabei sind die Einkommenswirkungen einer Beschränkung des Viehbesatzes im Modellsystem RAUMIS wahrscheinlich eher unter- als überschätzt, da die Analysen auf Regionsebene und nicht auf einzelbetrieblicher Ebene erfolgten.

Der Anteil des Transfereinkommens (Subventionen abzüglich Produktionssteuern) am Gesamteinkommen steigt im Vergleich zu 1987 relativ und absolut an, der Anteil des Einkommens, der über den Markt erzielt wird, geht entsprechend zurück. Die wichtigste Position unter den Subventionen ist dabei die im Zuge der Agrarreform eingeführte Hektarprämie, die für die Flächen der Hauptfrüchte gezahlt wird. Hierauf entfallen je nach Variante rund 1,5 Mrd. DM, und für die stillgelegten Flächen werden knapp 300 Mio. DM an Prämien gezahlt. Damit ist das Volumen dieser beiden Prämien mehr als sechsmal so hoch wie das der Ausgleichszahlungen für die Bewirtschaftungsauflagen in Wasserschutzgebieten bzw. knapp doppelt so hoch wie das für die Ausgleichszahlungen in sensiblen Gebieten.

Hinsichtlich der Produktionsstruktur ergibt sich folgendes Bild: Die Getreideproduktion steigt im Jahre 2005 trotz eines Rückganges der Anbaufläche bis auf ca. 3,5 Mio. ha (3,0 Mio. ha, wenn im Rahmen der Strategie II A ein flächendeckendes Grünlandumbruchverbot durchgesetzt wird) aufgrund höherer Hektarerträge auf 26 bis 28 Mio.

t an. Lediglich bei Verwirklichung der Strategie II A wird die Produktionsmenge des Jahres 1987 (25 Mio. t) mit 19 Mio. t deutlich unterschritten.

Für die tierische Produktion werden die geringsten Produktionsmengen ebenfalls für die Strategie II A ausgewiesen. Hier ergeben die Berechnungen zum Beispiel für Schweinefleisch eine Produktion von 2,4 Mio t gegenüber 3,0 Mio. t bei Verzicht auf Vorsorgemaßnahmen zum Schutz des Grundwassers. Die Milchproduktion liegt bei allen Varianten aufgrund der unterstellten Quotenkürzung unter dem Vergleichswert des Jahres 1987.

4.2 Stickstoffüberschüsse

Tab. 4 gibt die Stickstoffbilanzen auf Bundes- und Länderebene für 1987 wieder. Im Bundesdurchschnitt errechnet sich für 1987 ein Überschuß von 116 kg N/ha. Die Werte für 1979 und 1983 lagen mit 111 kg N/ha bzw. 113 kg N/ha ungefähr auf dem gleichen Niveau. Auf Landesebene variierten die Überschüsse 1987 zwischen 134 kg N/ha in Nordrhein-Westfalen und 93 kg N/ha in Rheinland-Pfalz.

Die regionale Verteilung der Stickstoffüberschüsse für 1987 ist **Karte 2** zu entnehmen[3]. Hohe Überschüsse fallen in den veredlungsstarken Regionen des Weser-Ems--Gebietes und Westfalens an. Relativ gering sind die Überschüsse in den Mittelgebirgslagen und im Voralpenraum. Die intensiven Ackerbauregionen mit hohen Erträgen und geringem Viehbesatz wie die Köln-Aachener Bucht oder die Hildesheimer Börde gehören ebenfalls zu den Regionen mit unterdurchschnittlichen Überschüssen.

Für einen Vergleich der Ergebnisse der Stickstoffbilanzierung des Modellsystem RAUMIS mit Literaturergebnissen (BACH 1987, INDUSTRIEVERBAND AGRAR 1990, ISERMANN 1990, BECKER 1991, KÖSTER ET AL. 1988) sei auf HENRICHSMEYER, WEINGARTEN (1992, S. 110 ff.) verwiesen.

Die sektoralen Stickstoffbilanzen für 1987 und 2005 sind in **Tab. 5** aufgeführt. Da je nach Vorsorgestrategie für 2005 zwischen 8,5 % und 10,0 % der Modellfläche still-

---

[3] Die Klassengrenzen wurden so gewählt, daß sich in der untersten Klasse 10 % aller 240 Regionen befinden, in der zweiten Klasse 15 %, in der dritten und vierten jeweils 25 %, in der fünften 15 % und in der obersten Klasse wiederum 10 %.

Tab 4: Stickstoffbilanzen der Bundesländer für 1987 (in kg N/ha)

	Handels- dünger- zufuhr	Wirtschafts- dünger- zufuhr	Sonstige Zufuhr	Zufuhr insgesamt	Entzug	Ammoniak- verluste	Stick- stoff- saldo
Schleswig-Holstein	149	105	33	287	136	31	119
Niedersachsen[1]	138	124	33	296	133	37	125
Nordrhein-Westfalen	129	138	32	299	124	41	134
Hessen	126	90	34	250	118	27	105
Rheinland-Pfalz	118	66	34	219	106	20	93
Baden-Württemberg	119	95	39	253	120	28	104
Bayern	131	104	38	274	132	31	111
Saarland	124	80	35	239	115	24	100
Bundesrepublik	132	109	35	276	127	33	116

[1] Einschließlich der Stadtstaaten Berlin, Bremen und Hamburg.

Quelle: HENRICHSMEYER, WEINGARTEN 1992, S. 100.

gelegt werden oder brachfallen, ist es sinnvoll, im folgenden die Stickstoffbilanzen für das Jahr 2005 zum einen auf die gesamte Fläche und zum anderen auf die tatsächlich bewirtschaftete Fläche zu beziehen.

Bezogen auf die gesamte Modellfläche steigt der Handelsdüngerverbrauch bei **Verzicht auf Vorsorgemaßnahmen** im Durchschnitt der alten Länder auf 147 kg N/ha an. Die Wirtschaftsdüngerzufuhr geht auf 101 kg N/ha zurück, wozu vor allem die Verringerung des Milchkuh- und Färsenbestandes beiträgt. Bei unveränderter sonstiger Stickstoffzufuhr ergibt sich eine Gesamtzufuhr in Höhe von 284 kg N/ha.

Die Entzüge über das Erntegut steigen wegen höherer Hektarerträge um 11 kg N/ha auf 138 kg N/ha an. Unter Berücksichtigung der Ammoniakverluste ergeben die Simulationsanalysen mit 114 kg N/ha einen gegenüber 1987 fast unveränderten Stickstoffüberschuß. Legt man der Bilanzierung die tatsächlich bewirtschaftete Fläche und nicht die gesamte Modellfläche zugrunde, steigt der Überschuß um 8 kg N/ha auf 124 kg N/ha an.

Aufgrund der Preissenkungen im Zuge der Agrarreform wäre bei ansonsten unveränderten Rahmenbedingungen mit einem Rückgang des Stickstoffeinsatzes und des Stickstoffüberschüsses zu rechnen. Daß der sektorale Überschuß bei Verzicht auf

Karte 2: Stickstoffüberschüsse in den RAUMIS-Regionen 1987

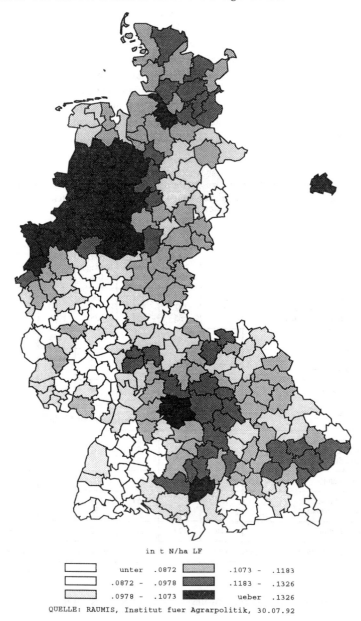

Vorsorgemaßnahmen im Simulationsjahr fast auf dem gleichen Niveau wie 1987 liegt, kann auf folgende Ursachen zurückgeführt werden: Erstens ist aufgrund züchterischen und sonstigen Fortschrittes ein Anstieg der Hektarerträge und damit auch ein Anstieg des Stickstoffbedarfes zu erwarten. Zweitens verzeichnen die Modellergebnisse zunehmende Flächenanteile düngungsintensiver Kulturen wie z. B. Winterweizen und Körnermais. Daneben kann drittens die interregionale Verschiebung von Anbauanteilen von Bedeutung sein, wenn sich die Produktion düngungsintensiver Produkte in Regionen verschiebt, wo hohe Düngungsgaben noch wirtschaftlich sind. Wird der Stickstoffüberschuß auf die gesamte Modellfläche bezogen, spielt viertens auch die regionale Verteilung der Stillegungs- und Brachflächen eine Rolle (s. **Karte 1**).

Tab. 5: **Stickstoffbilanz für den Agrarsektor der alten Bundesländer bzw. die Flächen innerhalb von Wasserschutzgebieten und sensiblen Gebieten für die Jahre 1987 und 2005 (in kg N/ha)**

	bezogen auf die Modellfläche					
	1987	2005 ohne Auflagen	2005 Strategie I	2005 Strategie II A	2005 Strategie II B	2005 in WSG und sens. Gebieten
Handelsdüngerzufuhr	132	147	141	60	128	77
Wirtschaftsdüngerzufuhr	109	101	98	96	90	68
Sonstige Stickstoffzufuhr	35	35	35	35	35	35
Zufuhr gesamt	276	284	274	191	253	180
Entzug an Stickstoff	127	138	136	114	131	113
Ammoniakverluste	33	31	30	27	28	21
Stickstoffsaldo	116	114	108	50	94	47
	bezogen auf die bewirtschaftete Fläche[1]					
Handelsdüngerzufuhr	132	164	156	66	141	84
Wirtschaftsdüngerzufuhr	109	113	109	104	100	75
Sonstige Stickstoffzufuhr	35	36	36	36	36	35
Zufuhr gesamt	276	312	301	206	276	194
Entzug an Stickstoff	127	153	151	124	145	124
Ammoniakverluste	33	35	34	30	31	23
Stickstoffsaldo	116	124	117	52	101	48

[1] Auf der nicht bewirtschafteten Fläche fällt weiterhin ein Überschuß in Höhe der atmosphärischen Zufuhr an.

Quelle: Eigene Darstellung nach HENRICHSMEYER, WEINGARTEN 1992, S. 171 ff.

Die Bewirtschaftungsauflagen in Wasserschutzgebieten im Rahmen der **Strategie I** führen bezogen auf die gesamte LF zu einem leichten Rückgang der Überschüsse auf 108 kg N/ha. Innerhalb der Wasserschutzgebiete geht der Überschuß im Durchschnitt jedoch deutlich zurück auf nur noch 47 kg N/ha. Hierzu trägt vor allem die Reduzierung des Handelsdüngereinsatzes auf 77 kg N/ha durch die fruchtartspezifischen Höchstdüngermengen bei. Außerdem geht wegen der Beschränkung des Viehbesatzes auch der Anfall an Wirtschaftsdünger deutlich zurück auf 48 kg N/ha. Die Gesamtzufuhr liegt mit 180 kg N/ha gut 100 kg unter der bei Verzicht auf Vorsorgemaßnahmen. Da die Entzüge durch das Erntegut und die Ammoniakverluste aber geringer ausfallen, geht der Überschuß weniger stark zurück.

Die flächendeckend zum Einsatz gelangenden Maßnahmen der **Strategie II A** führen im Sektordurchschnitt auf der gesamten Fläche zu einem ähnlichen Überschuß wie innerhalb von Wasserschutzgebieten bzw. sensiblen Gebieten bei den Strategien I und II B. Durch die Stickstoffabgabe geht der Mineraldüngereinsatz auf durchschnittlich 60 kg N/ha zurück. Die Wirtschaftsdüngerzufuhr dagegen liegt nur geringfügig unter dem Vergleichswert bei Verzicht auf Vorsorgemaßnahmen. Einer Gesamtzufuhr von 191 kg N/ha stehen Entzüge von 114 kg N/ha und Ammoniakverluste von 27 kg N/ha gegenüber, so daß ein Überschuß in Höhe von 50 kg N/ha Modellfläche entsteht.

Bei der **Strategie II B** sind von den Bewirtschaftungsauflagen für sensible Gebiete 32 % der LF betroffen. Innerhalb der sensiblen Gebiete fallen die gleichen Überschüsse wie in den Wasserschutzgebieten an. Bezogen auf die gesamte Modellfläche beläuft sich der Überschuß auf 94 kg N/ha.

Die regionale Streuung der Stickstoffüberschüsse kann den **Karten 3 bis 6** entnommen werden. Die absoluten Klassengrenzen sind mit denen der Karte für das Jahr 1987 identisch. Deutlich wird, daß bei Verzicht auf Vorsorgemaßnahmen fast keine Änderung gegenüber 1987 zu verzeichnen ist. Die Auflagen der Strategie I, die nur für die Wasserschutzgebiete gelten, führen ebenfalls nur zu einer geringen Verminderung der regionalen Stickstoffüberschüsse, was sich in der Kartendarstellung optisch in einem etwas helleren Gesamtbild niederschlägt. Die Strategie II A bewirkt die drastischste Verminderung der Überschüsse. Von allen 240 RAUMIS-Regionen fallen nur vier nicht in die Klasse "Unter 87 kg N/ha", während 1987 noch 90 % aller Regionen Überschüsse von mehr als 87 kg N/ha aufwiesen.

Eine deutliche Verringerung der potentiellen Grundwassergefährdung durch Stickstoffüberschüsse gegenüber der Referenzsituation 1987 bzw. 2005 (Verzicht auf Vorsorgemaßnahmen) bewirkt auch die Strategie II B. Auffällig ist insbesondere der große Abbau der Überschüsse in den nordwestdeutschen Veredlungsregionen, so daß dort nur noch fünf Regionen in die Klasse mit den höchsten Überschüssen fallen.

In **Abb.** 1 sind die durchschnittlichen sektoralen Stickstoffüberschüsse dem realen Einkommen je Voll-Arbeitskraft in der Landwirtschaft gegenübergestellt. Bei den Pro-Kopf-Einkommen fällt auf, daß diese unabhängig davon, ob Vorsorgemaßnahmen ergriffen werden oder nicht, im Simulationsjahr 2005 unter denen des Jahres 1987 liegen und daß ein größerer Anteil des Einkommens aus (Netto-)Transferzahlungen (Subventionen abzüglich Produktionssteuern) herrührt.

Bei den durchschnittlichen Stickstoffüberschüssen bestehen zwischen 1987 und 2005 bei Verzicht auf Vorsorgemaßnahmen und bei Strategie I keine wesentlichen Unterschiede. Ein drastischer Abbau der Überschüsse ist nur bei der Strategie II A zu verzeichnen, wobei diese Rückführung der Überschüsse aber nicht mit einem deutlich geringeren Pro-Kopf-Einkommen als bei den anderen Varianten für 2005 verbunden ist.

Abb. 1: **Nettowertschöpfung je Voll-Arbeitskraft (real) und Stickstoffüberschuß im Durchschnitt der alten Länder der Bundesrepublik Deutschland**

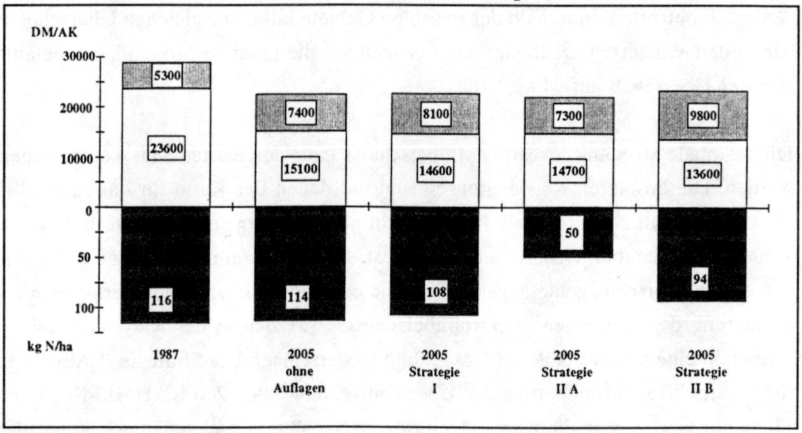

Quelle: RAUMIS, Bonn1992.

Auf die Auswirkungen der Stickstoffüberschüsse für die Wasserwirtschaft (Kosten für die Aufbereitung von Grundwasser, Planungs-, Überwachungs- und Ausweichkosten) kann an dieser Stelle nicht eingegangen werden. Hierfür wird auf BÜTOW UND HOMANN (1992) und auf den zur Zeit (Stand April 1993) noch in der Bearbeitung befindlichen Bericht des Büros für Technikfolgen-Abschätzung des Deutschen Bundestages zum TA-Projekt "Grundwasserschutz und Wasserversorgung" verwiesen.

Karte 3: Stickstoffüberschüsse in den RAUMIS-Regionen im Jahr 2005 bei Verzicht auf Vorsorgemaßnahmen

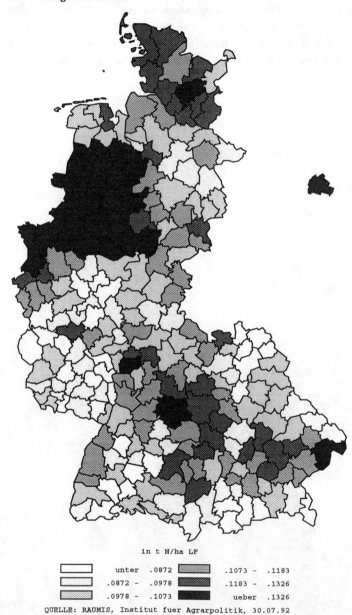

Karte 4: Stickstoffüberschüsse in den RAUMIS-Regionen im Jahr 2005 bei Vorsorgestrategie I

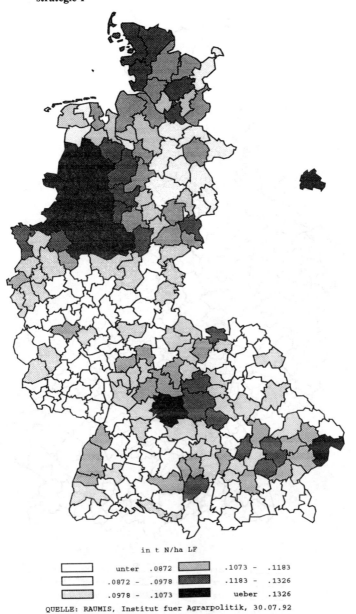

Karte 5: Stickstoffüberschüsse in den RAUMIS-Regionen im Jahr 2005 bei Vorsorgestrategie II A

Karte 6: Stickstoffüberschüsse in den RAUMIS-Regionen im Jahr 2005 bei Vorsorgestrategie II B

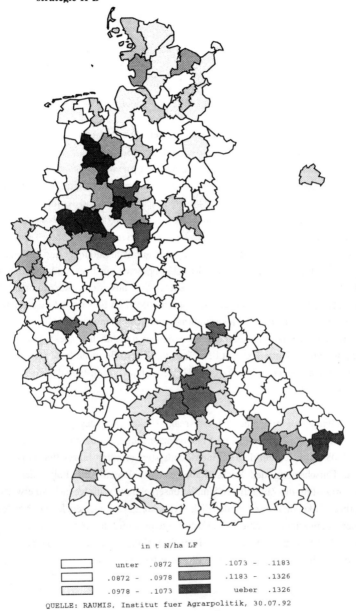

5 Zusammenfassung und Schlußbetrachtung

Der vorliegende Beitrag beschäftigt sich mit den sektoralen und regional differenzierbaren Auswirkungen alternativer Vorsorgestrategien zum Schutz des Grundwassers auf die Landwirtschaft. Diese Auswirkungen wurden mit Hilfe des "Regionalisierten Agrar- und Umweltinformationssystems für die alten Länder der Bundesrepublik Deutschland" (RAUMIS) unter Berücksichtigung der durch die EG-Agrarreform veränderten agrarpolitischen Rahmenbedingungen quantifiziert.

Unterschieden wurden drei Maßnahmenbündel: Die Strategie I des räumlich differenzierten Grundwasserschutzes zielt auf den Schutz des Grundwassers als *Trinkwasser*ressource und sieht Bewirtschaftungsauflagen und Ausgleichszahlungen für Wasserschutzgebiete, die die Einzugsgebiete von Wasserversorgungsunternehmen vollständig abdecken sollen, vor. Der Strategie II liegt das Leitbild des flächendeckenden Schutzes des Grundwassers im Hinblick auf seine Funktionen im Wasserkreislauf und in Ökosystemen zugrunde. Dafür wurden zwei Varianten spezifiziert. Variante A sieht als wichtigste Instrumente Stickstoffabgaben auf Mineraldünger und Gülleüberschüsse vor. Für entstehende Bewirtschaftungserschwernisse sind bundesweit einheitliche Ausgleichszahlungen vorgesehen, die aus dem Aufkommen der Stickstoffabgaben finanziert werden. Bei Variante B gelten Bewirtschaftungsauflagen und Ausgleichszahlungen für die als grundwasserverletzlich eingestuften Gebiete. Zwar wurden bei der Spezifizierung aller drei Szenarien auch rechtliche Aspekte und Fragen der administrativen Umsetzbarkeit berücksichtigt. Diese Bereiche lassen sich jedoch nur schwer quantifizieren und waren nicht Untersuchungsgegenstand des Forschungsvorhabens.

Die Modellanalysen ergeben, daß das reale Einkommen des gesamten Sektors Landwirtschaft unabhängig davon, ob Vorsorgemaßnahmen ergriffen werden oder nicht, im Jahr 2005 deutlich unter dem des im Modellsystem erfaßten Jahres 1987 liegt. Eine spürbare Entschärfung der Stickstoffüberschußproblematik als Folge der EG--Agrarreform ist für die Zukunft den Simulationsergebnissen zufolge nicht zu erwarten. Zwar führen sinkende Preise für pflanzliche Produkte zu verringertem Düngemitteleinsatz, aber zu erwartende züchterische Fortschritte bis zum Jahr 2005 (höhere Erträge), zunehmende Flächenanteile düngungsintensiver Kulturen und interregionale Verschiebungen der Anbaustruktur heben diesen Effekt wieder auf.

Durch die Auflagen in Wasserschutzgebieten (Strategie I) sinkt der Stickstoffüberschuß bezogen auf die gesamte Fläche nur leicht im Vergleich zum Szenario ohne Vorsorgemaßnahmen. Innerhalb der Wasserschutzgebiete sinkt der Stickstoffüberschuß aber stark. Um das gleiche Sektoreinkommen wie bei Verzicht auf Vorsorgemaßnahmen zu erzielen, sind Ausgleichszahlungen in Höhe von 275 Mio. DM notwendig.

Die Maßnahmen der Strategie II A führen zu einem relativ starken Rückgang des Stickstoffüberschusses, der vergleichbar ist mit dem der Strategie I in Wasserschutzgebieten. Selbst bei einer vollständigen Rückvergütung der Stickstoffabgaben von 440 Mio. DM liegt das Sektoreinkommen rund 0,7 Mrd. DM unter dem Vergleichswert bei Verzicht auf Vorsorgemaßnahmen.

Auch mittels Strategie II B wird im Durchschnitt über die gesamte Modellfläche keine starke Reduzierung des Stickstoffüberschusses erreicht. Zum Ausgleich des Einkommensrückganges ist knapp eine Milliarde DM erforderlich.

Eine Bewertung der relativen Vorzüglichkeit der einzelnen Maßnahmenbündel muß das Zielsystem einbeziehen. Soll der Grundwasserschutz lediglich zur Sicherstellung der Trinkwasserversorgung dienen, bietet die Strategie I wegen ihres räumlich differenzierten Ansatzes Vorteile. Wird jedoch ein über den Trinkwasserschutz hinausgehender Schutz des Grundwassers angestrebt, ist unter Berücksichtigung von Stickstoffüberschuß und Agrareinkommen die Strategie II A unter den hier untersuchten Alternativen am sinnvollsten. Die Strategie II A führt auch zu einer positiveren Einschätzung der potentiellen Bedeutung der landwirtschaftlichen Flächennutzung für den Arten- und Biotopschutz (HENRICHSMEYER, WEINGARTEN 1992, S 187 ff.).

Insgesamt erscheint es vor dem Hintergrund dieser Ergebnisse für einen flächendeckenden Schutz des Grundwassers als Ökosystem zweckmäßig zu sein, mit einer Stickstoffabgabe das Niveau der Überschüsse generell zu vermindern und zur Feinabstimmung des Schutzes des Grundwassers räumlich differenzierte Bewirtschaftungsauflagen dort einzusetzen, wo weiterhin als zu hoch angesehene Belastungspotentiale auftreten. Dabei kann es angebracht sein, vor Einführung einer Stickstoffabgabe zuerst noch abzuwarten, ob es aufgrund der EG-Agrarreform nicht doch in nächster Zukunft zu einem stärkeren Rückgang der Stickstoffüberschüsse kommen wird, auch wenn dies nach den Simulationsanalysen eher nicht zu erwarten ist.

Die bei den Modellanalysen unterstellten Hektarprämien für Hauptfrüchte und stillgelegte Flächen, die die durch die Agrarpreissenkungen der Agrarreform verursachten Einkommensrückgänge kompensieren sollen, sind sektoral wesentlich höher als die Ausgleichszahlungen im Rahmen der Vorsorgestrategien zum Schutz des Grundwassers. Wenn die reformbedingten Kompensationszahlungen (teilweise) von einer umweltverträglicheren Landbewirtschaftung abhängig gemacht werden könnten, so ständen damit umfangreiche Finanzmittel zur Verfügung, und die gesellschaftliche Akzeptanz solcher Kompensationszahlungen würde sich erhöhen.

6 Literatur

BACH, M. (1987): Die potentielle Nitratbelastung des Sickerwassers durch die Landwirtschaft in der Bundesrepublik Deutschland, Göttingen.

BECKER, H. (1991): Phosphor-, Kalium- und Stickstoffbilanzen in landwirtschaftlichen Betriebssystemen der Bundesrepublik Deutschland von 1977/78 - 1989/90, Arbeitsbericht 3/91 des Instituts für Betriebswirtschaft der Bundesforschungsanstalt für Landwirtschaft, Braunschweig.

BUNDESFORSCHUNGSANSTALT FÜR LANDWIRTSCHAFT (1990): Klimaveränderungen und Landbewirtschaftung, Braunschweig-Völkenrode.

BÜTOW, E., HOMANN, H., 1992: Endbericht zum Forschungsvorhaben "Quantitative Analyse von Vorsorgestrategien zum Schutz des Grundwassers im Verursacherbereich Landwirtschaft" im Rahmen des TA-Projektes "Grundwasserschutz und Wasserversorgung", Berlin.

DEHIO, J. (1993): Analyse der agrar- und umweltrelevanten Auswirkungen von Auflagen und Steuern im Pflanzenschutzbereich, Dissertation in Vorbereitung, Bonn.

HENRICHSMEYER, W., DEHIO, J., STROTMANN, B. (1992 a): Endbericht zum Forschungsvorhaben "Aufbau eines computergestützten regionalisierten Agrar- und Umweltinformationssystems für die Bundesrepublik Deutschland" - Ergebnisbeschreibung: Teil 2: Umweltpolitische Szenarien - (BMELF 88 HS 025), Bonn.

HENRICHSMEYER, W., DEHIO, J., STROTMANN, B. (1992 b): Simulationsergebnisse zu den Agrarreformvorschlägen der EG-Kommission mit dem Modellsystem RAUMIS für das Prognosejahr 1995, Gutachten, Bonn.

HENRICHSMEYER, W., DEHIO, J., VON KAMPEN, R., KREINS, P., STROTMANN, B. (1992): Endbericht zum Forschungsvorhaben "Aufbau eines computergestützten regionalisierten Agrar- und Umweltinformationssystems für die Bundesrepublik Deutschland" - Modellbeschreibung - (BMELF 88 HS 025), Bonn.

HENRICHSMEYER, W., KREINS, P. (1992): Endbericht zum Forschungsvorhaben "Aufbau eines computergestützten regionalisierten Agrar- und Umweltinformationssystems für die Bundesrepublik Deutschland" - EDV-Beschreibung - (BMELF 88 HS 025), Bonn.

HENRICHSMEYER, W., WEINGARTEN, P. (1992): Endbericht zum Forschungsvorhaben "Quantitative Analyse von Vorsorgestrategien zum Schutz des Grundwassers im Verursacherbereich Landwirtschaft" im Rahmen des TA-Projektes "Grundwasserschutz und Wasserversorgung", Bonn.

HENRICHSMEYER, W., ZIMMERMANN, N. (1992): Endbericht zum Forschungsvorhaben "Regional und betriebsstrukturell differenzierte Analyse von Szenarien mit nachwachsenden Rohstoffen unter Anwendung des regionalen Agrar- und Umweltinformationssystems RAUMIS", Bonn.

INDUSTRIEVERBAND AGRAR E.V.: Jahresbericht 1989/90.

ISERMANN, K. (1990): Die Stickstoff- und Phosphor-Einträge in die Oberflächengewässer der Bundesrepublik Deutschland durch verschiedene Wirtschaftsbereiche unter besonderer Berücksichtigung der Stickstoff- und Phosphor-Bilanz der Landwirtschaft und der Humanernährung, in: Schriftenreihe der Akademie für Tiergesundheit, Band 1, S. 358 - 413.

JÖRISSEN, J. (1992): TAB-Arbeitsbericht Nr. 10 - Kurzfassung, Bonn.

KÖSTER, W., SEVERIN, K., MÖHRING, D., ZIEBELL, H.-D. (1988): Stickstoff-, Phosphor- und Kaliumbilanzen landwirtschaftlich genutzter Böden der Bundesrepublik Deutschland von 1950 - 1986, Hannover.

KRAYL, E. (1993): Strategien zur Verminderung der Stickstoffverluste aus der Landwirtschaft, in: Landwirtschaft und Umwelt, Schriften zur Umweltökonomik, Bd. 8, Kiel.

MEYER, R. (1992): TA-Projekt "Grundwasserschutz und Wasserversorgung", Zwischenbericht zum Untersuchungsbereich "Vorsorgestrategien zum Schutz des Grundwassers im Verursacherbereich Landwirtschaft", Bonn.

STROTMANN, B. (1992): Analyse der Auswirkung einer Stickstoffsteuer auf Produktion, Faktoreinsatz, Agrareinkommen und Stickstoffbilanz unter alternativen agrarpolitischen Rahmenbedingungen, Dissertation, Bonn.

WEINGARTEN, P. (1990): Entwicklung eines Ansatzes zur Abschätzung der Auswirkungen veränderter Stickstoff- und Produktpreise auf Stickstoffeinsatz und Ertrag in den Kreisen der Bundesrepublik Deutschland am Beispiel von Winterweizen, Bonn.

WOLF, W. (1992): SPEL System, Methodological documentation, in: EUROSTAT, Theme 5, Series E, Luxembourg.

ZIMMERMANN, N. (1993): Analysen zur Wettbewerbsfähigkeit ausgewählter nachwachsender Rohstoffe für die Regionen der alten Länder der Bundesrepublik Deutschland, Dissertation in Vorbereitung, Bonn.

Instrumentarien

Bewertung umweltpolitischer Instrumente - dargestellt am Beispiel der Stickstoffproblematik
M. Scheele, F. Isermeyer und G. Schmitt

1 Einleitung

Ziel dieses Beitrages ist es, am Beispiel der Stickstoffproblematik einen systematischen Ansatz für die Beurteilung umweltpolitischer Strategien im Agrarbereich vorzustellen und anzuwenden. Der Beitrag ist eine stark gekürzte Fassung des Aufsatzes von SCHEELE/ISERMEYER/SCHMITT (1992).[1]

Die Stickstoffproblematik ist seit über einem Jahrzehnt ein agrar- und umweltpolitisches Dauerthema. Während sich die Diskussion zu Beginn der achtziger Jahre auf die Beeinträchtigung des Trinkwassers durch Nitrat konzentrierte, hat sich das Blickfeld inzwischen auf gasförmige Stickstoffemissionen und deren Bedeutung für den Artenschutz und den Klimaschutz erweitert.

Die Politik hat in den zurückliegenden Jahren bereits eine Reihe von Maßnahmen zur Verminderung von Stickstoffemissionen ergriffen; weitere Gesetze werden derzeit vorbereitet. Diese Regelungen beinhalten in erster Linie flächendeckende oder auf bestimmte Regionen begrenzte Bewirtschaftungsge- und -verbote (z. B. im Rahmen der Gülleverordnungen, bei der Umsetzung des Wasserhaushaltsgesetzes und in der geplanten Düngemittelanwendungsverordnung), teilweise werden aber auch im Rahmen von Subventionsprogrammen gezielte finanzielle Anreize zur Verringerung der Stickstoffemissionen gegeben (z. B. im MEKA-Programm und bei der Errichtung von Güllelagerraum).

In der Gewichtung, Ausgestaltung und Handhabung der bislang eingesetzten umweltpolitischen Instrumente gibt es zum Teil erhebliche Abweichungen zwischen den verschiedenen Bundesländern. Entsprechende Unterschiede gibt es auch bei den Überlegungen

---

[1] SCHEELE, M., ISERMEYER, F., SCHMITT, G. (1992): Umweltpolitische Strategien zur Lösung der Stickstoffproblematik in der Landwirtschaft. Arbeitsbericht 6/92 des Instituts für Betriebswirtschaft der FAL, Braunschweig. Diese ausführliche Fassung, die auch weiterführende Literaturverweise enthält, erscheint demnächst in der Agrarwirtschaft.

zur künftigen Weiterentwicklung des umweltpolitischen Instrumenteneinsatzes, so z. B. bezüglich der Ausgestaltung der Düngemittelanwendungsverordnung oder bezüglich der aktuellen Diskussion um eine Abgabe auf mineralische Stickstoffdüngemittel.

Seitens der Wissenschaft wurde in den letzten Jahren ein breites Spektrum von Instrumenten zur Lösung der Stickstoffproblematik diskutiert. Während einige Wissenschaftler direkte Verhandlungen zwischen Landwirten und Konsumenten propagieren, bei denen der Staat lediglich die Verfügungsrechte festzulegen habe, ohne darüber hinaus instrumentell einzugreifen, werden von anderen umfassende umweltpolitische Aktivitäten des Staates wie z. B. die Einführung einer Stickstoffsteuer in Höhe von mehreren hundert Prozent des Stickstoffpreises vorgeschlagen. In der Literatur werden außerdem handelbare Umweltnutzungsrechte, Güllekataster, Verschärfungen im Umwelthaftungsrecht und andere Maßnahmen diskutiert. Solche Vorschläge werden häufig verbunden mit Anregungen zur Kontrolle von Maßnahmen (z. B. Aufzeichnungspflichten, N_{min}-Untersuchungen, Analyse von Wasserproben) und hinsichtlich einer Kompensation von Einkommensverlusten (z. B. Hektarprämien mit oder ohne Berücksichtigung des betrieblichen Viehbesatzes, Freibeträge für bestimmte Dünger-Grundmengen je Hektar LF, Produktpreiserhöhungen).

Mit dem Ziel einer Systematisierung der Diskussion wird im folgenden zunächst kurz auf die stofflichen Grundlagen des Stickstoffproblems eingegangen. Dabei wird herausgearbeitet, daß sich hinter dem Stickstoffproblem verschiedene Teilaspekte verbergen, die sich hinsichtlich ihrer stofflichen Voraussetzungen beträchtlich voneinander unterscheiden. Anschließend werden die verfügbaren umweltpolitischen Aktionsparameter systematisiert. Diese Systematisierung bezieht sich nicht nur auf die üblicherweise behandelten umweltpolitischen Instrumente wie z. B. Auflagen oder Abgaben, sondern berücksichtigt auch die bislang oft vernachlässigten Aktionsparameter der Umweltpolitik, nämlich die technologische Ansatzstelle, den Adressaten und den Regelungsraum. Im weiteren Verlauf der Ausführungen werden verschiedene Ausgestaltungs- und Kombinationsmöglichkeiten dieser Aktionsparameter im Hinblick auf eine rationale Lösung verschiedener Teilprobleme des Stickstoffproblems diskutiert und Vorschläge für die Umweltpolitik abgeleitet.

Bei dieser Diskussion wird unterstellt, daß sich eine Lösung des Stickstoffproblems nicht schon durch eine Korrektur der agrarpolitischen Rahmenbedingungen herbeiführen läßt. Zwar wird eine Reduzierung der Agrarpreisstützung und der Investitionsförderung zumindest längerfristig zu einer erheblichen Verringerung der

Stickstoffemissionen der europäischen Landwirtschaft führen, doch würde sich wahrscheinlich auch bei einem weitgehenden Verzicht auf agrarpolitische Stützungsmaßnahmen keine hinreichende Lösung des Stickstoffproblems einstellen.

Aus Platzgründen wird in der hier vorliegenden Kurzfassung auf eine ökonomisch-theoretische Einordnung des Stickstoffproblems verzichtet. Hierzu ist auf den umfassenderen Beitrag von SCHEELE/ISERMEYER/SCHMITT (1992) zu verweisen, in dem die Stickstoffproblematik unter Bezugnahme auf die Theorie öffentlicher Güter diskutiert wird. Wie dort gezeigt wird, bedingt der hohe Öffentlichkeitsgrad der betroffenen Umweltgüter, daß die Umweltprobleme allein durch die Zuteilung von Verfügungsrechten nicht zu lösen sind. Unter den gegebenen stofflichen Voraussetzungen können sich keine funktionsfähigen Märkte für die Umweltressourcen herausbilden. Deshalb ist die Etablierung kollektiv-politischer Allokationsmechanismen unumgänglich. Bei der Ausgestaltung der Umweltpolitik läßt sich jedoch der Öffentlichkeitsgrad für einzelne Nutzergruppen erheblich reduzieren, wodurch die Voraussetzung für eine effiziente Umsetzung der Umweltpolitik durch Marktmechanismen geschaffen werden kann.

2 Worin besteht das Stickstoffproblem?

Umfassende Kenntnisse der räumlichen Dimension und der stofflichen Determinanten des Umweltproblems sind eine wichtige Voraussetzung für die sachgerechte Ausgestaltung der Umweltpolitik. Bei näherer Betrachtung der Stickstoffproblematik zeigt sich, daß es im Grunde nicht um ein, sondern um mindestens drei ökologische Teilprobleme geht. Diese drei Teilprobleme lassen sich nach den jeweils betroffenen Schutzgütern systematisieren. Wie die nachfolgende Auflistung zeigt, weisen die Teilprobleme in bezug auf ihre stofflichen Voraussetzungen, auf die räumliche Dimension, Identifizierbarkeit, Zusammensetzung und räumliche Verteilung der betroffenen Personenkreise sowie hinsichtlich der technischen Möglichkeiten zur Kontrolle individueller Umwelteinwirkungen beträchtliche Unterschiede auf, die es bei der Implementierung umweltpolitischer Maßnahmen und bei deren ökonomischer Bewertung zu beachten gilt.

2.1 Wasserschutz

Stickstoffemissionen mit negativer Wirkung auf die Qualität des aus *Grundwasser* geförderten Trinkwassers sind zu einem erheblichen Teil auf Nitratauswaschungen in Wassereinzugsgebieten zurückzuführen. Die räumliche Dimension dieses Teilproblems läßt sich in vielen Regionen relativ genau bestimmen.[2] Sowohl die Gruppe der Stickstoffemittenten als auch die Gruppe der Wasserkonsumenten ist relativ sicher identifizierbar. Die relativ genaue Lokalisierbarkeit des Schutzbedarfes impliziert im Umkehrschluß, daß Emissionsminderungen außerhalb des Wassereinzugsgebietes zur Lösung des Trinkwasserproblems nur in sehr begrenztem Maße beitragen können.

Während die kausale Rückführung eines Schadens auf die gesamte Gruppe von Emittenten prinzipiell möglich erscheint, gestaltet sich der Nachweis kausaler Zusammenhänge zwischen den Emissionsbeiträgen einzelner Emittenten im Wassereinzugsgebiet und der Höhe der Gesamtimmission am Wasserwerk wesentlich schwieriger. Erstens läßt sich der Einfluß der Emissionen aus diffusen Quellen, z. B. durch Lufteintrag oder durch Stoffwechselprozesse im Boden, nur schwer ermitteln. Zweitens gilt für jede noch so gezielte Düngung, daß die Emission von Stickstoffverbindungen eine unvermeidliche Begleiterscheinung ist, deren Intensität allerdings in Abhängigkeit von klimatischen Bedingungen, Düngerart, Produktionstechnik und Fruchtfolge erheblich schwanken kann. Drittens erfolgt der Eintrag von Nitrat in den Grundwasserleiter nicht als gleichmäßiger Diffusionsprozeß, sondern ist in hohem Maße von den geomorphologischen und geophysikalischen Bedingungen verschiedener Standorte abhängig. So weisen unterschiedliche Bodenarten und Untergründe ein unterschiedliches Wasserhaltevermögen, unterschiedliche Assimilationskapazitäten und unterschiedliche Strömungsbedingungen auf. Infolgedessen muß von einer zum Teil sogar kleinräumig sehr stark variierenden Sensibilität verschiedener Teilflächen gegenüber anthropogenen Stickstoffemissionen ausgegangen werden.

Noch größere Schwierigkeiten hinsichtlich der Identifizierung von Emittentengruppen, umweltrelevanten Wirkungszusammenhängen und Betroffenen bestehen beim Schutz von *Oberflächengewässern*. Einerseits steht der Schutz der Oberflächengewässer eben-

---

[2] Auf der anderen Seite gibt es zahlreiche Regionen, in denen eine exakte Abgrenzung von Trinkwassereinzugsgebieten praktisch nicht möglich ist, weil Stickstoffverbindungen über unterirdische Grundwasserströme oder Oberflächengewässer großräumig verfrachtet werden. Außerdem sind die unten diskutierten Vorsorgeaspekte zu beachten.

falls im Dienst der Trinkwassergewinnung; darüber hinaus gilt er aber in stärkerem Maße der ökologischen Stabilität von weitläufigen Gewässern sowie der Verringerung der Emission gasförmiger Stickstoffverbindungen aus Seen und Meeren (vgl. Kapitel 2.3). Dieser globale Problemzusammenhang und die Unsicherheiten bei der Bestimmung der von klimatischen Verhältnissen, Strömungsgeschwindigkeit und biologisch-chemischer Beschaffenheit abhängigen Assimilationskapazität von Gewässern sind bei der Frage nach den Möglichkeiten einer räumlich differenzierten Feinsteuerung des Oberflächengewässerschutzes zu beachten.

Die räumlichen Dimensionen des Gewässerschutzes sind schließlich auch nicht losgelöst von *Vorsorgeaspekten* zu diskutieren. So läßt sich die Forderung einer flächendeckenden Rückführung der Nitrateinträge damit begründen, daß weder eine künftige Ausdehnung der Trinkwassernachfrage noch eine Verminderung der Leistungsfähigkeit der gegenwärtig genutzten Trinkwasserquellen (z. B. durch klimatische Veränderungen oder ducrh anthropogene Schadstoffeinträge) auszuschließen ist. In diesem Zusammenhang sollte auch berücksichtigt werden, daß das Denitrifizierungsvermögen des Untergrundes und damit die Eignung für eine zukünftige Wasserversorgung durch dauerhaft überhöhte Nitrateinträge unwiderbringlich verlorengehen kann.

2.2 Arten- und Landschaftsschutz

Stickstoffemissionen mit negativer Wirkung auf die Artenvielfalt erfolgen zum einen in Form von Ammoniakemissionen, die - durch Luftströmungen verfrachtet - beim Niedergang auf oligotrophen Standorten zu einer Veränderung des Artenspektrums führen. Zum anderen führen Stickstoffverbindungen in oberflächigen Abschwemmungen zu einer Eutrophierung von Gewässern (vgl. Kapitel 2.1). Es ist offensichtlich, daß die Identifizierung eines Kausalzusammenhanges zwischen individueller Emission und konkreter Immission bei diesem Teilproblem erheblich schwieriger ist als etwa beim Teilproblem des Grundwasserschutzes. Emissions- und Immissionsstandorte lassen sich aber durchaus räumlich identifizieren, so daß sich zwischen dem Stickstoffeintrag an einem Standort und der Stickstoffemission an einem anderen Standort ein - wenn auch sehr vager - kausaler Bezug herstellen läßt. Dem Artenschutz ist allerdings auch eine globale Dimension zuzuschreiben, weil Veränderungen des Artenspektrums grundsätzlich das Risiko unvorhersehbarer ökologischer Folgewirkungen beinhalten, deren regionale Ausdehnung kaum abschätzbar ist. Außerdem ist auf die potentiell globale Beeinträchtigung des Artenschutzes durch die Veränderungen des Erdklimas zu verweisen, die u. a. durch die Wirkung gasförmiger Stickstoffverbindungen als Treibhausgas mitverursacht werden.

2.3 Klimaschutz

Stickstoffemissionen mit unerwünschten Wirkungen auf das Klima erfolgen in Form gasförmiger Stickstoffverbindungen, die teilweise als Treibhausgas wirken, teilweise zur Zerstörung des erdumspannenden Ozonmantels beitragen. Bei diesen beiden Teilaspekten des Stickstoffproblems handelt es sich ohne Zweifel um globale Umweltprobleme. Der Kreis der potentiell Geschädigten erstreckt sich auf die gesamte Menschheit. Eine kausale Rückführung konkreter Schäden auf einzelne Emittenten oder eine räumliche Eingrenzung von Schadensbeiträgen ist angesichts der komplexen Diffusions- und Wirkungsprozesse praktisch nicht möglich. Prinzipiell kann - im Unterschied zu einigen der vorangehend diskutierten Teilprobleme - jede Emissionsverringerung, unabhängig vom Standort des Emittenten, als Beitrag zur Schadensminderung angesehen werden. Es ist allerdings darauf hinzuweisen, daß die Unsicherheit hinsichtlich der Ursache-Wirkungs-Beziehungen und damit auch hinsichtlich der Vorteilhaftigkeit unterschiedlicher technischer Problemlösungen bei diesem Teilproblem noch wesentlich größer ist als bei den zuvor diskutierten Teilproblemen.

3 Aktionsparameter der Umweltpolitik und Kriterien für die Ausgestaltung umweltpolitischer Maßnahmen

Im folgenden sollen die wesentlichen Bausteine umweltpolitischer Strategien und einige grundlegende Gestaltungsprinzipien erläutert werden. In Abweichung zur gängigen Vorgehensweise der umweltökonomischen Literatur, die die konkrete Ausgestaltung der Umweltpolitik oft ausschließlich als ein Problem der adäquaten Instrumentenwahl diskutiert, werden wir aufzeigen, daß die Instrumentenwahl nur einer von vier Aktionsparametern ist. So ist es erforderlich, über die Wahl des geeigneten Instrumententyps (z. B. Auflage, Lizenz, Abgabe, Subvention) hinaus eine Bestimmung der technologischen Ansatzstelle (z. B. Immission, Emission, Produkt, Produktionsprozeß, Produktionsmittel), der Adressaten umweltpolitischer Maßnahmen (z. B.

Landwirte, Vorleistungsindustrie, Importeure) und des problemadäquaten Regelungsraumes (z. B. regional eingegrenzte Regelungen, nationale, EG-weite oder globale Regelungen) vorzunehmen.

Bei der vergleichenden Analyse umweltpolitischer Maßnahmen müssen die spezifischen Wirkungen dieser vier verschiedenen Aktionsparameter (Ansatzstelle, Adressat, Regelungsraum, Instrument) stets sorgfältig unterschieden werden. Die traditionellen, auf die Instrumentenwahl reduzierten umweltökonomischen Konzeptionen nehmen häufig nicht zur Kenntnis, daß Vorzüge oder Schwachstellen umweltpolitischer Maßnahmen oft nicht auf die Wirkung der diskutierten Instrumente, sondern auf die bei der Diskussion verschiedener Instrumente implizit unterstellte Konstellation der drei übrigen Aktionsparameter zurückzuführen sind. Diese Fehleinschätzungen hinsichtlich der Wirkungsweise umweltpolitischer Instrumente können insbesondere dann zu nicht sachgerechten Empfehlungen führen, wenn versucht wird, die Effizienz umweltpolitischer Maßnahmen durch einen Wechsel der Instrumente zu verbessern, obwohl eigentlich ein Wechsel der technologischen Ansatzstelle, ein Wechsel des Adressaten umweltpolitischer Maßnahmen oder ein sachgerechterer Zuschnitt des Regelungsraumes geboten wäre.

Im folgenden wird zunächst eine kurze Charakterisierung der Aktionsparameter der Umweltpolitik vorgenommen. Anschließend ist das grundlegende Optimierungskalkül für eine rationale Umweltpolitik vorzustellen, wobei vom Ziel einer kostenminimalen Umsetzung politisch vorgegebener Qualitätsziele ausgegangen wird. Auf diese Weise wird ein Rahmen für eine umfassende Diskussion unterschiedlicher umweltpolitischer Strategien zur Lösung der Stickstoffproblematik geschaffen. In Kapitel 4 wird exemplarisch dargestellt, wie dieser Rahmen - zugeschnitten auf die in Kapitel 2 herausgearbeiteten Teilprobleme - zu füllen ist.

3.1 Aktionsparameter der Umweltpolitik
3.1.1 Technologische Ansatzstelle

Die umweltpolitisch relevante Zielgröße von Maßnahmen zur Lösung des Stickstoffproblems ist in letzter Konsequenz die Reduzierung der Stickstoffimmissionen. Dennoch setzen viele umweltpolitische Maßnahmen und Kontrollaktivitäten nicht auf der Immissions-, sondern auf der Emissionsseite an, weil die Kontrolle von Immissionen und deren Rückführung auf individuelle Emissionsbeiträge technisch nicht möglich oder im Vergleich zu alternativen Lösungen zu kostspielig ist. In vielen Fällen kommt aber auch die Emission nicht als technologische Ansatzstelle in Frage, weil das Emissionsgeschehen mit einer intensiven Diffusion des Schadstoffes im Umweltmedium einhergeht und eine direkte Messung technisch nicht möglich ist oder vergleichsweise hohe Kosten verursacht. In diesen Fällen muß die Umweltpolitik an Stellvertretergrößen wie z. B. dem Mineraldüngereinsatz, dem Mineraldüngervertrieb, dem Stickstoffbilanzüberschuß, dem Viehbesatz, dem Güllelageraum, der Stallkonstruktion, der Fruchtfolge oder der technischen und zeitlichen Gestaltung bestimmter Bewirtschaftungspraktiken ansetzen. Solche Stellvertretergrößen unterscheiden sich aber nicht nur hinsichtlich ihres kausalen Bezuges zur Stickstoffemission und damit hinsichtlich der Eignung für einen zielgenauen Einsatz umweltpolitischer Maßnamen, sondern auch hinsichtlich ihrer spezifischen Kontroll- und Überwachungskosten.

3.1.2 Adressat

Umweltpolitische Maßnahmen zielen letztlich darauf ab, Emittenten zu Verhaltensänderungen zu bewegen. Dazu müssen jedoch nicht notwendigerweise die Landwirte, die Stickstoffemissionen verursachen, zum unmittelbaren Adressaten gemacht werden. Der Gesetzgeber kann den Mechanismus der Vor- und Rücküberwälzung von Kosten zwischen verschiedenen Wirtschaftssektoren nutzen und anstelle der Landwirte die Vorleistungsindustrie, den Handel mit landwirtschaftlichen Produkten und Vorleistungen oder die Konsumenten als Adressaten für die umweltpolitische Maßnahme auswählen. Der durch das umweltpolitische Instrument ausgelöste Regelungsimpuls wird dann von den Adressaten teilweise auf die Landwirte überwälzt, indem bestimmte Vorleistungs- oder Konsumgüter verteuert bzw. verbilligt werden. Die Auswahl des Adressaten umweltpolitischer Maßnahmen hat Konsequenzen für die Höhe der Administrations- und Kontrollkosten, aber auch für die Zielgenauigkeit des umweltpolitischen Mitteleinsatzes.

3.1.3 Regelungsraum

Als dritter Aktionsparameter der Umweltpolitik ist der umweltpolitische Regelungsraum einer umweltpolitischen Maßnahme zu nennen. Der Zuschnitt des Regelungsraumes trägt dem Umstand Rechnung, daß Umweltprobleme im allgemeinen und die Teilaspekte der Stickstoffproblematik im besonderen je nach Diffusionseigenschaften der Schadstoffe oder der Anordnung von Schadstoffquellen eine räumlich differenzierte Struktur haben. Unterschiedliche klimatische Verhältnisse, Bodenarten, Fließgeschwindigkeiten, Bodenprofile und Assimilationskapazitäten können an verschiedenen Standorten zu unterschiedlichen Schadstoffakkumulationen führen. Auch stellen lokal unterschiedliche Schutzziele (insbesondere Naturschutz, Trinkwasserschutz) sowie die Bewältigung überregionaler und globaler Umweltprobleme (z. B. Klimaschutz, Schutz der Meere) spezifische Anforderungen an die räumliche Verteilung und Wirksamkeit umweltpolitischer Regelungsimpulse. Für den adäquaten Zuschnitt des Regelungsraumes sind außerdem Fragen der Administrierbarkeit (z. B. Übereinstimmung zwischen den Grenzen von Regelungsräumen und Verwaltungseinheiten) sowie politisch artikulierte Ansprüche hinsichtlich einer umweltpolitischen Gleichbehandlung von Bedeutung.

Es hat sich bewährt, den Regelungsraum wie folgt zu definieren:

- Innerhalb eines Regelungsraumes gilt ein einheitlicher umweltpolitischer Mitteleinsatz.
- Innerhalb eines Regelungsraumes gilt eine einheitliche Regelungsintensität.
- Innerhalb eines Regelungsraumes können die Beiträge zur Emissionsverminderung flexibel zwischen den Emittenten aufgeteilt werden; die Kumulation von Emissionen ist zulässig.

Der Regelungsraum ist nicht zu verwechseln mit dem Geltungsbereich von Umweltgesetzen; ein Umweltgesetz kann die Schaffung einer Vielzahl von Regelungsräumen vorsehen. Aus der Definition ergibt sich außerdem, daß der Regelungsraum nicht identisch ist mit dem Geltungsbereich gleicher Auflagen. Auflagen richten sich auf den einzelnen Betrieb oder einzelne Flächen. Eine unbeschränkte Kumulation von Emissionen ist nur innerhalb dieser Einheiten zulässig. Infolgedessen ist nicht die Region, in der gleiche Auflagen gelten, sondern der einzelne Betrieb oder die einzelne Fläche als jeweils eigener Regelungraum anzusehen. Anders verhält es sich, wenn Abgaben, Subventionen oder die Höhe von Emissionslizenzen regional differenziert werden. In diesen Fällen ist jede der abgegrenzten Regionen als ein eigenständiger Regelungsraum anzusehen, innerhalb dessen individuelle Emissionsbeiträge flexibel auf die verschiedenen Standorte aufgeteilt bzw. kumuliert werden können.

3.1.4 Instrument

Die Instrumente determinieren die Art und Höhe des Regelungsimpulses, mit dem letztlich die Emittenten zu einer Veränderung ihres Verhaltens veranlaßt werden sollen. Die Instrumente lassen sich mit unterschiedlichen technologischen Ansatzstellen, Adressaten und Regelungsräumen kombinieren. Sie sind ihrem Charakter nach auf zwei Grundtypen zurückzuführen[3]:

Die **mengensteuernden Instrumente** (Auflagen, Lizenzen) beeinflussen direkt den Emissionsumfang, den Einsatz von Vorleistungsgütern oder den Ausstoß von Produkten, deren mengenmäßiges Aufkommen in kausaler Beziehung zur Höhe des Emissionsumfanges steht. Die Varianten dieser Instrumentengruppe unterscheiden sich hinsichtlich des individuellen Anpassungsspielraumes. Die Auflage gibt jedem Emittenten unveränderbare Verhaltensvorgaben; bei der Lizenzlösung sind die Vorgaben der Emissionsreduzierung zwischen den Emittenten flexibel transferierbar.

Die **preissteuernden Instrumente** (Abgaben, Subventionen) geben Preissignale, die beim einzelnen Emittenten emissionsmindernde ökonomische Anpassungen bewirken sollen. Auch Preisanreize beziehen sich entweder direkt auf den Emissionsumfang oder auf Vorleistungsgüter und Produkte, deren Aufkommen mit Emissionen korreliert ist. Der grundlegende Unterschied zwischen Abgaben und Subventionen besteht darin, daß die Emissionsverminderung bei Abgaben durch das individuelle Interesse an einer

---

[3] Neben den hier genannten Maßnahmen verfügt der Staat außerdem über vielfältige indirekte Maßnahmen zur Beeinflussung der Umweltwirkungen. Hierzu gehören z. B. Aufklärung, Beratung und Forschungspolitik, aber auch eine umweltpolitisch motivierte Veränderung agrarpolitischer Rahmenbedingungen. Die Bedeutung der eher indirekt wirkenden Instrumente für den praktischen Umweltschutz sollte nicht gering geschätzt werden. Hervorzuheben ist hier insbesondere der Ausbau von Forschung und Beratung. Gelingt es z. B. durch eine entsprechend ausgerichtete **Forschung**, neue Produktionstechniken zu entwickeln, die sowohl umweltfreundlicher als auch rentabler sind, können sich weitergehende umweltpolitische Eingriffe unter Umständen erübrigen. Wie hoch der Wirkungsgrad umweltpolitischer Strategien ist, die ausschließlich auf eine verbesserte **Beratung** der Landwirte abzielen, hängt vor allem davon ab, ob die Emissionsvermeidung im wirtschaftlichen Eigeninteresse der Landwirte liegt. Ist das nicht der Fall, wird man auf weitergehende umweltpolitische Maßnahmen nicht verzichten können. Der Beratung kann dabei dann nur eine ergänzende Funktion zukommen. Grundsätzlich lassen sich die eher indirekt wirkenden Instrumente wie z. B. Forschung und Beratung ebenfalls mit den drei anderen Aktionsparametern kombinieren, unter Anwendung der hier vorgestellten Methodik diskutieren und in umweltpolitische Strategien integrieren.

Kostensenkung und bei Subventionen durch das individuelle Interesse an einem Erlöszuwachs stimuliert wird.

3.2 Kriterien für die Ausgestaltung umweltpolitischer Maßnahmen

Eine ökonomische Beurteilung der verschiedenen Ausgestaltungs- und Kombinationsmöglichkeiten für die Aktionsparameter der Umweltpolitik muß sich an dem Ziel orientieren, die Realisierung eines vorgegebenen Umweltstandards zu minimalen volkswirtschaftlichen Kosten zu verwirklichen.[4] Selbstverständlich ist die Festlegung des Umweltstandards selbst prinzipiell ein Problem ökonomischer Abwägung. Indes erscheint es angesichts der Komplexität und der noch ungelösten theoretischen und methodischen Probleme bei der ökonomischen Bewertung der Umweltqualität angebracht, die Umweltstandards als politisch bestimmte Daten zugrundezulegen. Für die Beurteilung der umweltpolitischen Strategien zur Realisierung dieser Umweltstandards empfiehlt es sich, die insgesamt entstehenden Kosten in drei Kostenkomponenten zu unterteilen, nämlich

- Kosten, die durch den Verzicht auf alternative Produktion aufgrund der Verfolgung von Umweltzielen entstehen (im folgenden: Opportunitätskosten[5])
- Kosten, die bei der administrativen Umsetzung und Kontrolle umweltpolitischer Maßnahme entstehen (im folgenden: Administrations- und Kontrollkosten)
- Kosten, die bei der politischen Entscheidungsfindung über den umweltpolitischen Instrumenteneinsatz entstehen (im folgenden: Konsensfindungskosten)

---

[4] Der Kostenbegriff erstreckt sich in diesem Zusammenhang nicht nur auf monetäre Kosten, sondern umfaßt auch negative Beiträge zu gesellschaftspolitischen Zielen. Hierzu gehören auch umweltpolitische Ziele. Die Abweichung vom Kostenminimum bei der Verfolgung eines umweltpolitischen Zieles führt zu einer unnötigen Bindung von Ressourcen, die ansonsten für die Verfolgung anderer Ziele (unter anderem auch umweltpolitischer Ziele) eingesetzt werden könnten.

[5] Grundsätzlich sind alle Kosten, d. h. auch die Transaktionskosten (Administrations-, Kontroll- und Konsensfindungskosten), Opportunitätskosten. Aus Gründen der analytischen Klarheit betrachten wir die Transaktionskosten gesondert. Gleichzeitig folgen wir dem Opportunitätskostenbegriff des Nirwana-Approach, bei dem das Allokationsoptimum unter Abwesenheit von Transaktionskosten definiert wird. Abweichungen vom Opportunitätskostenminimum ergeben sich in unserem Ansatz durch einen trade-off zwischen der Einsparung von Transaktionskosten und dem zusätzlichen Verzicht auf alternative Produktion.

Diese Unterscheidung erscheint sinnvoll, weil die genannten Kostenkomponenten durch die Gestaltung der vier Aktionsparameter der Umweltpolitik (Ansatzstelle, Adressat, Regelungsraum, Instrument) auf den verschiedenen Ebenen des Entscheidungsprozesses sehr unterschiedlich beeinflußt werden. Die Reduktion einer der genannten Kostenarten durch eine alternative Gestaltung der umweltpolitischen Aktionsparameter führt häufig zum Anstieg der beiden übrigen Kostenkomponenten. So ist es z. B. denkbar, daß durch eine treffgenaue, d. h. Fehlsteuerungen vermeidende umweltpolitische Maßnahme die Opportunitätskosten vermindert werden. Gleichzeitig kann die exaktere Feinsteuerung und Kontrolle des Produktionsprozesses aber höhere Kontrollkosten verursachen. Infolgedessen wird eine Abwägung zwischen dem Grenznutzen aus verbesserter Allokation und den Grenzkosten durch vermehrten administrativen Aufwand erforderlich. Häufig ist auch ein Abwägungsprozeß zwischen Konsensfindungskosten und Administrationskosten vorzunehmen, wenn nämlich leicht administrierbare Lösungen als besonders ungerecht empfunden werden und deshalb erhöhte Kosten für die Konsensfindung hervorrufen.

Am Ende dieses Abschnittes soll anhand des folgenden Schaubildes noch einmal im Überblick systematisiert werden, wie eine effiziente Umweltpolitik darauf abzielen muß, unterschiedliche Umweltqualitätsziele durch die Ausgestaltung und Kombination umweltpolitischer Aktionsparameter zu minimalen Gesamtkosten zu erreichen.

Elemente einer umweltpolitischen Strategie zur Lösung der Stickstoffproblematik in der Landwirtschaft

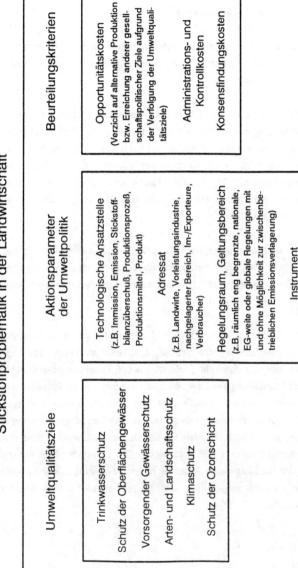

Umweltqualitätsziele

Trinkwasserschutz
Schutz der Oberflächengewässer
Vorsorgender Gewässerschutz
Arten- und Landschaftsschutz
Klimaschutz
Schutz der Ozonschicht

Aktionsparameter der Umweltpolitik

Technologische Ansatzstelle
(z.B. Immission, Emission, Stickstoffbilanzüberschuß, Produktionsprozeß, Produktionsmittel, Produkt)

Adressat
(z.B. Landwirte, Vorleistungsindustrie, nachgelagerter Bereich, Im-/Exporteure, Verbraucher)

Regelungsraum, Geltungsbereich
(z.B. räumlich eng begrenzte, nationale, EG-weite oder globale Regelungen mit und ohne Möglichkeit zur zwischenbetrieblichen Emissionsverlagerung)

Instrument
(z.B. Auflage, Abgabe, Subvention, Lizenz)

Beurteilungskriterien

Opportunitätskosten
(Verzicht auf alternative Produktion bzw. Erreichung anderer gesellschaftspolitischer Ziele aufgrund der Verfolgung der Umweltqualitätsziele)

Administrations- und Kontrollkosten

Konsensfindungskosten

Quelle: SCHEELE, ISERMEYER, SCHMITT (1992), Umweltpolitische Strategien zur Lösung der Stickstoffproblematik in der Landwirtschaft, Arbeitsbericht 6/92 des Institutes für Betriebswirtschaft der FAL, Braunschweig

4 Ausgestaltung und Kombination der Aktionsparameter in umweltpolitischen Strategien zur Lösung der Stickstoffproblematik

4.1 Vorbemerkungen zur Vorgehensweise

Die Anwendung des in Kapitel 3 erarbeiteten Beurteilungsansatzes für umweltpolitische Strategien auf die in Kapitel 2 dargestellten Teilprobleme der Stickstoffproblematik sollte in zwei Schritten erfolgen.

In einem ersten Schritt ist zu untersuchen, welche Ausgestaltungsalternativen der Aktionsparameter zur Lösung der verschiedenen Teilprobleme der Stickstoffproblematik in Betracht kommen und wie diese Alternativen bei jedem einzelnen Problem unter Opportunitäts-, Administrations- und Kontroll- sowie Konsensfindungskosten zu beurteilen sind. Es empfiehlt sich, dabei die Konstellation der jeweils anderen Aktionsparameter konstant zu halten und die Untersuchung der Wechselwirkungen der Aktionsparameter zunächst zurückzustellen.

Im zweiten Schritt sind dann unter Aufhebung der ceteris paribus-Bedingungen die Kombinationsmöglichkeiten der Aktionsparameter zu untersuchen, so daß die Ableitung optimaler umweltpolitischer Strategien zur Lösung der Teilprobleme der Stickstoffproblematik möglich wird.

Bei mindestens drei Teilproblemen der Stickstoffproblematik, vier Aktionsparametern, mindestens vier Ausgestaltungsalternativen für jeden Aktionsparameter und drei Beurteilungskriterien ergibt sich eine sehr große Matrix von Kombinationsmöglichkeiten, deren ausführliche Darstellung und Diskussion den Rahmen dieses Beitrages sprengen würde. Aus Platzgründen soll daher an dieser Stelle auf die Wiedergabe der Ergebnisse des ersten Untersuchungsschrittes ("Ausgestaltung der Aktionsparameter unter ceteris paribus-Bedingungen") verzichtet werden. Es wird auf die ausführliche Darstellung bei SCHEELE/ISERMEYER/SCHMITT (1992) verwiesen. Die wichtigsten Ergebnisse dieser Analyse werden im nachfolgenden Abschnitt über die optimale Kombination der Aktionsparameter wieder aufgegriffen und fließen in die daraus abgeleiteten Schlußfolgerungen ein.

4.2 Die Kombination der Aktionsparameter

Bei der Kombination der Aktionsparameter ist zu beachten, daß durch die Wahl eines Parameters teilweise Vorfestlegungen hinsichtlich der Wahl der übrigen Parameter vorgenommen werden. Von besonderer Bedeutung erweist sich hierbei die Wechselwirkung zwischen Adressat, Ansatzstelle und Regelungsraum: Soll aus Gründen der Administrierbarkeit auf eine unmittelbare Reglementierung der Emittenten (d. h. der landwirtschaftlichen Betriebe) verzichtet und auf andere Adressaten Bezug genommen werden, muß als Ansatzstelle ein marktfähiges Produkt gewählt werden, dessen Handelsvolumen mit der Höhe der Emissionen korreliert ist (z. B. Mineralstickstoff). Durch die Wahl eines marktfähigen Produktes als Ansatzstelle wird es aber außerordentlich schwierig, einen Regelungsraum durchzusetzen, der kleiner ist als der durch Zollgrenzen nach außen abgeschirmte EG-Binnenmarkt. Der Versuch einer Abgrenzung kleinerer Regelungsräume würde zur Herausbildung interregionaler Preisunterschiede für das als Ansatzstelle gewählte Produkt führen, und diese Preisunterschiede würden unkontrollierbare Produktströme über die Regelungsraumgrenzen hinweg auslösen. Das eigentliche Ziel der Abgrenzung kleinerer Regelungsräume, nämlich die unterschiedlich starke Zurückführung von Emissionen in verschiedenen Regionen, würde auf diese Weise unterlaufen.

Angesichts der großen Bedeutung, die die Wahl des Adressaten für die Größe des Regelungsraumes haben kann, bietet es sich im Interesse der Übersichtlichkeit an, die umweltpolitischen Strategien zur Lösung des Stickstoffproblems in zwei Kategorien einzuteilen. In die eine Kategorie fallen Strategien, die auf eine unmittelbare Reglementierung landwirtschaftlicher Betriebe verzichten und sich unmittelbar an Unternehmen des vor- oder nachgelagerten Bereiches wenden. Diese Strategien sind **nicht kleinräumig differenzierbar**, d. h. sie müssen mit dem sehr großen Regelungsraum der Europäischen Gemeinschaft und darüber hinaus auch mit einem eng begrenzten Spektrum von Ansatzstellen operieren. In die andere Kategorie fallen Strategien, die **kleinräumig differenzierbar** sind, weil sie eine unmittelbare Reglementierung der einzelnen landwirtschaftlichen Betriebe vorsehen. Dies Strategien beinhalten keine Vorfestlegungen hinsichtlich der Wahl des Regelungsraumes und der Ansatzstelle.

4.2.1 Landwirtschaftliche Betriebe als Adressaten kleinräumig differenzierbarer Strategien

Für Stickstoffprobleme, bei denen sich ein besonders hohes Schutzbedürfnis lediglich auf ein kleinräumiges Gebiet erstreckt, sollten kleinräumig differenzierbare Strategien entwickelt werden (vgl. SCHEELE/ISERMEYER/SCHMITT, 1992, S. 21ff.). Diese Empfehlung gilt insbesondere für den Trinkwasserschutz, zum Teil aber auch für den Schutz bestimmter Oberflächengewässer und eutrophierungsgefährdeter Biotope. Werden jedoch die Wasserschutzgebiete unter dem Aspekt der Vorsorge immer weiter ausgedehnt, verbessert sich die relative Vorteilhaftigkeit globaler Lösungsstrategien, die in Kapitel 4.2.2 behandelt werden. Bei welchem Flächenanteil der Wasserschutzgebiete Kostengleichheit zwischen den beiden Strategien besteht, läßt sich in Ermangelung hinreichender empirischer Datengrundlagen gegenwärtig nicht beantworten.

Entscheidet man sich für die Abgrenzung kleinerer Regelungsräume, so impliziert dies die einzelbetriebliche Kontrolle von Emittenten innerhalb der Regelungsräume. Es besteht keine Vorfestlegung hinsichtlich der Ansatzstelle. Die Frage, welche Ansatzstelle für die Lösung der o. g. Teilprobleme optimal ist, kann nicht allgemeingültig, sondern nur in Kenntnis der standörtlichen Voraussetzungen geklärt werden (vgl. SCHEELE/ ISERMEYER/SCHMITT, 1992, S. 16ff.). Zwar ist im allgemeinen davon auszugehen, daß ein relativ ursachennaher Parameter wie z. B. der Stickstoffbilanzüberschuß eine kostengünstigere Problemlösung ermöglicht als etwa der Ansatz an dem ursachenferneren Parameter "Viehbesatz". Unter dem Aspekt der Administrationskosten hängt jedoch die Eignung des Parameters "Stickstoffbilanzüberschuß" erheblich davon ab, wie verbreitet die Buchführung bei den Landwirten in der Region ist und welche rechtliche Handhabe zur Sanktionierung fehlender oder unkorrekter Aufzeichnungen besteht. Unter Umständen ist das Problem der Trinkwasserverschmutzung in einer Region auf sehr wenige Ursachen eingrenzbar, so daß z. B. die Regulierung problematischer Fruchtfolgen, der Gülleausbringung oder des Viehbesatzes eine kostengünstigere Problemlösung ermöglicht als die Regulierung des einzelbetrieblichen Stickstoffbilanzüberschusses. Angesichts der großen Bedeutung der standörtlichen Voraussetzungen empfiehlt es sich, die Auswahl der in kleinräumigen Schutzgebieten anzuwendenden Ansatzstellen nicht zentral, sondern dezentral zu regeln.

In gleicher Weise sollte beim Gewässerschutz auch das Problem des effizienten Zuschnittes der Regelungsräume nach Maßgabe der Standortbedingungen dezentral gelöst werden. Bei inhomogenen Standortbedingungen mit unterschiedlicher Immissionswirksamkeit von Emissionen ist eine Offset-Politik zu empfehlen, bei der zunächst eine relativ kleinräumige Abgrenzung von Regelungsräumen innerhalb des Wassereinzugsgebietes vorgenommen und dann im Einzelfall über die Verlagerung der Emissionen über Regelungsraumgrenzen hinweg entschieden wird (vgl. SCHEELE/ISERMEYER/SCHMITT, 1992, S. 21ff.). Bei sehr homogenen Standortbedingungen, d. h. im Fall einer weitgehend identischen Immissionswirksamkeit aller innerhalb des Wasserschutzgebietes auftretenden Nitratemissionen, sollte demgegenüber auf eine kleinräumige Differenzierung von Regelungsräumen innerhalb eines Wassereinzugsgebietes verzichtet werden, um eine effiziente Anpassung der Emittenten zu ermöglichen.

Umfaßt ein Regelungsraum mehr als einen Betrieb, kommen für die Wahl des umweltpolitischen Instrumentes Abgaben, Lizenzen oder Subventionen in Betracht. Nach der bei SCHEELE/ISERMEYER/SCHMITT (1992, S. 29ff.) geführten Diskussion ist die Lizenz im Vergleich zur Abgabe als die kostengünstigere Alternative anzusehen. Für die Lizenz spricht auch, daß sie sich besonders elegant als Offset-Politik gestalten läßt, sofern im Lauf der Zeit neue Erkenntnisse gewonnen werden, die eine allzu starke regionale Kumulation der Emissionen problematisch erscheinen lassen. Insbesondere bei einem kleinen Geltungsbereich der umweltpolitischen Maßnahme ist aber auch fallbezogen zu prüfen, ob sich nicht die Subvention aufgrund von Administrationskostenvorteilen als kostengünstigstes Instrument erweist.

4.2.2 Düngemittelhersteller und -importeure als Adressaten kleinräumig nicht differenzierbarer Strategien

Die Wahl eines Adressaten aus dem vor- oder nachgelagerten Bereich kann zu erheblichen Vorteilen im Bereich der Administrations- und Kontrollkosten führen, bringt jedoch Vorfestlegungen hinsichtlich der Ansatzstelle und des Regelungsraumes mit sich. Wie hoch die dadurch bedingten Nachteile im Bereich der Opportunitätskosten sind, hängt wesentlich von der Natur des Umweltproblems ab.

Die Vorfestlegung auf einen EG-weiten **Regelungsraum** bedeutet keinen Nachteil, wenn davon auszugehen ist, daß die Reduzierung der Emissionen an allen Standorten der Europäischen Gemeinschaft einen ungefähr gleich hohen Beitrag zum angestrebten Umweltziel leistet. Diese Prämisse ist bei den Teilproblemen "Schutz der Ozonschicht" und "Klimaschutz" weitgehend erfüllt. Solche globalen Umweltprobleme erfordern einen möglichst großen Regelungsraum, so daß der hier diskutierte EG-weite Zuschnitt des Regelungsraumes vorteilhaft erscheint.

Schwieriger ist die Einschätzung der Wirkungen, die durch die Vorfestlegung im Bereich der **Ansatzstelle** entstehen. Wie oben ausgeführt, kommen wegen des Wechsels des Adressaten lediglich handelbare Güter als Ansatzstellen in Betracht. Es liegt nahe, in diesem Zusammenhang vor allem eine Reglementierung des Handels mit Mineralstickstoff zu erwägen, obwohl grundsätzlich auch andere Ansatzstellen in Frage kommen (z. B. Produkte des ökologischen Landbaues, Qualitätsweizen, Importfuttermittel). Die Ansatzstelle Mineralstickstoff ist im Vergleich zu anderen Alternativen, insbesondere dem einzelbetrieblichen Stickstoffbilanzüberschuß, als relativ ursachenfern anzusehen. Diese Ursachenferne betrifft aber insbesondere die Problembereiche **"Trinkwasser-schutz"** und **"Eutrophierung von Biotopen durch luftgetragenes Ammoniak"**, die zu einem erheblichen Teil auf Emissionen aus der Tierhaltung zurückzuführen sind und zumindest in den "hot spots" nicht bzw. nur zu sehr hohen Kosten durch eine Reglementierung des Mineralstickstoffeinsatzes zu lösen sind.

Für das Teilproblem **"Gefährdung der Ozonschicht durch Lachgas"** scheint das Argument der Ursachenferne weniger relevant zu sein, insbesondere, wenn man das komplexe Stoffwechselgeschehen in den Agrarökosystemen in die Überlegungen mit einbezieht. In den Böden der mitteleuropäischen Landwirtschaft hat sich in den zurückliegenden Jahrzehnten ein zunehmender Stickstoffüberschuß gebildet, der nach wie vor durch beträchtliche jährliche Bilanzüberschüsse vergrößert wird. Jedes hier gebundene Stickstoffmolekül wird im Zuge der Anreicherungs-, Umsetzungs-, Verlagerungs- und Abbauprozesse des Agrarökosystems, die sich durch Bewirtschaftungsmaßnahmen nur sehr bedingt steuern lassen, mit einer gewissen - wenn auch geringen - Wahrscheinlichkeit irgendwann einmal als Schadstoff in die Umwelt emittiert. So gesehen ist jede Verringerung des Eintrages von Stickstoff in das Agrarökosystem - unabhängig von Art und Herkunft dieses Stickstoffes - als Beitrag zur Verringerung der globalen Stickstoffemissionen zu werten. Zu dieser Argumentation ist jedoch zu bemerken, daß gerade bezüglich Lachgas noch erhebliche Unsicherheiten hinsichtlich des Emissionsgeschehens und seiner Umweltwirkungen bestehen.

Möglicherweise ist eine EG-weite Reglementierung des Mineralstickstoffes ebenfalls für das Teilproblem der luftgetragenen **Ammoniakemissionen** die effizienteste Lösung, auch wenn die gewählte Ansatzstelle zunächst relativ ursachenfern erscheint. Hierzu sind folgende Überlegungen vorzutragen. Eine umweltpolitische Strategie zur Verringerung der Ammoniakemissionen muß zwei Ziele erreichen, nämlich erstens eine Begrenzung des ausgebrachten Wirtschaftsdüngers je Flächeneinheit und zweitens die Realisierung zahlreicher produktionstechnischer Maßnahmen, die die Ammoniakemission auf dem Weg vom "Kuhschwanz" über das Güllesilo bis zur Einarbeitung in die landwirtschaftlichen Nutzflächen verringern. Das erste Ziel läßt sich durch die Begrenzung des Viehbesatzes je Hektar und/oder die Begrenzung des Stickstoffbilanzüberschusses je Hektar erreichen, sofern durch entsprechende Kontrollen verhindert werden kann, daß die Landwirte entlegene Flächen lediglich pro forma anpachten und die Gülle weiterhin im Übermaß auf hofnahen Flächen ausbringen. Das zweite Ziel kann aber durch die beiden genannten Ansatzstellen nur zu geringem Teil erreicht werden, erfordert jedoch die Realisierung vielfältiger produktionstechnischer Anpassungsmaßnahmen in den landwirtschaftlichen Betrieben. Solche Ansatzstellen lassen sich nur unter Inkaufnahme sehr hoher Administrations- und Kontrollkosten zum Gegenstand einer umfassenden umweltpolitischen Reglementierung machen. Auf diese umfassende Reglementierung kann aber verzichtet werden, wenn es gelingt, das betriebswirtschaftliche Interesse der Landwirte darauf zu richten, möglichst viel Stickstoff in der Gülle zu behalten. Dieses Ziel wiederum erfordert die folgende Doppelstrategie: Erstens ist eine wirksame Begrenzung der Gülleausbringung je Flächeneinheit vorzunehmen (s. o.), um durch die Verknappung der Gülle überhaupt erst die Voraussetzung dafür zu schaffen, daß die Landwirte den gesamten in der Gülle enthaltenen Stickstoff als wertvolles Düngemittel ansehen können. Darauf aufbauend läßt sich dann zweitens durch eine Verteuerung des Mineralstickstoffes das Interesse der Landwirte an der Vermeidung einer vorzeitigen Emission gasförmiger Stickstoffverbindungen aus der Gülle steigern.

Während durch die Wahl des Adressaten Vorfestlegungen hinsichtlich der Ansatzstelle und des Regelungsraumes erfolgen, sind solche Vorfestlegungen hinsichtlich des **Instrumentes** nicht zu erkennen. Prinzipiell können auch bei einem EG-weiten Zuschnitt des Regelungsraumes sowohl unmittelbar mengensteuernde als auch unmittelbar preissteuernde Instrumente in Betracht gezogen werden, so daß die Focussierung der öffentlichen Diskussion auf die Abgabe ("Stickstoffsteuer") recht willkürlich erscheint. Nach der bei SCHEELE/ISERMEYER/SCHMITT (1992, S. 29ff.) geführten Diskussion ist unter Opportunitätskostenaspekten eher der Lizenz der

Vorzug zu geben, weil dieses Instrument eine exaktere quantitative Ansteuerung des Umweltqualitätszieles ermöglicht und weil es bei einer Änderung der wirtschaftlichen Rahmenbedingungen nicht permanent nachjustiert werden muß.

Die Ausgabe von Produktions- und Handelslizenzen an Düngemittelhersteller und -importeure stößt in erster Linie auf verteilungspolitische Bedenken, weil die Quotenrente im Falle einer unentgeltlichen Ausgabe der Lizenzen bei einer kleinen Zahl von Handels- und Industrieunternehmen verbliebe. Diesen Bedenken wäre dadurch Rechnung zu tragen, daß die Lizenzen nicht verschenkt, sondern versteigert werden. Gegen diesen Vorschlag wird eingewandt, daß es den wenigen Unternehmen in diesem Lizenzmarkt nicht schwerfallen würde, ihre Gebote untereinander abzusprechen und auf diese Weise dem Staat zumindest einen Teil der Quotenrente vorzuenthalten. Dieser Einwand ist aber insofern wenig überzeugend, als die Unternehmen ihre Möglichkeit zur Ausschaltung des Wettbewerbs, wenn sie denn tatsächlich bestünde, bereits jetzt realisieren könnten. Die Realisierung von Monopolrenten ist im wesentlichen eine Frage der Marktform, die durch die Wahl des umweltpolitischen Instrumentes nicht verändert würde.

Die Subvention wäre in der hier diskutierten Strategie eher negativ zu beurteilen. Die Möglichkeit, durch die Wahl dieses Instrumentes Kostenvorteile im Bereich der Administrationskosten zu erzielen, ist hier nicht gegeben. Es müssen in jedem Fall alle Düngemittelhersteller und -importeure kontrolliert werden, weil ansonsten die subventionierte Verringerung der Düngemittelproduktion bzw. des Düngemittelimportes in einem Unternehmen durch Mehrproduktion bzw. Mehrimport in einem anderen Unternehmen ausgeglichen würde und der Instrumenteneinsatz umweltpolitisch wirkungslos bliebe. Es ist davon auszugehen, daß die Subvention in der hier vorliegenden Konstellation allein schon aufgrund verteilungspolitischer Bedenken als umweltpolitisches Instrument ausscheidet.

4.2.3 Mischformen

Hinsichtlich der Auswirkungen auf die Landwirtschaft ist es unerheblich, welches Instrument im Rahmen der in Kapitel 4.2.2 diskutierten Strategie gewählt wird. In allen Fällen wird die umweltpolitische Maßnahme für den einzelnen Landwirt ausschließlich dadurch spürbar, daß die Preise für Mineralstickstoff steigen. Weil die Möglichkeit einer Überwälzung dieser Preissteigerung auf die Verbraucher wegen der staatlichen

Regulation der Agrarmärkte weitgehend ausgeschaltet ist, führen die Preissteigerungen für Mineralstickstoff insbesondere in den Marktfruchtbaubetrieben zu Einkommenssenkungen. Insbesondere seitens dieser Betriebe wird daher gefordert, im Rahmen einer umweltpolitischen Strategie die Stickstoffabgabe in zweifacher Hinsicht zu ergänzen: Erstens solle nicht der gesamte Mineralstickstoff mit einer Abgabe belastet werden, sondern nur der Teil, der nicht durch die Ernteerträge entzogen wird. Zweitens solle auch eine Belastung des Wirtschaftsdüngers erfolgen, weil dieser ebenfalls zu den umweltgefährdenden Stickstoffemissionen beitrage. Aufbauend auf dieser Grundüberlegung werden dann verschiedene Vorschläge entwickelt, wie die staatlichen Einnahmen aus der Stickstoffabgabe bzw. aus der Versteigerung der Stickstofflizenzen als Transferzahlungen in den Agrarsektor zurückzuschleusen sind.

Zu solchen Erweiterungsvorschlägen ist grundsätzlich zu bemerken, daß jeder Versuch, eine betriebsindividuelle Differenzierung von Rückzahlungen vorzunehmen oder ergänzende Abgaben auf Wirtschaftsdünger zu erheben, die Administrations- und Kontrollkosten sprunghaft ansteigen läßt. Der Kostenvorteil einer Strategie der Globalsteuerung würde durch die Kombination mit einer einzelbetrieblich differenzierten Maßnahme zunichte gemacht. Wenn der Gesetzgeber zu der Auffassung gelangt, aus Gründen der Verteilungsgerechtigkeit könne auf eine einzelbetriebliche Differenzierung der umweltpolitischen Strategie nicht verzichtet werden, muß er sich die Frage stellen, warum er dann nicht gleich zur ursachennäheren Ansatzstelle "Stickstoffbilanzüberschuß" übergeht, anstatt an den relativ ursachenfernen Ansatzstellen "Mineralstickstoff" und "Dungeinheiten" festzuhalten. Der Ansatz am Stickstoffbilanzüberschuß ist konsequenterweise im Entwurf der Düngemittelanwendungsverordnung vorgesehen.

Diese Abwägung wird durch das Fehlen relevanter empirischer Daten erheblich erschwert. Ohne Zweifel fallen die Administrations- und Kontrollkosten bei der Strategie "Verteuerung des Mineralstickstoffes auf der Vorleistungsebene und flächendeckende Transferzahlung nach Maßgabe des Viehbesatzes" (Mischform) immer noch wesentlich geringer aus als bei der Strategie "Flächendeckende Reglementierung des einzelbetrieblichen Stickstoffbilanzüberschusses". Die Höhe dieses Kostenunterschiedes ist derzeit allerdings kaum abschätzbar. Noch schwieriger dürfte es sein, die Differenz der durch die beiden konkurrierenden Strategien verursachten Opportunitätskosten quantitativ zu bemessen.

4.2.4 Fazit

Ziel dieses Beitrages war es, die vielfältigen umweltpolitischen Handlungsoptionen zur Lösung der Stickstoffproblematik in einen theoretisch konsistenten Rahmen einzuordnen und zu bewerten. Bei der Suche nach effizienten Lösungen wurde deutlich, daß die optimale Ausgestaltung und Kombination der Aktionsparameter nicht losgelöst von den stofflichen Grundlagen und standörtlichen Voraussetzungen des jeweiligen Teilproblems der Stickstoffproblematik gesehen werden kann. Auf der Grundlage der theoretischen Überlegungen konnten bereits eine Reihe von Politikoptionen als ineffizient ausgeschlossen werden. Häufig reicht jedoch in solchen Fällen, in denen mehrere Strategien als potentiell effiziente Politikoptionen aus der theoretischen Analyse hervorgehen, der gegenwärtige empirische Kenntnisstand nicht aus, um eine wissenschaftlich abgesicherte Empfehlung für die Abwägungsentscheidung zwischen den in Frage kommenden Strategien geben zu können. Angesichts des ökologischen Problemdruckes und der zum Teil fundamentalen Probleme bei der Beschaffung der erforderlichen empirischen Informationsgrundlagen wird die Politik nicht umhinkommen, eine Reihe solcher Entscheidungen auf der Grundlage äußerst unvollständiger Informationen zu treffen. Dabei spielen persönliche Einschätzungen und Bewertungen eine wichtige Rolle. Sie haben die Autoren im vorliegenden Fall zur Ableitung der folgenden Schlußfolgerungen geführt:

Sofern sich als Reaktion auf die jüngsten agrarpolitischen Entscheidungen keine deutliche Verringerung des Gesamtstickstoffeinsatzes in der europäischen Landwirtschaft einstellt und der Stickstoffeintrag den Stickstoffentzug auch künftig in der Mehrzahl der Regionen beträchtlich überschreitet, sollte mit dem Ziel eines flächendeckenden Ressourcenschutzes (Schutz des Ozonmantels der Erde, Schutz des Erdklimas, Schutz der Meere, vorsorgender Boden- und Gewässerschutz) eine EG-weite Beschränkung des Einsatzes von Mineralstickstoff erwogen werden. Adressaten dieser Politik sollten die Produzenten und Importeure von Mineralstickstoff sein. Die Frage, ob die Erhebung einer Abgabe oder die Versteigerung von Lizenzen vorteilhafter ist, läßt sich ohne eingehendere Untersuchungen der Ausgestaltungsmöglichkeiten, der finanzwissenschaftlichen Implikationen und der Marktstrukturen in diesem Sektor nicht abschließend beantworten.

Ein Konzept für einen flächendeckenden Ressourcenschutz sollte darüber hinaus in jedem Fall eine wirksame Begrenzung der Dungeinheiten je Flächeneinheit beinhalten. Ziel dieser Maßnahme wäre es, durch die Verringerung der regionalen Viehdichte den im Wirtschaftsdünger enthaltenen Stickstoff wieder in den Bereich positiver Grenzerträge zu führen und damit das wirtschaftliche Interesse der Landwirte an einer Vermeidung gasförmiger Stickstoffemissionen zu mobilisieren. Die mit der einzelbetrieblichen Kontrolle verbundenen, hohen Administrations- und Kontrollkosten können dadurch verringert werden, daß diese umweltpolitische Maßnahme nur in Regionen mit hohen Viehdichten zum Einsatz gebracht wird. Mit dem Ziel einer Reduzierung der Opportunitätskosten sollte ein zwischenbetrieblicher Gülletransfer grundsätzlich gestattet werden. Gülleaufkommen und -verbleib müßten dann im Rahmen eines Güllekatasters zentral erfaßt und stichprobenartig kontrolliert werden. Mit Hilfe stichprobenartiger Kontrollen wäre ebenfalls sicherzustellen, daß Landwirte, die zur Verbesserung ihres Dungeinheiten-Flächen-Verhältnisses entlegene Flächen anpachten, ihren Wirtschaftsdünger auch tatsächlich anteilig auf diese Flächen ausbringen.

Über diesen vorsorgenden Ressourcenschutz hinaus sollte dem erhöhten Schutzbedürfnis besonders sensibler bzw. besonders gefährdeter Standorte durch verschärfte umweltpolitische Eingriffe in räumlich eng abgegrenzten Gebieten Rechnung getragen werden. Angesichts der oft heterogenen Standortbedingungen sind die Spielräume für eine vollkommen freie Anpassung der Unternehmen nach Maßgabe ihrer Emissionsvermeidungskosten innerhalb dieser Gebiete gering. Es empfiehlt sich daher eine sehr kleinräumige Abgrenzung von Regelungsräumen und eine fallweise Entscheidung über regionale Verlagerungen des Emissionsgeschehens im Rahmen einer Offset-Politik. Die Entscheidungen hinsichtlich der Ansatzstelle sollten nach Möglichkeit dezentral getroffen werden, um auch hier eine Berücksichtigung der standörtlichen Verhältnisse zu ermöglichen.

5 Zusammenfassung

Der vorliegende Beitrag ist eine stark gekürzte Fassung eines Aufsatzes von SCHEELE/ISERMEYER/SCHMITT (1992), in dem ein systematischer Ansatz für die Beurteilung umweltpolitischer Strategien zur Verringerung umweltgefährdender Stickstoffemissionen aus der Landwirtschaft vorgestellt und auf verschiedene Teilprobleme der Stickstoffproblematik angewendet wird.

Zu Beginn der Analyse wird zunächst kurz auf die stofflichen Grundlagen der Stickstoffproblematik eingegangen. Dabei wird herausgearbeitet, daß das Stickstoffproblem verschiedene Teilprobleme umfaßt, die sich hinsichtlich ihrer stofflichen Voraussetzungen und ihrer räumlichen Dimensionen beträchtlich voneinander unterscheiden: Trinkwasserschutz, Schutz von Oberflächengewässern, vorsorgender Gewässerschutz, Arten- und Landschaftsschutz, Schutz des Erdklimas, Schutz der Ozonschicht.

Anschließend werden die verschiedenen Aktionsparameter der Umweltpolitik herausgearbeitet. Dabei wird von der gängigen Vorgehensweise der umweltökonomischen Literatur abgewichen, die im allgemeinen die konkrete Ausgestaltung der Umweltpolitik ausschließlich als ein Problem der adäquaten Instrumentenwahl diskutiert. Es wird gezeigt, daß die Umweltpolitik bei jeder Maßnahme eine Entscheidung über vier Aktionsparameter treffen muß: Technologische Ansatzstelle (z. B. Immission, Emission, Stickstoffbilanzüberschuß, Produkt, Produktionsprozeß, Produktionsmittel), Adressat (z. B. Landwirte, Vorleistungsindustrie, Importeure), Regelungsraum (z. B. regional eingegrenzte Regelungen, nationale, EG-weite oder globale Regelungen), umweltpolitisches Instrument (z. B. Auflage, Lizenz, Abgabe, Subvention, jeweils unterschiedlich dosierbar).

Für jeden der vier Aktionsparameter ist sodann zu untersuchen, welche Ausgestaltungsalternativen im Rahmen einer umweltpolitischen Strategie zur Lösung des Stickstoffproblems in Betracht kommen und wie effizient diese Alternativen sind. Die Beurteilung sollte sich an dem Ziel orientieren, politisch vorgegebene Umweltqualitätsziele zu minimalen gesellschaftlichen Kosten zu erreichen. Dabei erweist sich eine Unterteilung der Gesamtkosten in Opportunitätskosten, Administrations- und Kontrollkosten sowie Konsensfindungskosten als vorteilhaft.

Auf der Grundlage der partialanalytischen Untersuchungen werden die vier Aktionsparameter schließlich so zusammengefügt, daß umweltpolitische Strategien zur effizienten Lösung der verschiedenen Teilprobleme der Stickstoffproblematik entstehen. Bei der Analyse von Kombinationsmöglichkeiten sind Vorfestlegungen zu beachten, bei der durch die Ausgestaltung eines Aktionsparameters das Spektrum möglicher Ausgestaltungsvarianten anderer Aktionsparameter eingeengt wird. Dies gilt in besonderem Maße für Strategien, die ohne einzelbetriebliche Kontrolle der Landwirte auszukommen trachten, deshalb an marktgängigen Produkten ansetzen und aufgrund fehlender Kontrollierbarkeit interregionaler Güterströme auf den sehr großen Regelungsraum "Europäische Gemeinschaft" festgelegt sind. Vor diesem Hintergrund werden für die Diskussion umweltpolitischer Strategien zwei Kategorien gebildet, die sich hinsichtlich der Wahl des Adressaten und der dadurch festgelegten räumlichen Differenzierbarkeit von Regelungsimpulsen unterscheiden.

Aus der systematischen theoretischen Analyse lassen sich bereits viele Hinweise über die Eignung unterschiedlicher umweltpolitischer Strategien für die verschiedenen Teilprobleme der Stickstoffproblematik ableiten. Bei einigen Teilaspekten kann jedoch derzeit keine wissenschaftlich abgesicherte Empehlung über die relative Vorteilhaftigkeit konkurrierender Strategien abgeleitet werden, weil die empirische Datenbasis vollkommen unzureichend ist. Die Politik wird auch künftig nicht umhin kommen, eine Reihe diesbezüglicher Entscheidungen auf der Grundlage äußerst unvollständiger Informationen zu treffen.

Abschließend wird ein zweiteiliges Konzept für die Lösung des Stickstoffproblems vorgeschlagen. Mit dem Ziel eines großräumigen Ressourcenschutzes sollte zunächst in den hoch konzentrierten Veredlungsregionen eine wirksame Begrenzung der Dungeinheiten je Flächeneinheit durchgesetzt werden. Darüber hinaus sollte - sofern sich infolge der EG-Agrarreform keine deutliche Reduzierung des Mineralstickstoffeinsatzes einstellt - der Mineralstickstoffpreis erhöht werden. Dies kann durch die Erhebung einer Abgabe oder die Versteigerung von Lizenzen für die Herstellung und den Vertrieb von Mineralstickstoff auf der Ebene der Mineraldüngerhersteller und -importeure geschehen. Der zweite Teil des Lösungskonzeptes bezieht sich auf erhöhte Schutzansprüche besonders sensibler bzw. besonders gefährdeter Standorte. Es wird vorgeschlagen, diesen Schutzansprüchen durch eine kleinräumige Abgrenzung von Regelungsräumen und eine fallweise regionale Verlagerung des Emissionsgeschehens im Rahmen einer Offset-Politik Rechnung zu tragen. Die Entscheidungen über Regelungsräume und Ansatzstellen sollten nach Möglichkeit dezentral getroffen werden, um eine Berücksichtigung der standörtlichen Verhältnisse zu ermöglichen.

Instrumentarien

Rechtliche Aspekte von Entschädigungsleistungen an die Landwirtschaft
J. Salzwedel

1. Aus der Sicht des Wasserrechts könnte das Gesamtthema der Arbeitstagung "Belastungen der Oberflächengewässer aus der Landwirtschaft" zu Mißverständnissen führen, wenn man es unmittelbar mit den Ausgleichszahlungen an Landwirte nach § 19 Abs. 4 WHG verknüpfen wollte. Ausgleichszahlungen sind an Landwirte nach § 19 Abs. 4 WHG für Wasserschutzgebiete vorgesehen, und nur für den Fall, daß Schutzanordungen Beschränkungen enthalten, die über die sonst für die zulässige ordnungsgemäße landwirtschaftliche Nutzung von Grundstücken geltenden hinausgehen. Die Beschränkungen, die schon im Rahmen ordnungsgemäßer Landwirtschaft überall und entschädigungslos hingenommen werden müssen, werden kaum davon bestimmt, welche Nährstofffrachten letztlich den Oberflächengewässern und der Hohen See zugeführt werden können. Denn Überdüngung und Überanwendung von Pestiziden treffen in der weitaus überwiegenden Zahl der Fälle erst das Grundwasser und nicht unmittelbar Oberflächengewässer. Gerade der Schutz des Grundwassers zielt aber darauf ab, daß möglichst überhaupt keine Nährstofffrachten in das Grundwasser gelangen und mit diesem transportiert werden sollen. Die Vorstellung, daß sich die Regeln ordnungsgemäßer Landwirtschaft also an dem ausrichten dürften, was letztlich von Oberflächengewässern oder von Küstengewässern oder der Hohen See verkraftet werden kann, stünde zum geltenden Recht in krassem Wiederspruch.

2. Ebenso wie jeder Gewerbetreibende unterliegt ein Landwirt bei seiner landwirtschaftlichen Nutzung von Grundstücken Betreiberpflichten. Pflanzenbau und Tierhaltung müssen so betrieben werden, daß Gülle, Handelsdünger, Klärschlamm und Pflanzenschutzmittel weder in Oberflächengewässer abgeschwemmt werden noch zur Verunreinigung von Boden und Grundwasser führen. Daher sind für jede landwirtschaftliche Nutzung die jeweiligen standörtlichen Belastbarkeitsgrenzen ein produktionsbegrenzender Faktor. Unwiderlegliches Indiz einer nicht mehr ordnungsgemäßen landwirtschaftlichen Nutzung sind steigende Grundwasserbelastungen mit Nitrat oder mit Pestiziden.

3. Es ist zu begrüßen, daß landwirtschaftsspezifische Rechtsnormen wie § 1 a DüngemittelG, § 6 PflanzenschutzG, § 15 AbfG und daraufhin erlassene Verordungen

des Bundes oder der Länder die Betreiberpflichten konkretisieren. Eine gesetzgeberische Absicht, daß dadurch die Verpflichtung des Landwirts auf die Beachtung der Belastbarkeitsgrenzen unter den jeweiligen standörtlichen Verhältnissen relativiert werden sollte, ist nicht zu unterstellen. Jedenfalls dann, wenn trotz Einhaltung solcher Handlungsmaßstäbe steigende Belastungen mit Nitrat oder Pestiziden gemessen werden, muß sich die landwirtschaftliche Nutzung des Grundstücks ändern. Dabei geht es nicht nur um die Beschränkung der Aufbringung von Gülle und Handelsdünger oder der Anwendung von Pflanzenschutzmitteln, sondern auch und gerade um eine Änderung des Anbausystems und der Fruchtfolge. Das ist Gefahrenabwehr, nicht Vorsorge!

4. Auch das EG-Recht hat den Gedanken der Betreiberpflicht des Landwirts längst begriffen. In der Nitrat-Richtlinie wird unterstellt, daß jedenfalls eine Belastung des Grundwassers mit Nitrat über 50 mg/l hinaus unzulässig ist; die Mitgliedstaaten sind verpflichtet, in solchen Belastungssituationen einzuschreiten, aber auch schon im Vorfeld, wenn sich die Belastung der Verbotsschwelle nähert. Die immer noch in interessierten Kreisen gepflegte Vorstellung, daß von landwirtschaftlicher Nutzung von Grundstücken steigende Nitrat-Belastungen des Grundwassers hingenommen werden könnten, wenn sonst wirtschaftliche Nachteile drohten, ist klar EG-rechtswidrig.

5. Die Frage, wann mit Beschränkungen der landwirtschaftlichen Produktion in Wasserschutzgebieten besondere wirtschaftliche Nachteile verbunden sind, muß an dem normativen Maßstab gemessen werden, der auch außerhalb von Wasserschutzgebieten gilt, nicht an dem faktischen Status quo einer bundesweiten Praxis der Überdüngung und der Überanwendung von Pestiziden. Deshalb sind die Gutachten von Instituten der landwirtschaftlichen Betriebslehre von vornherein falsch angelegt, die Ertragseinbußen danach berechnen, was man mit und ohne die jeweilige Schutzanordnung an dem betreffenden Standort produzieren könnte, wenn man die gegenwärtige Produktionspraxis zugrundelegt. Maßgeblich sind nicht die landwirtschaftlichen Usancen, sondern die noch nicht flächendeckend durchgesetzten Regeln ordnungsgemäßer Landwirtschaft, die den Landwirt auf eine Rücksichtnahme auf die Belastbarkeit von Boden und Grundwasser am Standort verpflichten.

6. Die Wasserbehörden der Länder haben schon von ihrem Bewirtschaftungsauftrag nach § 1 a WHG her niemals eingeräumt, daß sie die vorbezeichneten wasserrechtlichen Vorgaben fallen ließen. Die Länder haben aber immer wieder signalisiert, daß der praktische Vollzug dieser Grundregeln ordnungsgemäßer Landwirtschaft mit den

zur Verfügung stehenden personellen Kapazitäten nicht bewerkstelligt werden könne. Gleichwohl sind diese Vorgaben bei grundsätzlichen Weichenstellungen sehr wohl durchgesetzt worden:

- In Nordrhein-Westfalen ist durch Erlaß des MURL vom 21.3.1989 klargestellt worden, daß in immissionsschutzrechtlichen Genehmigungsverfahren für Massentierhaltungen auch zu prüfen ist, ob die Vorschriften des Wasserrechts beachtet werden. Jede Düngung müsse grundwasserneutral, d.h. entsprechend dem Pflanzenbedarf und der Bodenbeschaffenheit erfolgen. Eine Auslaugung z.B. durch Sickerwasser mit anschließendem Transport in das Grundwasser oder Abschwemmung des Düngemittels durch Regenwasser in oberirdische Gewässer müsse nach menschlicher Erfahrung ausgeschlossen sein.

- Ebenso ist in Baugenehmigungsverfahren unter analoger Heranziehung dieses Beurteilungsschemas geprüft worden, ob der aufgestockte Tierbestand im Hinblick auf die verfügbaren Aufbringungsflächen nach wasserrechtlichen Maßstäben verantwortet werden kann. In den Düngeplänen sind außer dem Nachweis eigener oder gepachteter Aufbringungsflächen auch der Nachweis von Gülleabnahmeverträgen mit der Gülleabnahme zu berücksichtigen.

- Die Stadt Bielefeld hat exemplarisch § 3 Abs. 2 Nr. 2 WHG im Fall einer Hühnerhaltung angewendet, bei der die Einhaltung der Vorschriften der Gülleverordnung nicht ausgereicht hätten, um den standörtlichen Belastbarkeitsgrenzen Rechnung zu tragen. Es ist bedauerlich, daß dieser Fall der Bundesregierung in ihrer Stellungnahme vom 20.12.1989, S. 35, entgangen war. Zwar ist es nicht zu einer Entscheidung des Verwaltungsgerichts gekommen, aber nur deshalb, weil der Betreiber sich nach Zurückweisung seines Widerspruchs durch den Regierungspräsidenten Detmold - unter ausdrücklicher Billigung des MURL - mit einer Höchstgrenze von 1,5 Dungeinheiten einverstanden erklärt hat.

- Anwendungsbeschränkungen für Pflanzenschutzmittel im Einzelfall können nach § 3 Abs. 3 Pflanzenschutz-AnwendungsVO 1988 auch außerhalb von Wasserschutzgebieten im Einzelfall angeordnet werden.

- In Wasserschutzgebieten können Schutzanordnungen sowohl Düngebeschränkungen als auch Anwendungsbeschränkungen für Pflanzenschutzmittel verfügen. Dabei können auch sehr präzise Dünge- und Spritzpläne vorgegeben werden. Soweit solche Beschränkungen aber auch außerhalb von Wasserschutzgebieten schon beachtet werden müßten, damit die Belastbarkeit des Standorts gewahrt bleibt, haben die Anordnungen nur klarstellenden Charakter.

- Die Kooperationsverträge, die auf eine Desintensivierung der landwirtschaftlichen Erzeugung in Wasserschutzgebieten gegen Ausgleichszahlung abzielen, simulieren im Ergebnis Dünge- und Spritzpläne, die an gefährdeten Standorten nach § 3 Abs. 2 Nr. 2 WHG von der Wasserbehörde festgesetzt werden könnten.

7. Wenn ein Landwirt angesichts nachweislich steigender Nitrat- oder Pestizidwerte im Grundwasser weiter so produziert wie bisher, kann die vorgetäuschte Absicht, den Pflanzenbedarf an Nährstoffen zu decken und das Unkraut zu verdrängen, als protestatio facto contraria rechtsunerheblich sein: dann liegt ein finales Einleiten von Stoffen in das Grundwasser im Sinne von § 3 Abs. 1 Nr. 5 WHG vor. Der Verstoß gegen das strikte Besorgnisprinzip des § 34 Abs. 1 WHG ist dann evident. Abgesehen von diesem seltenen Sonderfall sind Tierhaltung und Pflanzenbau aber nicht an dem Grundwasserschutzmaßstab des § 34 WHG, sondern an § 6 WHG zu messen: eine Beeinträchtigung des Wohls der Allgemeinheit, insbesondere eine Gefährdung der öffentlichen Wasserversorgung muß vermieden werden. Das ist nicht schon bei jeder Kontamination der Fall.

8. Im heutigen Konfliktfeld zwischen landwirtschaftlicher Erzeugung und Gewässerschutz kommt es entscheidend darauf an, in welcher Weise die strengen Trinkwassergrenzwerte für Nitrat von 50 mg/l und für Pestizide von 0,1 μ/l je Einzelsubstanz, 0,5μ/l insgesamt in den Begriff "Gefährdung der öffentlichen Wasserversorgung" in § 6 WHG hineinwirken. Dabei muß unterschieden werden:

- Der Nitratwert stellt einen Vorsorgestandard dar, der ein Krebsrisiko über die Kette Nitrat-Nitrit-Nitrosaminbildung im menschlichen Körper begrenzen soll. Mit dieser Begründung könnte er an sich nur als produktionsbegrenzender Faktor in Wassergewinnungsgebieten durchgesetzt werden. Aus allgemeinen wasserwirtschaftlichen und ökologischen Erwägungen heraus müssen aber steigende Nitratbelastungen von Boden und Grundwasser überall vermieden werden, auch außerhalb von Wassergewinnungsgebieten; das Sanierungsziel für nitratbelastete Grundwasservorkommen kann daher allgemein an einem Wert von 50 mg/l ausgerichtet werden. Nicht zuletzt spielt dabei die Besorgnis eine Rolle, daß sich das Denitrifizierungsvermögen des Unterbodens mehr und mehr erschöpft.

- Die Pestizidwerte der TrinkwasserVO haben dagegen als solche keine gesundheitliche Relevanz; das schließt nicht aus, daß einzelne Pestizide oder ihre Metaboliten bei einer höheren Dosis toxikologisch relevant werden könnten. Als Reinheitsgebotsstandards bringen die Pestizidwerte nur die politische Forderung zum Ausdruck, daß auch da, wo intensive Landwirtschaft unter Einsatz von Pestiziden betrieben wird, dem Wasserverbraucher nicht auf Dauer zugemutet werden soll, die Wirkstoffe in meßbaren Dosen über das Trinkwasser zu sich zu nehmen. Damit gehen Reinheitsgebotsstandards weit über Vorsorgestandards hinaus, weil sie nicht eine bestimmte Einschätzung eines medizinischen oder ökologischen Gefährdungspotentials widerspiegeln, das bestimmtem Schadstoffemissionen und -frachten zugeordnet wäre.

9. Der Naßauskiesungs-Beschluß des Bundesverfassungsgerichts (BVerfGE 58, 300) hat klargestellt, daß der Verfassungsschutz des Eigentums an Grundstücken nicht soweit reicht, Nutzungen mit grundwasserverunreinigenden Folgen aufzunehmen oder aufrechtzuerhalten, selbst dann nicht, wenn sich eine solche Nutzung nach der Verkehrsauffassung wirtschaftlich aufdrängt. Darüber hinaus ist dem Beschluß zu entnehmen, daß der Grundeigentümer es im Rahmen der Sozialbindung auch hinnehmen muß, daß in seinem Umfeld aus einleuchtenden hydrogeologischen Gründen eine Wassergewinnung für die öffentliche Wasserversorgung betrieben wird. Auch wenn der Betroffene dies als zufällige Begrenzung der eigenen Grundstücksnutzung empfinden mag, stellt es doch noch kein Sonderopfer im enteignungsrechtlichen Sinne dar. Selbst der Bundesgerichtshof hat dies im Rahmen seiner eigentumsfreundlicheren Auslegung des Art. 14 GG im Grundsatz eingeräumt.

Offenbar hat sich die Entwicklung des einfachen Bundes- und Landesrechts von diesen verfassungsrechtlichen Möglichkeiten, die Sozialpflichtigkeit des Grundeigentums im Interesse der öffentlichen Wasserversorgung anzuspannen, mehr und mehr gelöst. § 19 Abs. 4 WHG geht davon aus, daß der Landwirt in Wasserschutzgebieten für Schutzanordnungen wie Düngebeschränkungen oder Anwendungsbeschränkungen bei bestimmten Pflanzenschutzmitteln entschädigt werden soll, sofern eine entsprechende landwirtschaftliche Produktion außerhalb von Wasserschutzgebieten im Rahmen der Regeln ordnungsgemäßer Landwirtschaft zulässig wäre. Eine besondere Rücksichtnahme darauf, daß das Wasserwerk aus hydrogeologisch einleuchtenden, aber nicht immer zwingenden Gründen gerade dort die Förderung aufgenommen hat, soll es nicht geben.

10. Die Landeswassergesetze stimmen jedenfalls darin überein, daß die Entschädigungslast in Wasserschutzgebieten zwar von den Wasserversorgungsunternehmen erhoben wird, letztlich aber vom Wasserverbraucher zu tragen ist. Dabei wird kein Unterschied gemacht zwischen den Fällen, in denen das Wasserversorgungsunternehmen enteignungsbegünstigt ist, und den anderen, in denen Entschädigung über das verfassungsrechtlich gebotene Maß hinaus gewährt wird. In Nordrhein-Westfalen soll sogar noch ein darüber hinausgehender Härteausgleich vom Wasserwerk finanziert werden.

11. Im Konflikt zwischen Landwirtschaft und Gewässerschutz sind daher drei Produktionsgebiete zu unterscheiden:

- Als Orientierungsbasis müssen diejenigen landwirtschaftlichen Produktionsgebiete gelten, in denen keine Wassergewinnung betrieben wird. Welche produktionsbegrenzenden Faktoren sich aus Gesichtspunkten der Belastbarkeit des Standorts ergeben, spiegelt sich in den Regeln einer ordnungsmäßen landwirtschaftlichen Nutzung dieser Grundstücke im Sinne des § 19 Abs. 4 WHG wider. Oberster Grundsatz ist, daß in keinem Fall Pflanzenbau und Tierhaltung mit der Folge steigender Belastungen des Grundwassers mit Nitrat oder mit Pestiziden betrieben oder aufrechterhalten werden darf. Dementsprechend sind auch Produktionsrückgänge, die in der Sanierungsphase hingenommen werden müssen, ein Teil des Betriebsrisikos; anders nur dann, wenn der Landwirt durch eine unverantwortliche landwirtschaftliche Beratung nachweislich in diese falsche Standortwahl hineinsubventioniert worden ist, aber sicher nicht mit der Folge, daß solche Entschädigungen ausgerechnet dem Wasserverbraucher aufgebürdet werden dürften.

- Schutzanordnungen in Wasserschutzgebieten können sich darauf beschränken, allein die Beschränkungen einer ordnungsgemäßen Landwirtschaft zu formulieren und klarzustellen, die auch sonst gelten würden. Dafür ist weder ein Ausgleich noch eine Entschädigung zu leisten. Weitergehende Schutzanordnungen mit Entschädigungsfolge ergeben sich vor allem in drei Fällen: erstens, wenn ein höherer Sicherheitsabstand gegenüber einer Kontamination des Grundwassers erreicht werden soll; zweitens, wenn die Beschränkungen angeordnet werden, damit die Einhaltung der Bewirtschaftungsregeln besser überwacht werden kann; drittens, wenn etwa Nebenerwerbsbetrieben aufgegeben wird, die Dienstleistungen von Fachbetrieben in Anspruch zu nehmen (z.B. bei der Düngung oder der Anwendung von Pestiziden).

- Schwierigkeiten bereiten die Produktionsgebiete im Einzugsgebiet einer Wassergewinnungsanlage, für die ein Wasserschutzgebiet nicht oder nicht in hinreichendem Umfang ausgewiesen ist. Hier ist weder für Ausgleichszahlungen nach § 19 Abs. 4 WHG noch für eine Entschädigungsleistung Raum. Dennoch werden die Wasserversorgungsunternehmen die landwirtschaftlichen Betriebe de facto so stellen müssen, wie sie stehen würden, wenn ein Wasserschutzgebiet ausgewiesen wäre. Anderenfalls sind die notwendigen Einschränkungen der landwirtschaftlichen Bodennutzung kaum durchsetzbar.

12. Zusammenfassend sind für die Gewährung von Ausgleichszahlungen an Landwirte in Wasserschutzgebieten folgende Leitsätze unmittelbar aus dem Gesetz ableitbar:

- Ausgleichszahlungen an Landwirte sind nicht zu leisten, soweit Beschränkungen für Pflanzenbau und Tierhaltung lediglich darauf abzielen, unter den jeweils gegebenen standörtlichen Verhältnissen steigende Belastungen von Boden und Grundwasser mit Nitrat oder Pestiziden auszuschließen.

- Ausgleichszahlungen an Landwirte sind in Wasserschutzgebieten zu leisten, soweit darin Beschränkungen für Pflanzenbau und Tierhaltung angeordnet werden, die - über das flächendeckend zu beachtende Rücksichtnahmegebot hinaus - allein darauf abzielen, ein noch höheres Maß an Sicherheit für die öffentliche Wasserversorgung zu gewährleisten ("Vorsorge") oder die Überwachung landwirtschaftlicher Produktionsweisen auf Einhaltung der Beschränkungen (z.B. Verbot des Maisanbaus statt Beschränkung der Herbizidanwendung) zu erleichtern.

Akzeptanz von Vermeidungsmaßnahmen

Voraussetzungen für eine verstärkte Akzeptanz von Vorsorgestrategien in der Landwirtschaft

F. Dietrich

Meine sehr geehrten Herrn Staatssekretäre, sehr geehrter Herr Vorsitzender, meine sehr geehrten Damen und Herren,

als Vertreter aus den Reihen der praktischen Landwirtschaft versuche ich in diesem Plenum, mögliche Akzeptanzbarrieren für die Umsetzung erarbeiteter Maßnahmenkataloge zur Reduzierung der Nährstoff- und Wirkstofffracht in Oberflächengewässer darzulegen und anhand praktischer Beispiele zu untermauern.

Umfangreiche wissenschaftliche Studien quantifizieren beträchtliche von der Landwirtschaft ausgehende Stickstoff- und Phosphatanreicherungen in den Oberflächengewässern, die in absehbaren Zeiträumen auf ein tolerierbares oder unvermeidbares Maß zurückgeführt werden müssen. Daneben gerät die Landwirtschaft durch die Verlagerung problematischer Wirkstoffe aus Pflanzenschutzmitteln ins Grundwasser und Oberflächengewässer fortwährend in das Spannungsfeld der öffentlichen Diskussion.

Nährstoff- und Wirkstoffausträge belasten nicht nur die Umwelt, sie bedeuten meist für die Landwirte auch direkte finanzielle Verluste.

Deshalb stellt sich die Frage, warum die von der Wissenschaft aufgezeigten Möglichkeiten zur Verringerung der Nährstoffeinträge in Grundwasser und Oberflächengewässer bisher nur in bescheidenem Maße Eingang in die landwirtschaftliche Praxis gefunden haben und welche Hemmnisse beseitigt bzw. Voraussetzungen geschaffen werden müssen, um die Landwirtschaft verstärkt zur Umsetzung wirksamer Vermeidungsstrategien hinzuführen.

1 Ursachen für eine unzureichende Umsetzung von Vorsorgestrategien des Gewässerschutzes

<u>Mangelnde Akzeptanz</u> gegenüber ausgearbeiteten Vorsorgestrategien basiert in einem so komplexen Gebilde wie dem landwirtschaftlichen Unternehmen auf sehr vielfältigen Ursachen.

In einer Vielzahl von Fällen tragen **veralteter Kenntnisstand und mangelndes Fachwissen** als Ursache zu produktionstechnisch bedingten Umweltbelastungen bei. Diese Landwirte erkennen ihre Fehler nicht und wissen z.b. gar nicht, daß sie zuviel düngen.

Dies betrifft vor allem Regionen mit überwiegender Nebenerwerbslandwirtschaft, weil die Betriebsleiter infolge beruflicher Doppelbelastung und verbreiteter traditioneller Wirtschaftsweisen wissenschaftlichen Erkenntnissen und Neuerungen wenig aufgeschlossen gegenüberstehen. Ähnliches gilt auch für eine Vielzahl auslaufender Betriebe, die bis zur Betriebsaufgabe weniger Augenmerk auf den fachlichen Anschluß legen. Diese Betriebsleiter werden von der Offizialberatung vielfach nicht mehr erreicht und kommen häufig auch nicht mehr dazu, die landwirtschaftliche Fachpresse gezielt zu lesen, weil die physische Belastungsgrenze erreicht ist. Darüberhinaus können Einkommensübertragungen aus dem außerlandwirtschaftlichen Beruf in die Landwirtschaft hinein dort vorherrschende Wirtschaftsweisen verfestigen. Beispielsweise verursachen Düngungsmaßnahmen in Betrieben mit hohem Anteil an Sonderkulturen, wie Obst-, Gemüse- und Weinbau, in der Regel prozentual marginale Produktionskosten, so daß Überschreitungen optimaler Düngergaben betriebswirtschaftlich nur unwesentlich ins Gewicht fallen, während sich ökologisch relevante Belastungen bereits einstellen.

Ein unzureichendes Problembewußtsein für die von der Landwirtschaft ausgehenden Umweltbelastungen sorgte nicht selten dafür, daß notwendige Boden- bzw. Gewässerschutzmaßnahmen unterbleiben. Geprägt durch ein gewisses Sicherheitsdenken bei der Erreichung des ertraglichen Optimums, werden Nährstoffgaben an der oberen Grenze bemessen, ohne sich immer bewußt zu sein, daß im Gewässerbereich langfristig Probleme entstehen.
Insbesondere durch die Fehleinschätzung der mit organischen Düngemitteln verabreichten Nährstoffmengen in Verbindung mit mineralischem Nährstoffausgleich kommt es zu Unausgewogenheiten im Nährstoffkreislauf und damit auch zu Überschüssen im Nährstoffhaushalt. Erschwerend kommt hinzu, daß bei nicht zeitgerechter Ausbringung organischer Düngemittel eine niedrige Nährstoffausnutzung durch NH_4-Emissionen oder NO_3-Austrägen vorprogrammiert ist.

Die **nicht immer sachgerechte öffentliche Meinung** über die Landwirtschaft führt letztlich zur mangelnden Bereitschaft der Landwirte, sinnvolle Vorsorgestrategien in ihr Produktionsverhalten aufzunehmen.

Schlagworte in den Medien wie "Landwirte als Brunnenvergifter oder Giftspritzer der Nation" oder "die See als Bauernopfer" erzeugen in der Öffentlichkeit ein starkes Zerrbild der landwirtschaftlichen Unternehmer und rufen eine **psychologische Abwehrhaltung oder Trotzreaktionen** beim Landwirt selbst hervor. Mit solchen Pauschalurteilen wird gleichzeitig der Diskussion um mehr Umweltpflege durch die Landwirtschaft sehr häufig der Boden entzogen. Man kann den Landwirt nicht zum Hauptschuldigen degradieren, aber akzeptiert stillschweigend seinen Beitrag zur Landschaftspflege und -erhaltung. Gleichermaßen widersprüchlich ist es, seitens der Gesellschaft die Landwirtschaft als kostengünstigsten Verwerter kommunaler Abfälle zu forcieren, gleichzeitig aber völlig rückstandsfreie Nahrungsmittel und unbelastete Böden bzw. Gewässer zu verlangen.

Natürlich heißt das nicht, daß krasses Fehlverhalten im Einzelfall nicht deutlich gemacht werden sollte. Jedoch führt permanent übertriebene und zudem völlig pauschale Folgenschelte häufig dazu, daß in der Landwirtschaft auch die tatsächlichen Probleme nicht mehr wahrgenommen oder verdrängt werden. Berücksichtigt man außerdem die Langfristigkeit und Anlaufzeit bei der Integration von Umweltschutzmaßnahmen, werden meßbare Erfolge sich erst in späteren Betrachtungszeiträumen einstellen.

Die derzeitige **finanzielle Situation** in den meisten landwirtschaftlichen Betrieben erschwert wesentlich die Umsetzung unumgänglicher Vorsorgestrategien, sofern diese mit zusätzlichen Investitionen verbunden sind. So setzt beispielsweise ein verlustarmer und umweltschonender Einsatz von Flüssigmist im Frühjahr neben der Bevorratung tierischer Exkremente während der Winterfütterungsphase auch eine optimierte Ausbringung mit Schleppschlauchtechnik voraus. Vielfach fehlen jedoch Finanzmittel, um diese unabdingbaren Voraussetzungen als Basis gezielter Wirtschaftsdüngereinsätze zu schaffen.

Die durch stark rückläufige Preise geprägte Einkommenssituation läßt wenig Entgegenkommen der Landwirte für Forderungen im Rahmen des Umweltschutzes erwarten, sofern diese das Betriebseinkommen schmälern würden.
Da sich die Betriebseinkommen zukünftig nur zu ca. 2/3 aus dem Markterlös und zu ca. 1/3 aus den gewährten Flächenprämien zusammensetzen werden, erhofft man sich seitens der Agrarpolitik im Zuge extensiverer Wirtschaftsweisen auch eine merkliche Einschränkung des Nährstoffverbrauchs. Hinsichtlich düngungsbedingter Nährstoffausträge geben die marktregulierenden Maßnahmen der EG-Kommission zwar ein bestimmtes Potential an Umweltentlastung vor. Die Rücknahme der Produktions-

intensität kann aber aus einzelbetrieblicher Betrachtungsweise nur in dem Maße gefordert werden, wie anfallende Produktionskosten pro dt nicht wieder ansteigen. Sofern die Ausgleichszahlungen nach dem Wirtschaftsjahr 1995/96 weiter gekürzt werden bzw. entfallen, muß der landwirtschaftliche Unternehmer wieder alle Möglichkeiten der Intensivierung anstreben, um die Erlöse pro Flächeneinheit zu optimieren. Derartige Unwägbarkeiten marktpolitischer Instrumentarien würden vermutlich erneut ansteigende Nährstoffinputs nach sich ziehen und die entstandene Problematik wieder aufleben lassen.

Außerdem kann die Verschuldung vieler landwirtschaftlicher Betriebe nur unter Beibehaltung einer intensiven Produktionsweise aufgefangen bzw. gemildert werden. Durch Neuinvestitionen bei Stallbauten sind die anfallenden Kapitaldienste nur über die Ausschöpfung aller verfügbaren Haltungsplätze abzutragen. In Betrieben mit knapper Flächenausstattung können regelmäßig anfallende Güllemengen nicht mehr unbedingt nach rein ökologischen Gesichtspunkten auf die Hofflächen verteilt werden. Lediglich Einschränkungen hinsichtlich der Bestandesobergrenzen pro Flächeneinheit gekoppelt an staatliche Prämienzahlungen, wie sie die Novelle der EG-Agrarmarktordnung für Mastbetriebe vorsieht, entschärfen wohl die ökosystemare Problematik. Sie mindern aber die Rentabilität der tierischen Veredelung in nicht vertretbarem Umfang, weil die gezahlten Prämien den entgangenen Nutzen voraussichtlich nicht voll auffangen.

Die unter den ursprünglich gegebenen wirtschaftlichen Rahmenbedingungen optimale **Betriebsorganisation** eines landwirtschaftlichen Unternehmens schränkt an verschiedenen Standorten die Durchführung bzw. Einhaltung sinnvoller Boden- und Gewässerschutzmaßnahmen ein. So haben Bestrebungen hohe Energieerträge aus dem wirtschaftseigenen Grundfutter mit geringem arbeitswirtschaftlichem Aufwand zu erzeugen, gerade dazu geführt, daß der Maisanbaus bis in bedenkliche Grenzlagen ausgedehnt worden ist, obwohl die Umweltprobleme in der Kette "viel Vieh - viel Mais - viel Gülle" bei flächenarmen Betrieben bekannterweise absehbar ist.
Im Bereich der tierischen Veredelung verursachen konkurrenzfähige Zukauffuttermittel je nach Marktlage nicht zu unterschätzende Nährstoffimporte in den Nährstoffkreislauf landwirtschaftlicher Betriebe. Vor allem in flächenarmen Betrieben, deren Einkünfte schwerpunktmäßig aus der tierischen Veredelung stammen, schöpft man mittels Futterzukauf alle Einkommensreserven aus. Die daraus resultierende langfristige Konfliktsituation zwischen Einkommenssicherung einerseits und umweltbelastenden Nährstoffüberschüssen andererseits lassen sich nicht ohne existenzbedrohende

wirtschaftliche Einbußen lösen. Selbst unter Einhaltung des vorgeschriebenen Viehbesatzes von 3 Düngergroßvieh-Einheiten/ha gemäß der gültigen Gülleverordnung, lassen sich in Abhängigkeit von den N- und P-Gehalten der Exkremente offensichtlich noch keine ausgeglichenen Nährstoffbilanzen erwarten.

Dies wirkt sich umso brisanter aus, als sich in der Mehrzahl der landwirtschaftlichen Betriebe zwangsläufig eine **hohe Spezialisierung und Intensivierung** der pflanzlichen und tierischen Produktion vollzogen hat.

Die eigentliche Fruchtfolge im heutigen Betrieb konzentriert sich auf ein schmales Artenspektrum, die zeitlich ähnliche Ansprüche an die Betriebsorganisation stellen und somit auch extreme Arbeitsspitzen verursachen können. Wünschenswerte mechanische Verfahren der Beikrautkontrolle in ackerbaulichen Pflanzenbeständen können im Zuge wachsender Betriebsgrößen - wenn überhaupt - nur auf Teilflächen zum Einsatz kommen, weil chemische Maßnahmen zeitlich besser integrierbar sind und hinsichtlich ihrer Wirkungssicherheit sichere Bekämpfungserfolge bei deutlich geringerem Energieaufwand erzielen. Neben den natürlich unbestrittenen Vorteilen mechanischer Kontrolle der Begleitvegetation will sich der Pflanzenbauer die Bestandesführung nicht durch ungewollte Anregung der Bestockung oder eventuell unkontrollierte N-Mineralisation aus der Hand nehmen lassen.

Um am landwirtschaftlichen Rohstoffmarkt langfristig bestehen zu können, unterwirft sich der Erzeuger **strengen Qualitätsansprüchen der Weiterverarbeiter oder der Großmärkte**. Hohe ernährungsphysiologische und backtechnologische Anforderungen an die Proteingehalte von Getreidearten, abgesehen von Qualitätsbraugerste, lassen sich bei der derzeitigen betriebsüblichen Düngungspraxis nur mit erhöhtem Stickstoffaufwand realisieren. So verlangt Backweizen eine N-Spätdüngung zur Erzielung hoher Rohproteingehalte; witterungsbedingte Unwägbarkeiten, wie beispielsweise unregelmäßig eintretende Vorsommertrockenheit, können jedoch eine schlechte Nährstoffausnutzung des ausgebrachten Dünger-N herbeiführen.

Bis zu den 90er Jahren wurde die Produktion qualitativ hochwertiger Backweizenpartien mit Aufschlägen bei den Erlösen vergütet, zur Zeit sind generell hohe Rohproteingehalte in Getreidekorn schon handelsüblicher Standard, während die Nichterfüllung von Proteinqualitäten schon zu Abzügen führen kann.

Gleichermaßen verlangt eine marktgerechte Gemüseproduktion zur Erfüllung der Handelklassen-Kriterien mit optisch ansprechenden Produkten vielerorts ein hohes N-Düngungs- und Pflanzenschutzniveau, um letztlich rentabel zu produzieren.

2 Voraussetzungen für eine verstärkte Umsetzung von Vorsorgestrategien und Erfüllung von Umweltschutzauflagen

Der unternehmerisch ausgerichtete Landwirtschaftsbetrieb sieht sich zukünftig verstärkten ökologischen wie ökonomischen Anforderungen gegenüber. Zur Aufrechterhaltung des **Informationsflusses über produktionstechnische umweltschonende und standortgerechte Bewirtschaftungs- und Pflegemaßnahmen** in die Betriebe hinein, müssen wir Landwirte eine verbesserte Beratung fordern. Dies kann sowohl durch die staatliche Offizialberatung und spezialisierte Privatberatung als auch begleitend durch die landwirtschaftliche Fachpresse und BTX geschehen. Besonders Betriebsleiter, die im Zuge struktureller Bereinigungen im Nebenerwerb eine Chance sehen, müssen von der Beratung noch erfaßt werden; dies gilt insbesondere für die nachfolgende, mittlerweile berufsfremde Generation in diesen Betrieben.

Dem Landwirt müssen die fachlichen Zusammenhänge zwischen Produktionsintensität und Umweltbelastungen deutlicher vor Augen geführt werden. Damit der Landwirt erkennt, daß sowohl Fehlervermeidung wie auch die Korrektur seiner Bewirtschaftungsintensität Geld sparen können, müssen ihm die entsprechenden wirtschaftlichen Auswirkungen exemplarisch aufgezeigt werden.

Die damit einhergehende **Förderung eines wachsenden Problembewußtseins der Landwirte** gegenüber Umweltbelangen kann unterstützt werden, in dem der Landwirt verlässliche und fundierte Versuchsergebnisse aus Beratung und Wissenschaft zur standortspezifischen Bewirtschaftung zur Verfügung hat.
Die Offizialberatung muß das Wissen über vorgeschlagene Vermeidungs- bzw. Schutzmaßnahmen durch praktische Feldversuche überprüfen validieren und an die Landwirte vermitteln. Gleichzeitig richtet sich der Appell an alle Praktiker, sich an angebotenen Untersuchungsprogrammen ihrer Standorte zu beteiligen, um eventuellen negativen Umwelteinflüssen, wie z.B. latente Nährstoff-Überversorgung oder Bodenabträge, entgegenzuwirken.
So liefern flächendeckende N_{min}-Beprobungen gerade in kleinparzellierten Bundesländern wie Rheinland-Pfalz wertvolle Entscheidungshilfen bei der Düngerbedarfs-Prognose als Mittel der Bestandesführung und werden bis zur Hälfte des Kostenbetrages von der Landesregierung bezuschußt. Im Zuckerrübenanbau sollte deshalb auch die Düngungsempfehlung nach der EUF-Methode als Standardmaßnahme betrachtet werden.
Wir Praktiker sind gefordert, umweltschonende Vorbeugestrategien freiwillig umzusetzen, weil ansonsten alle Bestrebungen im praktischen Umweltschutz als

administrative Maßnahmen vorweggenommen werden. Sofern die Umsetzung von Umweltschutzmaßnahmen finanziell im Einzelbetrieb nicht zu bewältigen ist, müssen wir Landwirte verstärkt die Nachbarschaftshilfe oder überbetriebliche Arbeitserledigung in Anspruch nehmen.

Nicht zuletzt trägt eine sachlichere Berichterstattung der Medien gerade im Hinblick auf die vielfältigen Funktionen der Landwirtschaft als Nahrungsmittelproduzent sowie gleichzeitig auch als Landschaftspfleger zur **Verminderung der Abwehrhaltung** in den Reihen der Landwirte bei. Durch Öffentlichkeitsarbeit und Darstellung des eigenen Betriebes in der näheren Umgebung, wie beispielsweise regelmäßige "Wassertage" oder "Tage der offenen Tür" mit praktischen Demonstrationen zu Anbaumaßnahmen an Hand der eigenen Produktpalette lernt der Verbraucher den Stellenwert der Landwirtschaft bei der Erfüllung vielfältiger landschaftspflegerischer Tätigkeiten besser schätzen.

Grundlegende Veränderungen erfolgen nur mit der Verbesserung der finanziellen Situation der landwirtschaftlichen Betriebe. Zunächst gilt es, alle Nachteile im europäischen Wettbewerb auszugleichen, indem der Gesetzgeber die **Vereinheitlichung der Umweltauflagen für die Landwirtschaft EG-weit veranlaßt**. Es wäre sehr müßig, der deutschen Landwirtschaft glauben machen zu wollen, daß in den europäischen Nachbarstaaten günstiger produziert wird, ohne dort produktionsbedingte Umweltprobleme zu hinterlassen.

Umweltleistungen, die zur Reduzierung des Betriebsergebnisses führen, müssen der Landwirtschaft ausreichend honoriert werden. Dabei ist der direkten Entlohnung nach Maßgabe eines ökologisch ehrlichen Produktpreises oberste Priorität einzuräumen. Sicherlich werden solche Bestrebungen oftmals zunichte gemacht, wenn plötzlich hochgradig belastete oder Produkte aus angeblich ökologischem Anbau verschiedener Drittländer zu Dumpingpreisen oder zwielichtiger Betriebe in der üblichen Produktpalette erscheinen.

Andernfalls besteht die Möglichkeit, wie es bereits nach der angelaufenen EG-Agrarmarktreform vorgesehen ist, Einkommensausfälle als direkte Transferzahlungen abzugelten.

Die Gewährung direkter Einkommensübertragungen als Ersatzleistung wird sehr kontrovers diskutiert und wirft sicherlich vielfältige Probleme hinsichtlich der Finanzierbarkeit durch die Gesellschaft und der Kontrollierbarkeit im Einzelfall auf.

Im Zuge **europaweit gesetzlich verankerter Kontrollen** sollen die Landwirtschaftsbetriebe dazu angehalten werden, alle produktionstechnischen Maßnahmen schlag- oder fruchtfolgespezifisch aufzuzeichnen, nicht zuletzt um ausreichend Transparenz in ihr eigenverantwortliches Handeln zu tragen.

Sofern boden- und gewässerschonendere Produktionsverfahren die vorgeschriebene Produktqualität beeinträchtigen, befürchten die Landwirte zurecht Absatzschwierigkeiten bei der aufnehmenden Hand. Inwieweit eine **Änderung der Qualitätskriterien**, z.B. die Herabsetzung der Interventionskriterien bei Qualitätsgetreide zugunsten von umweltschonenden N-reduzierten Produktionssystemen sinnvoll erscheint, bedarf eingehender Untersuchungen. Sofern einheimische landwirtschaftliche Produkte langfristig nicht den benötigten Qualitätskriterien entsprechen, weichen die Weiterverarbeiter auf Importware, insbesondere aus konkurrierenden EG-Drittländern, aus. Die Durchsetzung ökologisch sinnvoller Vorsorgestrategien wäre dann nicht zuletzt ein Akzeptanzproblem der Weiterverarbeiter und des Verbrauchers.

Zur Beschreibung gangbarer Wege bedarf es einer fruchtbaren und zukunftsträchtigen Diskussion zwischen Vertretern der Landwirtschaft, verarbeitenden Industrie und Verbraucherverbänden.

Abschließend richtet sich mein Appell an die Gesellschaft, und vor allem an die Medien, den Landbewirtschafter in der Umweltschutzdiskussion nicht pauschal als Prügelknaben vorzuführen, sondern unter Berücksichtigung der derzeitigen Probleme und Rahmenbedingungen der Betriebe ernsthaft kooperative Lösungen zur Entlastung von Grund- und Oberflächengewässer von Einträgen aus der Landwirtschaft anzustreben.

Ergebnisse
der wissenschaftlichen Arbeitstagung

Belastungen der Oberflächengewässer aus der Landwirtschaft
– gemeinsame Lösungsansätze zum Gewässerschutz –

am 24. und 25. März 1993
in Bonn

Gemeinsames Positionspapier der wissenschaftlichen Gesellschaften und Verbände des Agrar- und des Wasserfaches zum verstärkten Gewässerschutz im Verursacherbereich Landwirtschaft

Allgemeine Thesen

1. Belastungen von Grundwasser und Oberflächengewässern mit Stickstoff, Phosphat und Pflanzenschutzmitteln sind zu einem wesentlichen Anteil der Landwirtschaft zuzuschreiben. Die Belastungen aus diesem Verursacherbereich treten zeitlich und räumlich differenziert auf.

2. Landwirtschaftliche Produktion ist - wie jede wirtschaftliche Tätigkeit - ohne Emissionen nicht denkbar. Es gilt jedoch, diese auf ein umweltverträgliches Maß zu beschränken.

3. Wirksamer Gewässerschutz muß sowohl flächendeckend als auch verstärkt in besonders empfindlichen Gebieten praktiziert werden. Dies setzt - gleich ob für Grundwasser oder Oberflächengewässer - zwingend die Zusammenarbeit aller Beteiligten voraus.

4. Der wissenschaftliche Kenntnisstand über effiziente Vermeidungsmaßnahmen ist bereits sehr umfangreich. Die gravierenden Defizite liegen nach wie vor bei der Umsetzung dieser Maßnahmen in die landwirtschaftliche Praxis.

5. Die allgemeinen Rahmenbedingungen für die Landwirtschaft sind so zu gestalten, daß sie den Zielen des Gewässerschutzes nicht entgegenwirken.

6. Agrar- und Umweltpolitik (im nationalen und EG-Bereich) müssen zielkonform aufeinander abgestimmt werden.

Aus diesen allgemeinen Thesen ergeben sich folgende

Forderungen/Lösungsansätze

1. Die Information der Landwirtschaft über emissionsmindernde Maßnahmen ist ganz allgemein und im besonderen unter dem Aspekt des Gewässerschutzes zu intensivieren. Hierzu sind geeignete Instrumente der Beratung verstärkt auszubauen bzw. zu nutzen.

2. Vorrangig und unverzüglich sind jene emissionsmindernden Maßnahmen umzusetzen, die zugleich das Betriebsergebnis verbessern und somit im ureigenen Interesse der Landwirtschaft liegen. Allein in diesem Bereich bestehen erhebliche Möglichkeiten zur Gewässerentlastung (z.b. Vermeidung von unwirtschaftlichem Düngereinsatz).

3. Die rechtlichen Regelungen zur Düngemittelanwendung müssen sicherstellen, daß die Überschüsse bei Stickstoff und Phosphor umgehend und wirksam reduziert werden. So sollte bei Stickstoff mittelfristig der durchschnittliche Überschuß in der Bundesrepublik von derzeit ca. 100 kg/ha auf unter 50 kg/ha gesenkt werden.

4. Stoffeinträge in die Gewässer infolge Bodenerosion (vor allem Phosphat und Pflanzenschutzmittel) sind durch erosionsmindernde Anbauverfahren sowie Maßnahmen der Flurgestaltung zu verhindern oder weitgehend zu minimieren. Gewässerrandstreifen allein erfüllen diese Aufgabe nicht ausreichend. Wegen ihrer wichtigen Biotop- und Abstandsfunktion sind sie jedoch erforderlich.

5. Die Gewässerbelastung durch Eintrag von Pflanzenschutzmitteln ist durch Aufwandsminderung nach den Grundsätzen des integrierten Pflanzenschutzes sowie durch Entwicklung und Anwendung umweltverträglicherer Wirkstoffe - vor allem hinsichtlich ihrer Abbaubarkeit zu unschädlichen Metaboliten -, den Einsatz adäquater Landtechnik sowie die Einhaltung von Abstandsregelungen und eine ordnungsgemäße Entsorgung von Pflanzenschutzmittelresten zu reduzieren.

6. Bei Oberflächengewässern, die zur Trinkwassergewinnung herangezogen werden, ist eine Beschaffenheit zu fordern, bei der die Trinkwassergewinnung mit naturnahen Aufbereitungsverfahren möglich ist.

7. Gewässerökosysteme als Teile des Naturhaushaltes dürfen nicht nachhaltig durch landwirtschaftliche Tätigkeit geschädigt werden.

8. Die Wiederherstellung der natürlichen Funktionsfähigkeit der Auenbereiche ist anzustreben.

9. Flächenstillegungsprogramme müssen neben den Aspekten der Marktentlastung stets auch in besonderer Weise den Belangen des Umwelt-/Gewässerschutzes Rechnung tragen. Kurzfristig angelegte Flächenstillegungen (z.B. Rotationsbrache) sind grundsätzlich keine wirksamen Instrumente zur Reduzierung der Gewässerbelastung.

10. Die Verfahren des integrierten Landbaus sind flächendeckend anzuwenden. Der ökologische Landbau ist aufgrund weitgehend geschlossener Stoffkreisläufe - insbesondere in sensiblen Gebieten - zu fördern.

11. Die bereits in Wasserschutzgebieten zwischen Land- und Wasserwirtschaft praktizierten Kooperationen sollten schrittweise zu einem flächendeckenden Gewässerschutz ausgebaut werden. Dabei sollte das Instrument der freiwilligen Selbstverpflichtungen bereits im Vorfeld rechtlicher Regelungen verstärkt genutzt werden.

Die den Zielen des Boden- und Gewässerschutzes gemeinsam verpflichteten wissenschaftlichen Gesellschaften und Verbände des Agrar- und des Wasserfaches werden die praktische Umsetzung von Schutzmaßnahmen durch Entwicklung geeigneter Strategien und Handlungsanweisungen verstärkt unterstützen.

Schriftenreihe Forschungsberichte
Dachverband Wissenschaftlicher Gesellschaften der Agrar-, Forst-, Ernährungs-, Veterinär- und Umweltforschung e.V.

Band 1a: Forschungsförderung Nachwachsende Rohstoffe -
Bereich Gärungsalkohol - Stand und Perspektiven
1988; 93 Seiten, brosch. DM 19,80

Band 2a: Forschungsförderung Nachwachsende Rohstoffe -
Bereich Holz - Stand und Perspektiven
1988; 90 Seiten, brosch. DM 19,80

Band 2b: Forschungsförderung Nachwachsende Rohstoffe -
Bereich Holz und Holzwerkstoffe im Bauwesen
1991; 349 Seiten, brosch. DM 39,--

Band 3: Forschungsförderung Nachwachsende Rohstoffe -
Bereich Biogas
1989; 210 Seiten, brosch. DM 29,--

Band 4: Forschungsförderung Nachwachsende Rohstoffe -
Bereich Pflanzliche Öle und Fette
1990; 236 Seiten, brosch. DM 29,--

Zu beziehen durch
DLG-Verlag - Eschborner Landstraße 122 - 60489 Frankfurt/Main 90

Schriftenreihe Forschungsberichte
Dachverband Wissenschaftlicher Gesellschaften der Agrar-, Forst-, Ernährungs-, Veterinär- und Umweltforschung e.V.

Band 5: Forschungsförderung Nachwachsende Rohstoffe -
Bereich Biotechnologie an Pflanzen
1990; 96 Seiten, brosch. DM 19,80

Band 6: Forschungsförderung Nachwachsende Rohstoffe -
Bereich Flachs
1991; 122 Seiten, brosch. DM 25,–

Band 6a: Forschungsförderung Nachwachsende Rohstoffe -
Prioritäre Forschungsziele und -aufgaben, diskutiert an dem Produktkomplex Flachs
1991; 99 Seiten, brosch. DM 25,–

Band 7: Forschungsförderung Nachwachsende Rohstoffe -
Bereich Stärke
1992; 177 Seiten, brosch. DM 29,–

Band 8: Forschungsförderung Nachwachsende Rohstoffe -
Analyse der ökonomischen Aspekte einer Energieerzeugung aus Biomasse
1992; 120 Seiten, 160 Anlagen, brosch. DM 29,–

Zu beziehen durch
DLG-Verlag - Eschborner Landstraße 122 - 60489 Frankfurt/Main 90

1481299